◎ 职业教育教学用书

矢量图设计与制作
（Illustrator CC 2022）

主 编 郦发仲 陆 霞 段 标

電子工業出版社
Publishing House of Electronics Industry
北京·BEIJING

内容简介

本书全面介绍了Illustrator CC 2022的相关知识点和矢量图制作技巧，包括软件基础、基本图形绘制、图形上色与描边、高级绘图、形状生成、文字编排、制作图表、使用特效等内容。

本书内容的讲解均以【知识链接】为主线，通过【随学随练】和【实训案例】中的操作，使学生快速熟悉软件的功能和图形制作思路。【知识链接】可以使学生深入了解软件的基本功能；【随学随练】可以拓展学生的实际应用能力，使学生掌握软件的使用技巧；【实训案例】可以提升学生的综合应用能力。【课后提升】中包含知识回顾和操作实践，可以提升学生对知识的掌握程度和实际应用能力。

本书可以作为职业院校计算机平面设计、数字媒体技术应用等专业Illustrator课程的基础教材，也可以作为初学者的参考书。

图书在版编目（CIP）数据

矢量图设计与制作：Illustrator CC 2022 / 郦发仲，陆霞，段标主编．—北京：电子工业出版社，2024.6

ISBN 978-7-121-47986-1

Ⅰ．①矢… Ⅱ．①郦… ②陆… ③段… Ⅲ．①图像处理软件 Ⅳ．① TP391.412

中国国家版本馆CIP数据核字（2024）第109334号

责任编辑：郑小燕
印　　刷：北京瑞禾彩色印刷有限公司
装　　订：北京瑞禾彩色印刷有限公司
出版发行：电子工业出版社
　　　　　北京市海淀区万寿路173信箱　　邮编：100036
开　　本：880×1230　1/16　印张：16　字数：350千字
版　　次：2024年6月第1版
印　　次：2024年6月第1次印刷
定　　价：52.80元

凡所购买电子工业出版社图书有缺损问题，请向购买书店调换。若书店售缺，请与本社发行部联系，联系及邮购电话：（010）88254888，88258888。

质量投诉请发邮件至zlts@phei.com.cn，盗版侵权举报请发邮件至dbqq@phei.com.cn。

本书咨询联系方式：（010）88254550，zhengxy@phei.com.cn。

Illustrator是由Adobe公司开发的矢量绘图软件，主要用于创建和编辑各种类型的图形和插图。它功能强大、易学易用，深受图形图像处理和平面设计人员的喜爱，已经成为设计领域最流行的软件之一。

本书按照"知识链接——随学随练——实训案例——课后提升"的思路进行编排，力求通过软件知识讲解，使学生深入学习软件命令和工具的使用方法。【随学随练】使学生快速掌握命令和工具的具体使用方法；通过【实训案例】和【课后提升】，拓展学生的综合应用和设计能力。在内容编写方面，编者力求细致全面，重点突出。

本书共有八个模块：模块一软件基础介绍Illustrator CC 2022的工作界面、文件的基本操作、图形的显示、对象的基本操作等；模块二基本图形绘制介绍使用形状绘图工具和线型绘图工具绘制基本图形的方法与技巧；模块三图形上色与描边介绍填充颜色与描边的各种工具和命令的使用方法与技巧；模块四高级绘图介绍曲线绘制工具、混合工具的使用方法，蒙版的创建与使用方法，封套效果、符号和透视网格的使用方法；模块五形状生成介绍"路径查找器"控制面板和"形状生成器"工具；模块六文字编排介绍文字工具和命令的使用方法与技巧；模块七制作图表介绍图表的创建与编辑，以及个性化设计；模块八使用特效介绍图形样式、外观和效果的使用方法。

本书是编者结合教学和实践经验、行业需求编写的基础类教材，从初学者的角度出发，根据"矢量图设计与制作"课程标准，采用理论与实操相结合的原理，通过精心策划的案例，建立完整和科学的知识与实操体系。该体系注重对初学者设计意识的引导，侧重对初学者创新意识的培养，有效提高初学者的综合设计能力。同时，本书选取能结合中华优秀传统文化、励志教育等案例，以融入思政元素，服务学生核心素养的培养。教学参考学时分配如下。

序　号	课 程 内 容	学　时		
		合计	讲授	上机（实践）
1	软件基础	12	6	6
2	基本图形绘制	6	2	4
3	图形上色与描边	10	4	6

续表

序　　号	课 程 内 容	学　　时		
		合计	讲授	上机（实践）
4	高级绘图	14	6	8
5	形状生成	6	2	4
6	文字编排	6	2	4
7	制作图表	6	2	4
8	使用特效	12	4	8
总　　计		72	28	44

本书由郦发仲、陆霞、段标担任主编。郦发仲编写了模块七和模块八，陆霞编写了模块四，段标编写了模块三，冯瑞编写了模块一，王艳艳编写了模块二，陈思冉编写了模块五，彭丹编写了模块六。在编写本书的过程中，江苏省丹阳中等专业学校、南京市玄武中等专业学校、云南省玉溪技师学院、云南省玉溪工业财贸学校的领导给予了大力支持，丹阳市天天广告有限公司提供了大量的技术和案例支持，在此一一表示感谢。

由于编者水平有限，书中难免存在疏漏和不足之处，在此恳请广大读者批评指正。

编　者

目 录

模块一　软件基础

模块概述

本模块主要介绍Illustrator CC 2022的基本操作知识，包括认识Illustrator CC 2022（认识与操作工作界面、管理工作区）、文件的基本操作（新建、保存、打开、关闭、置入、导出）、图形的显示（视图模式、显示图形）、对象的基本操作（选择、移动、复制、锁定与解锁、编组与取消编组、排列、旋转、镜像、缩放、倾斜与重复）、辅助工具的使用（标尺、参考线、网格）等。通过学习本模块中的内容，读者可以对Illustrator CC 2022有一个基本的认识，掌握Illustrator CC 2022的基本操作。

学习目标

知识目标

- 掌握Illustrator CC 2022的工作界面与工作区的管理。
- 掌握Illustrator CC 2022文件的基本操作。
- 掌握控制面板的基本操作。
- 掌握对象的基本操作。
- 掌握标尺、参考线、网格线等辅助工具的使用。

能力目标

- 掌握文件的新建、打开、关闭和保存等基本操作。
- 掌握调整图形图像的显示模式和显示比例的方法。
- 掌握对象的各种操作。
- 能够利用标尺、参考线和网格线进行辅助绘图。

素养目标

- 提高学生的信息素养、自主学习和持续学习等能力。

- 培养学生的团队协作意识。
- 培养学生热爱学习，并提高他们对矢量图形的学习兴趣。

思政目标

- 增强学生的民族自豪感和文化自信心。
- 培养学生吃苦耐劳的品质，增强他们勇于探索的创新精神、善于解决问题的实践能力。

思维导图

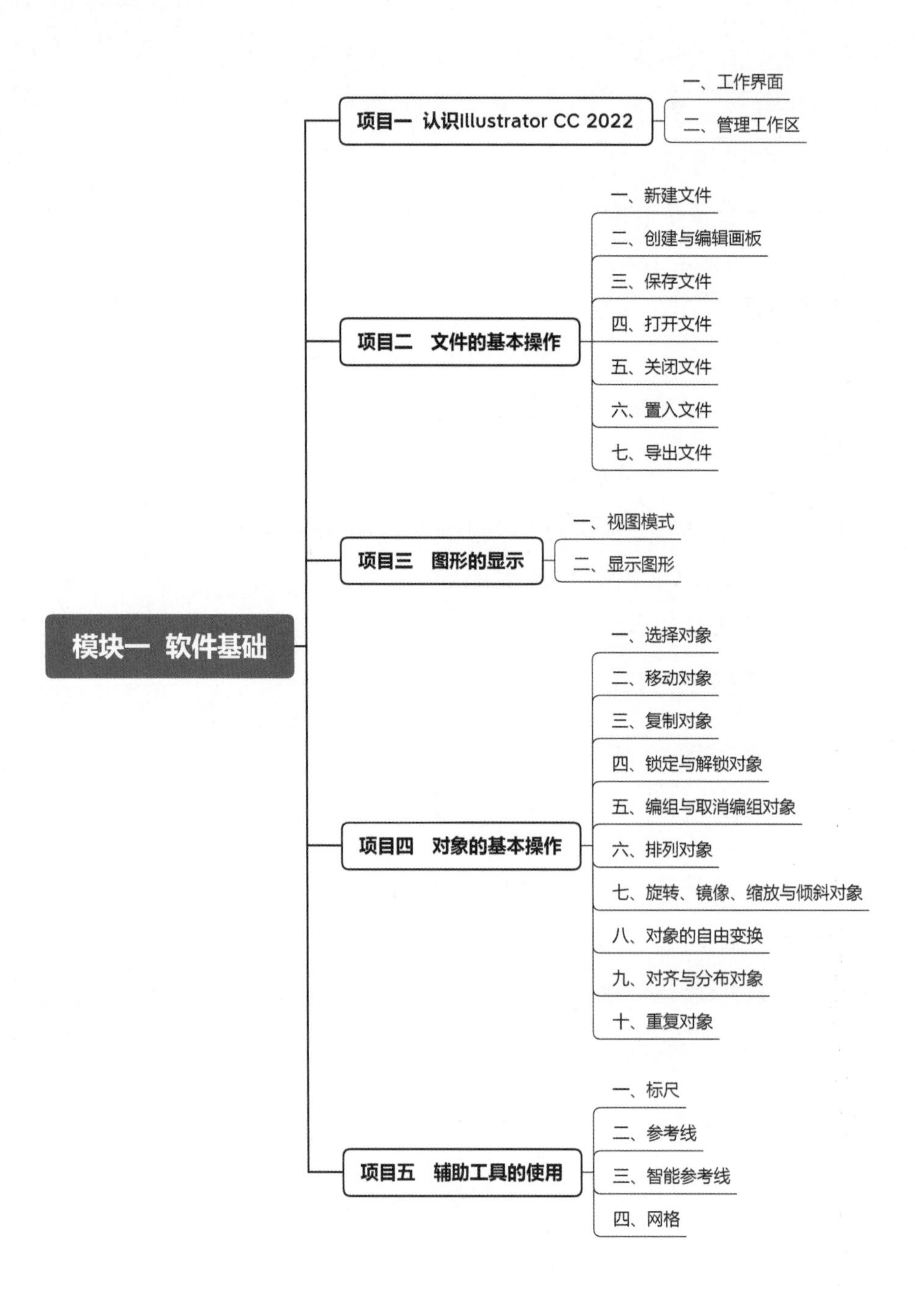

知识链接

项目一　认识 Illustrator CC 2022

Illustrator 是 Adobe 公司推出的一款用于出版、多媒体和在线图像的工业标准矢量插画的软件，简称 AI。Illustrator 主要用于图标设计、标志设计、插画设计、字体设计、界面设计和产品设计等领域。

一、工作界面

Illustrator CC 2022 的工作界面主要由菜单栏、标题栏、工具箱、控制面板、状态栏、页面工作区组成，如图 1-1 所示。

图 1-1

1. 菜单栏

菜单栏由“文件”、“编辑”、“对象”、“文字”、“选择”、“效果”、“视图”、“窗口”和“帮助”9 个选项卡组成，包含操作时使用的所有命令。每个选项卡包含若干个菜单命令，通过选择相应的命令可以完成对应的操作。

想要使用菜单中的命令，只需选择菜单栏中的选项卡，在弹出的下拉菜单中选择所需的菜单命令。

技巧：若菜单命令右侧显示箭头 > 按钮，则表示该菜单命令有子菜单，只需将鼠标指针移动到该菜单命令上，即可打开其子菜单；若在菜单命令的右侧显示省略号“…”，则表示执行此菜单命令将弹出相应的对话框；若菜单命令的右侧显示快捷键，则表示直接按此快捷键可以执行该菜单命令，从而提高操作速度。

2. 标题栏

标题栏中显示当前文件的名称、显示比例和颜色模式，最右侧是控制窗口的按钮，如图 1-2 所示。

美食主题插画.ai @ 16.07 % (RGB/预览) ×

图 1-2

3. 工具箱

工具箱中有很多功能强大的工具，使用这些工具可以绘制和编辑图形图像，如图 1-3 所示。

4. 控制面板

控制面板位于工作界面的右侧，其中包括许多实用、快捷的工具和命令。随着 Illustrator 版本的升级，工具栏和菜单项越来越少，而控制面板越来越多，并且功能也越来越强大，为用户使用软件带来了极大的便利。控制面板为设置和修改数值提供了一个方便、快捷的窗口，使软件的交互性变得更强。控制面板以组的形式显示，图 1-4 展示的是其中一组控制面板。

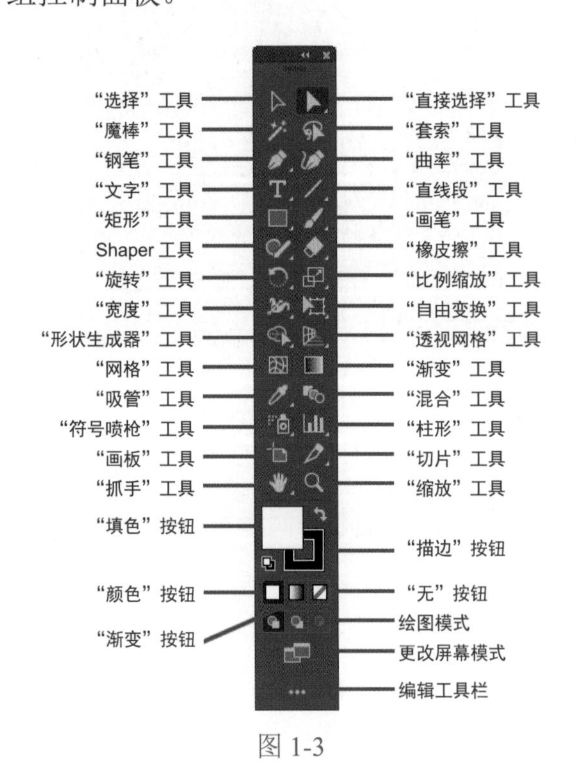

图 1-3

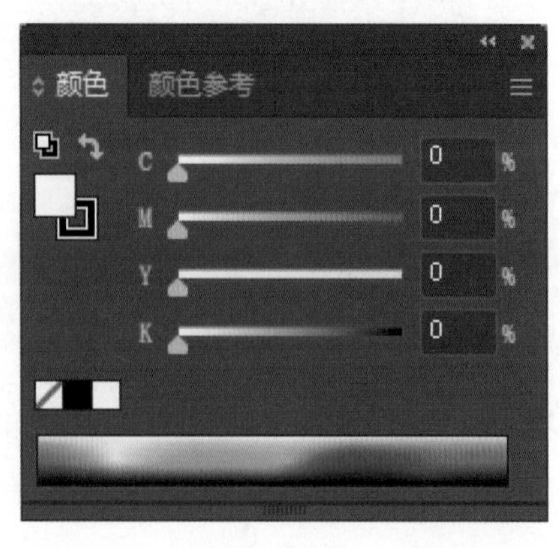

图 1-4

5. 状态栏

状态栏位于工作界面的下方，包括 5 部分，如图 1-5 所示。其中，第 1 部分的百分比表示当前文件的显示比例；第 2 部分是旋转视图，可以旋转画板；第 3 部分是画板导航，可以切换画板；第 4 部分显示当前使用的工具，包括当前的日期、时间，文件操作的还原次数和文件颜色配置文件等；第 5 部分是滚动条，拖曳滚动条可以浏览整个图像。

6.25%　0°　1　选择

图 1-5

6. 页面工作区

页面工作区是进行绘图和处理图像的区域，由画板和灰色区域构成。

二、管理工作区

Illustrator CC 2022 可以根据不同的设计需求提供不同的工作区，在不同的工作区中显示不同的面板，方便用户使用。单击菜单栏右侧的“切换工作区”按钮，在弹出的下拉列表中选择所需的工作区命令（见图 1-6），或者选择“窗口→工作区”命令，在弹出的下拉列表中选择所需的工作区命令，即可将当前的工作区切换为所选的工作区。

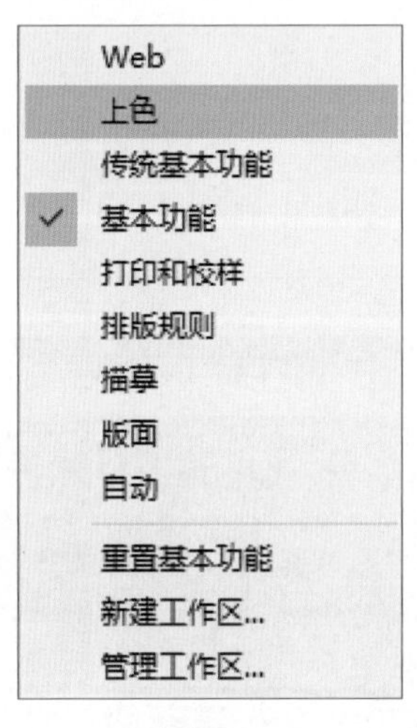

图 1-6

项目二　文件的基本操作

在开始设计前，设计者要能按照要求进行基本的文件操作，如新建文件、置入相关素材、保存文件和导出文件等。只有掌握了文件的基本操作，才能在以后的工作中正确使用 Illustrator CC 2022 进行创作设计。

一、新建文件

启动 Illustrator CC 2022，选择“文件→新建”命令（快捷键为 Ctrl+N），弹出“新建文档”对话框，如图 1-7 所示；根据需要选择上方的类别选项卡，选择需要的预设新建文件，或者在右侧“预设详细信息”窗格中修改文件的名称、宽度、高度、单位、栅格效果（分辨率）和颜色模式等选项。设置完成后，单击“创建”按钮，即可新建一个文件。

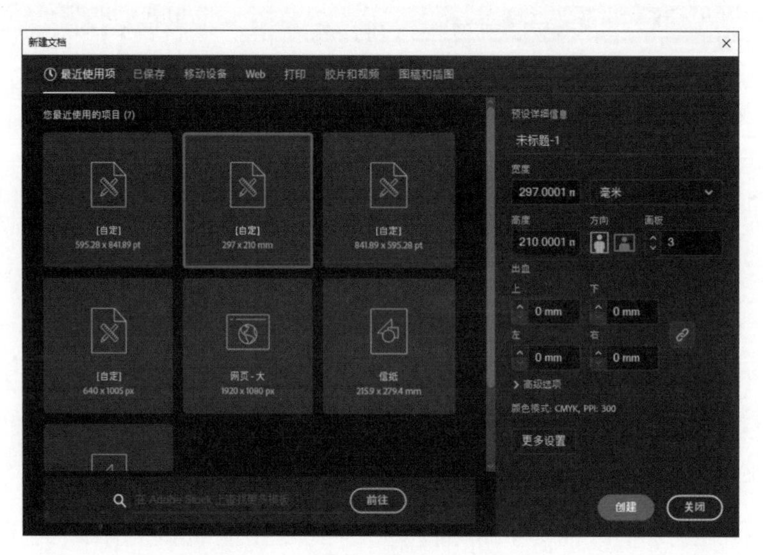

图 1-7

在“新建文档”对话框中，单击“更多设置”按钮，弹出“更多设置”对话框，可以对新建的文件进行更加详细的设置，如图 1-8 所示。

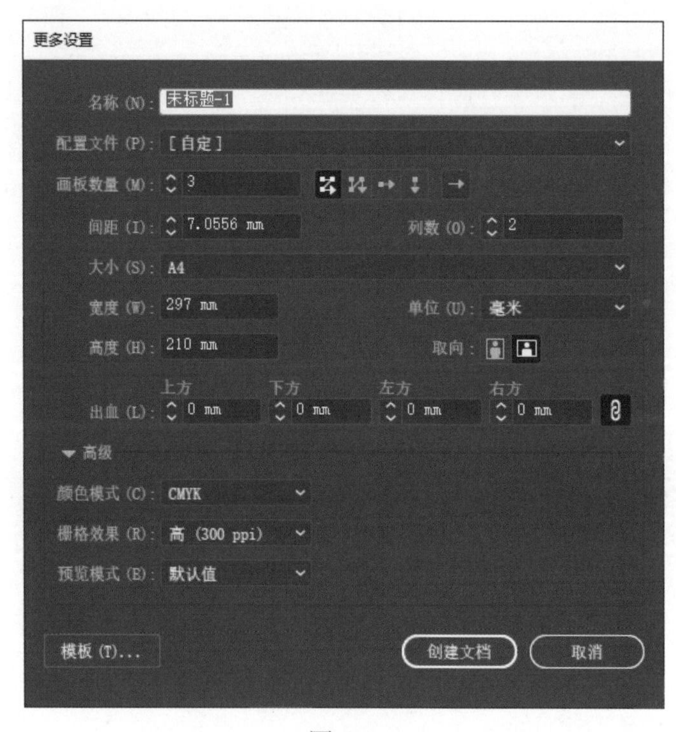

图 1-8

“名称”文本框：可以设置新建文件的名称，也可以使用默认的文件名称，如“未标题 -1”。在新建文件后，文件名称会显示在文件窗口的标题栏中。在保存文件时，文件名称会自动显示在存储文件的对话框中。

“配置文件”下拉按钮：包含不同输出类型的文件配置文件，每个配置文件都预先设置了大小、颜色模式、单位、方向、透明度和分辨率等参数。

“画板数量”与“间距”选项组：可以指定文件中的画板数量。若要创建多个画板，则可以指定它们在屏幕上的排列顺序，以及画板之间的间距。该选项组中包含几个按钮，其中“按行设置网格”按钮可以在指定数目的行中排列多个画板；“按列设置网格”按钮可以在指定数目的列中排列多个画板；“按行排列”按钮可以将画板排列成一行；“按列排列”按钮可以将画板排列成一列；“更改为从右至左的版面”按钮可以按指定的行或列格式排列多个画板，并按从右至左的顺序显示。

“大小”下拉按钮：可以设置软件预先设置的纸张尺寸作为新建文件的大小。

“宽度”和“高度”文本框：可以设置文件的宽度、高度，从而创建自定义大小的文件。

“单位”下拉按钮：可以设置文件所用的度量单位，默认为“毫米”。

“取向”选项：单击“纵向”按钮或“横向”按钮可以设置文件的方向，同时设置的宽度和高度数值互换。

“出血”选项：设置页面上方、下方、左方、右方的裁切边距（裁切尺寸与设计尺寸之间的间距）。在默认状态下，出血状态为锁定状态，可以同时设置相同的出血值；单击右侧的按钮，使其处于解锁状态，可以单独设置上方、下方、左方、右方的出血值。

“颜色模式”下拉按钮：可以设置所需的颜色模式。RGB 模式用于屏幕显示模式，在设计时使用；CMYK 模式是在印刷时使用的模式。

“栅格效果”下拉按钮：可以为文件中的栅格效果指定分辨率。

“预览模式”下拉按钮：可以为文件设置预览模式。选择“默认值”选项可以在矢量视图中以彩色形式显示在文件中创建的图稿，在进行放大或缩小时会保持曲线的平滑度；选择“像素”选项，可以显示具有像素化外观的图稿，并且不会对内容进行栅格化，而是显示模拟的栅格化预览效果；选择“叠印”选项可以提供“油墨预览”效果，它能够模拟混合、透明和叠印在分色输出中的显示效果。

二、创建与编辑画板

在新建完文件后，如果对画板的参数不满意，则可以重新设置画板的参数。通过“画板”工具可以修改现有画板的大小、数量、位置等参数。

1. 设置画板属性

通过“画板”工具的属性控制面板可以快速编辑画板，如画板的大小、调整方向、预设画板等。选择“画板”工具，在“属性”控制面板中可以设置相应参数，如图 1-9 所示。

“定位器”按钮：单击按钮上的控制点可以改变参考点，在“X”和“Y”文本框中输入具体的数值可以设置画板的位置。

“宽”和“高”文本框：设置画板的大小。

“名称”文本框：设置画板的名称。

“新建画板”按钮：新建一个与当前所选画板大小相同的画板。

“删除画板”按钮：删除选中的画板。

“预设”下拉按钮：设置常见的画板预设尺寸。

“画板选项”按钮：单击该按钮可以弹出“画板选项”对话框。在“画板选项”对话框中，可以设置画板的名称、预设尺寸、宽度、高度等参数，如图 1-10 所示。

“全部重新排列”按钮：当有两个及以上画板时才可以使用该按钮，单击该按钮可以弹出“重新排列所有画板”对话框，如图 1-11 所示。在“重新排列所有画板”对话框中，可以设置画板数量、版面排列方式、列数和间距等参数。

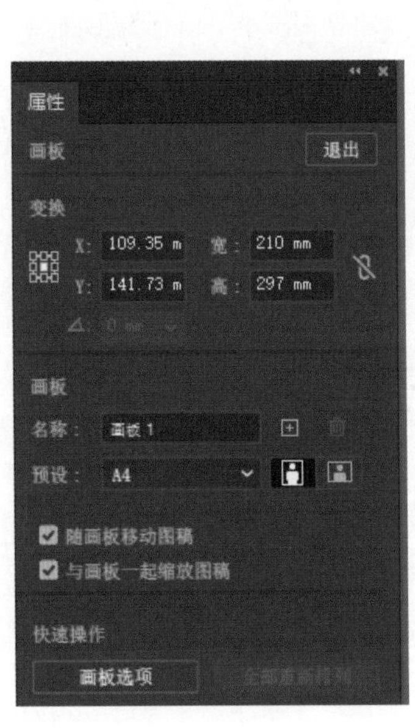

图 1-9

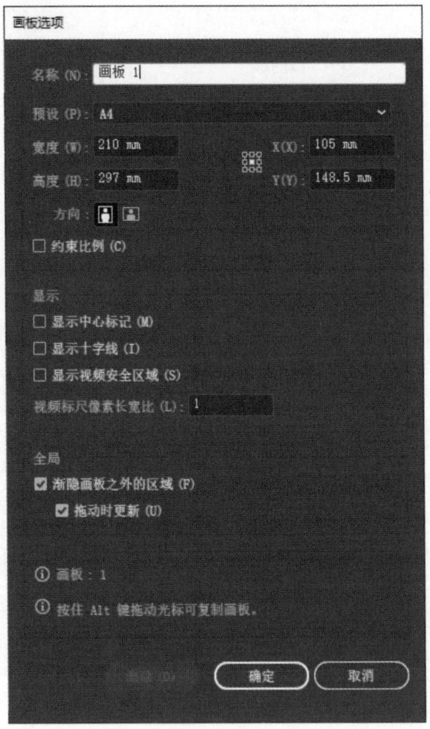

图 1-10

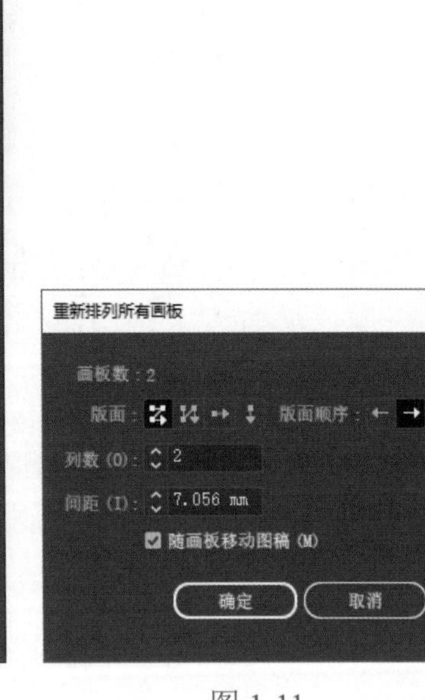

图 1-11

2. 使用“画板”工具

调整画板大小：选择“画板”工具，单击画板，在画板边缘将显示定界框，用鼠标拖曳定界框上的控制点可以自由调整画板的大小。

删除画板：选择“画板”工具，单击画板，按 Delete 键。

移动画板：选择“画板”工具，单击画板，将鼠标指针移至画板内，按住鼠标左键并拖曳鼠标。

新建画板：选择“画板”工具，在文件窗口的空白处按住鼠标左键并拖曳鼠标。

三、保存文件

对文件进行各种编辑操作后，需要及时保存文件，在保存文件时，可以将其保存为AI格式，也可以将其保存为PDF、EPS、AIT等格式。

选择“文件→存储”命令（快捷键为Ctrl+S），弹出“存储为”对话框，如图1-12所示；在“存储为”对话框中，输入保存文件的名称，设置保存文件的位置和类型等；设置完成后，单击“保存”按钮，弹出“Illustrator选项”对话框，如图1-13所示；在“Illustrator选项”对话框中，根据需要设置文件的版本、选项和透明度等参数，单击“确定”按钮，即可保存文件。

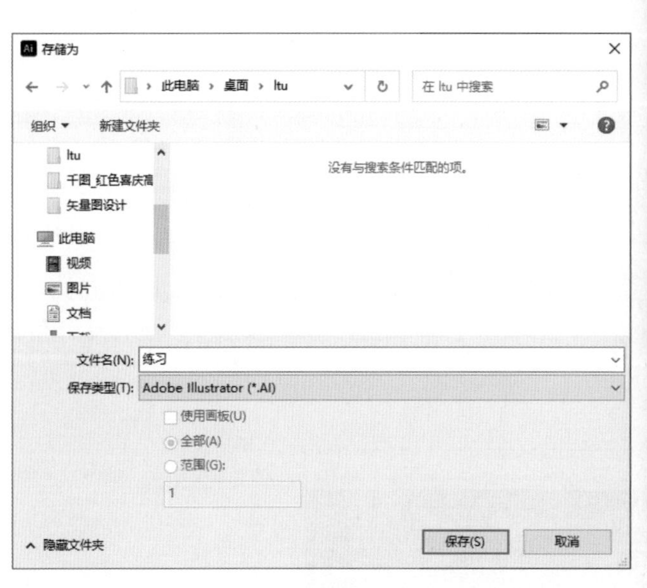

图 1-12

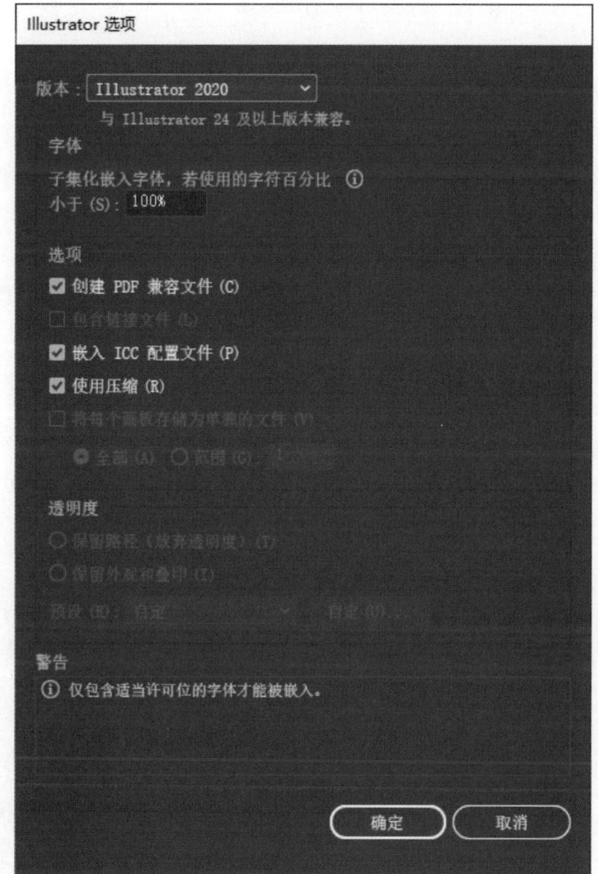

图 1-13

技巧：对已经保存过的文件进行编辑后，选择“文件→存储”命令，不会弹出“存储为”对话框，软件默认在原位置以原文件名进行保存。若既要保留重新编辑过的文件，又要保留原文件，则可以选择“文件→存储为”命令，弹出“存储为”对话框。在“存储为”

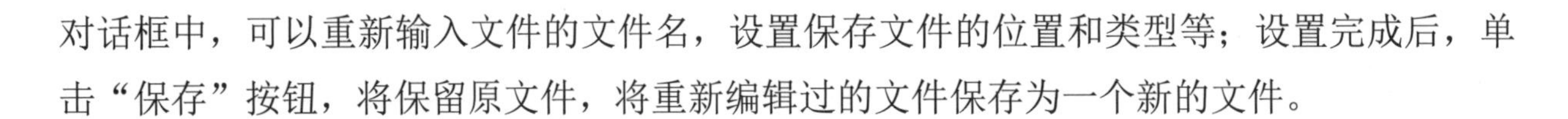

对话框中，可以重新输入文件的文件名，设置保存文件的位置和类型等；设置完成后，单击“保存”按钮，将保留原文件，将重新编辑过的文件保存为一个新的文件。

四、打开文件

选择“文件→打开”命令（快捷键为 Ctrl+O），弹出“打开”对话框，如图 1-14 所示。在“打开”对话框中，找到需要打开的文件的保存位置进而找到该文件，选中该文件后，单击“打开”按钮，即可打开文件。

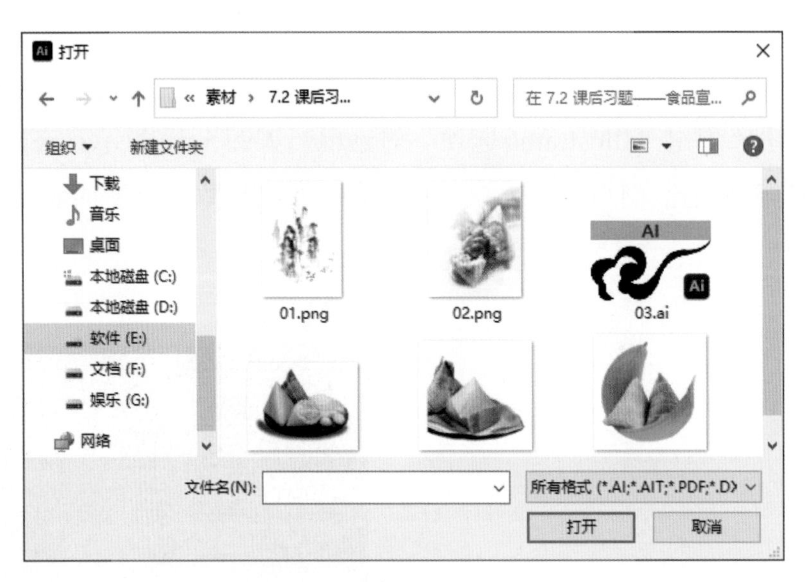

图 1-14

五、关闭文件

当编辑完文件后，可以关闭当前文件或退出 Illustrator CC 2022。选择“文件→关闭”命令（快捷键为 Ctrl+W），或者单击文件名称右侧的■按钮，都可以关闭当前文件，并且不退出 Illustrator CC 2022。若文件已经被修改但没有被保存，则会弹出如图 1-15 所示的对话框。若需要保存，单击“是”按钮；若不需要保存，则单击“否”按钮；若不想关闭当前文件，单击“取消”按钮。

图 1-15

选择“文件→退出”命令（快捷键为 Ctrl+Q），或者单击工作界面右上角的■按钮，即可关闭当前文件，同时退出 Illustrator CC 2022。

六、置入文件

在使用 Illustrator CC 2022 进行设计的过程中，可以将其他格式的素材文件导入 Illustrator 文件中。选择“文件→置入”命令，弹出“置入”对话框，如图 1-16 所示。在“置入”对话框中，找到需要置入的文件，单击“置入”按钮，在页面中单击，即可将素材按图像大小置入文件中。

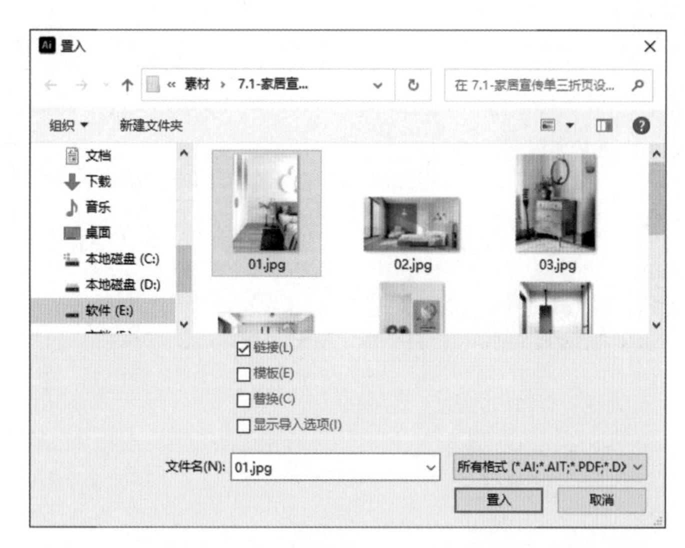

图 1-16

若置入的素材中出现“×”符号，则表示置入的文件和源文件是链接关系；若源文件的保存位置被移动或源文件被删除，则置入 Illustrator CC 2022 中的文件会自动消失。为了防止出现上述问题，可以选中置入的素材文件，在“属性”控制面板中单击“嵌入”按钮，此时置入的素材文件将作为一个独立的文件存在于 Illustrator 文件中。

技巧：在实际操作中，可以同时置入多个素材文件，选择“文件→置入”命令，弹出“置入”对话框。在“置入”对话框中，按住 Ctrl 键的同时选择需要置入的多个素材文件，再单击“置入”按钮，在页面中多次单击，即可置入文件。

七、导出文件

运用 Illustrator CC 2022 完成作品设计后，可以将作品导出为其他格式的文件，以便在其他软件中打开、查看或使用。

1. 导出为多种屏幕所用格式

导出为多种屏幕所用格式可以一次导出不同大小和格式的文件，以适应不同尺寸的屏幕。选择“文件→导出→导出为多种屏幕所用格式”命令，弹出“导出为多种屏幕所用格式”对话框，如图 1-17 所示。在“导出为多种屏幕所用格式”对话框中，设置导出范围、导出路径、导出格式等，设置完成后单击“导出画板”按钮。

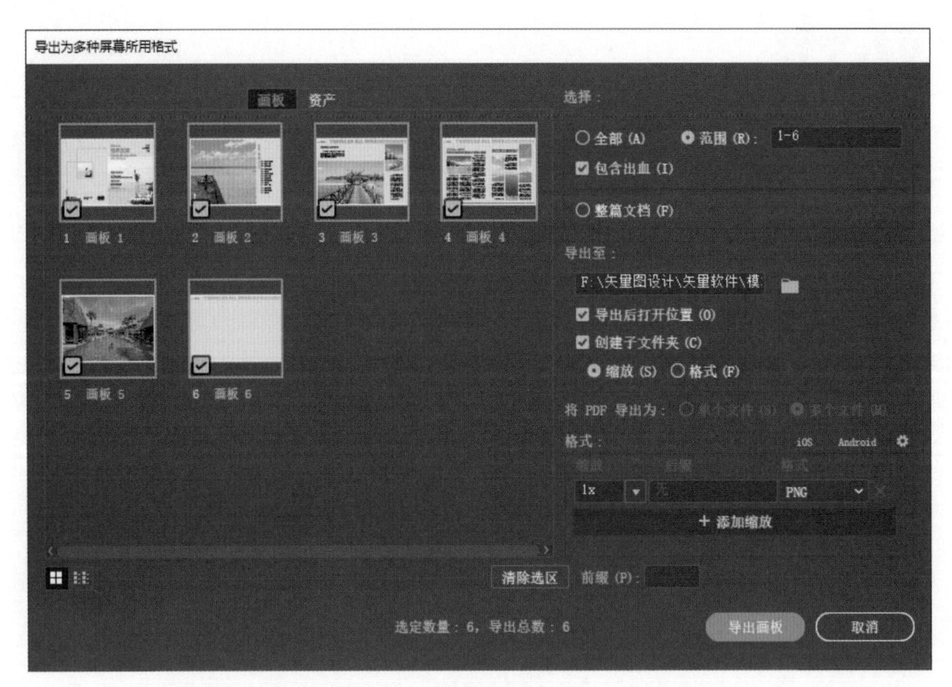

图 1-17

“画板”选项卡：将画板导出为文件。

“资产”选项卡：导出文件中的元素。

“全部”单选按钮：选择所有画板。

“范围”单选按钮：选择需要导出的画板。

“整篇文档”单选按钮：将所有画板导出为一个文件。

“导出至”选区：指定导出文件的存放位置。

“导出后打开位置”复选框：表示导出完成后直接打开存放文件的文件夹。

“创建子文件夹”复选框：以“缩放”值或文件的“格式”为名称创建文件夹。

“缩放”下拉按钮：设置导出文件的比例系数。

“后缀”文本框：指定一个后缀以确保导出的文件名称唯一。

“格式”下拉按钮：设置导出文件的格式。

“添加缩放”按钮：添加其他导出文件的缩放比例、格式等。

2. 导出为

导出为可以将文件导出为 PNG、JPG、SWF 等常见的文件格式。选择“文件→导出→导出为”命令，弹出“导出”对话框，如图 1-18 所示。在“导出”对话框中，选择导出文件的位置，在“文件名”文本框中输入文件的名称，在“保存类型”下拉列表中选择文件类型，单击“导出”按钮。

注意：选择不同的文件导出格式，可能会弹出不同的文件格式选项对话框，用户可以根据需要设置文件的相应参数。

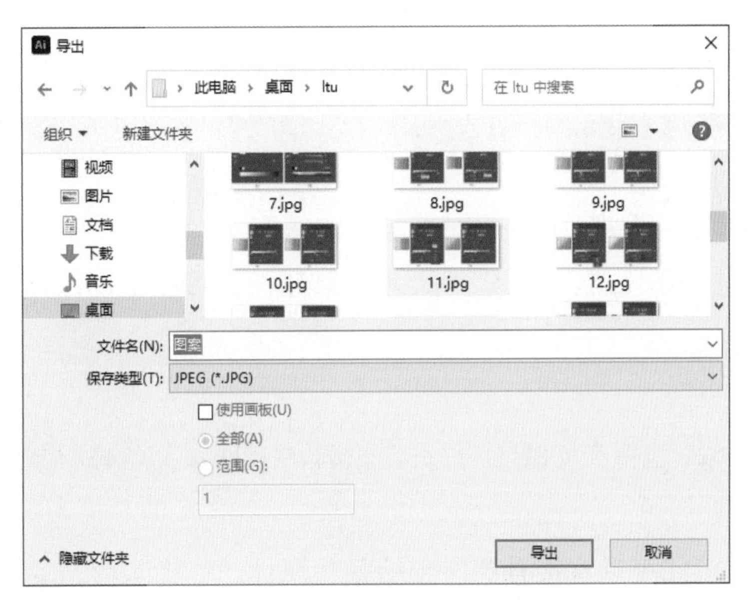

图 1-18

技巧：在操作过程中，如果只想导出面板中的内容或只想导出某几个画板中的内容，则可以在“导出”对话框中指定导出画板的方式。如果想将每个画板导出为独立的 JPG 文件，则勾选“导出”对话框中的“使用画板”复选框，仅导出每个画板中的内容。如果只想导出某一范围内的画板，则选中“范围”单选按钮，并在“范围”文本框中输入范围。

3. 导出所选项目

如果只想导出文件中的部分图形对象，则可以选择需要导出的图形对象，选择“文件→导出所选项目”命令，弹出“导出为多种屏幕所用格式”对话框，如图 1-19 所示。在“导出为多种屏幕所用格式”对话框中，设置文件的导出位置、格式等，单击“导出资源”按钮。

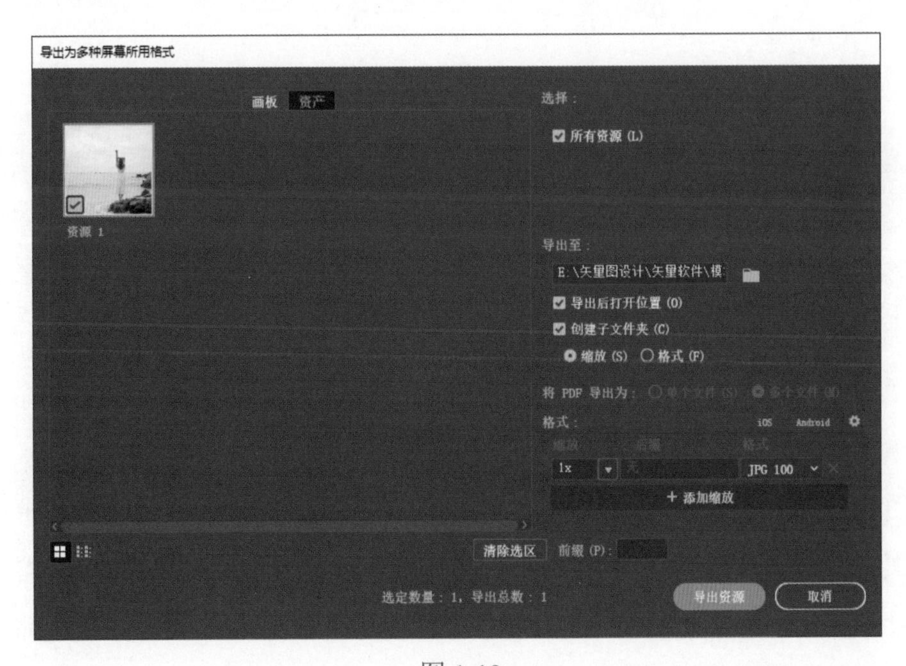

图 1-19

项目三　图形的显示

在使用 Illustrator CC 2022 绘制和编辑图形图像的过程中，可以根据需要随时调整图形图像的显示模式和显示比例，以便对所绘制和编辑的图形图像进行观察和操作。

一、视图模式

Illustrator CC 2022 包括在 CPU 上预览、轮廓、GPU 预览、叠印预览、像素预览和裁切视图 6 种视图模式。

在 CPU 上预览模式可以直接看到对象的各种属性，包括颜色、变形、图案和透明度等，是软件默认显示模式。在此模式下可以直接编辑对象。选择“视图→在 CPU 上预览”命令（快捷键为 Ctrl+Y）即可切换到在 CPU 上预览模式。

轮廓模式只显示对象的路径，不显示任何填充属性。在此模式下可以更方便地选择复杂图形，并且可以加快复杂图形的画面刷新速度，如图 1-20 所示。选择“视图→轮廓”命令（快捷键为 Ctrl+Y）即可切换到轮廓模式。

图 1-20

GPU 预览模式可以优化显示速度，特别是在显示复杂图形时，并且可以实现流畅的缩放操作，但是这种处理并不精准（图形边缘会出现模糊，缩小后线条偏粗等问题），会与最终图形存在差异。选择“视图→ GPU 预览”命令（快捷键为 Ctrl+E）即可切换到 GPU 预览模式。

叠印预览模式可以显示接近油墨混合的效果。选择“视图→叠印预览”命令即可切换到叠印预览模式。

像素预览模式可以将绘制的矢量图形转换为位图进行显示，转换后的图形对象在放大时会呈现像素点。选择“视图→像素预览”命令即可切换到“像素预览”模式。

裁切视图模式可以裁剪掉除画板以外的内容。选择“视图→裁切视图”命令即可切换到裁切视图模式。

二、显示图形

在设计过程中，为了方便调整、观察图形的整体和局部效果，可以根据需要缩放和调整视图的显示方式。

1. 适合窗口大小显示图形

在绘制和编辑图形的过程中，有时需要最大限度地在工作界面中完整地显示图形对象。选择“视图→画板适合窗口大小”命令（快捷键为Ctrl+0），可以将画板放大到适合当前窗口的大小。

2. 显示图形的实际大小

“实际大小”命令就是将图形按100%的效果进行显示。选择“视图→实际大小”命令（快捷键为Ctrl+1）。

3. 使用缩放工具缩放图形

使用“缩放”工具可以缩放和显示图形。选择工具箱中的“缩放”工具，当鼠标指针变为形状时，在页面中单击，图形会放大一级。

技巧：在使用“缩放”工具缩放图形时，按住Alt键，当鼠标指针变为形状时，在页面中单击，图形会缩小一级。

选择“缩放”工具，在页面中按住鼠标左键，并拖曳鼠标，可以放大或缩小图形。

技巧：双击“缩放”工具，文件将按100%进行显示。

4. 使用抓手工具移动图形

当将图形放大到超出页面的大小时，可以使用“抓手”工具来移动图形，以观察局部图形。选择“抓手”工具，当鼠标指针变为时，按住鼠标左键，此时鼠标指针会变为，在页面中拖曳鼠标，即可移动图形从而查看图形的不同部分。

技巧：双击“抓手”工具，即可将图形调整为适合窗口显示。

项目四　对象的基本操作

一、选择对象

在编辑和操作对象时，必须选中该对象，Illustrator CC 2022提供了多种选择对象的方法。

1. 使用“选择”工具选择对象

使用“选择”工具可以选择页面中的图形、路径和文字等对象。选择“选择”工具

（快捷键为 V），单击需要选择的对象，即可选中该对象，并且该对象周围会出现定界框和 8 个控制点，如图 1-21 所示。

图 1-21

技巧：按住 Shift 键，单击相应的对象，可以连续选择多个对象，也可以实现加选或减选对象。

选中对象，将鼠标指针移动到任意一个控制点上，当鼠标指针变为双向箭头时，按住鼠标左键并拖曳鼠标，即可调整对象的大小，如图 1-22 所示。

技巧：在使用“选择”工具拖曳控制点缩放对象时，按住 Shift 键可以实现等比例缩放；按快捷键 Shift+Alt 可以实现从中心点等比例缩放。

选中对象，将鼠标指针移至任意一个控制点的外侧，当鼠标指针变为双向带弧度的箭头时，按住鼠标左键并拖曳鼠标，即可旋转对象，如图 1-23 所示。

图 1-22

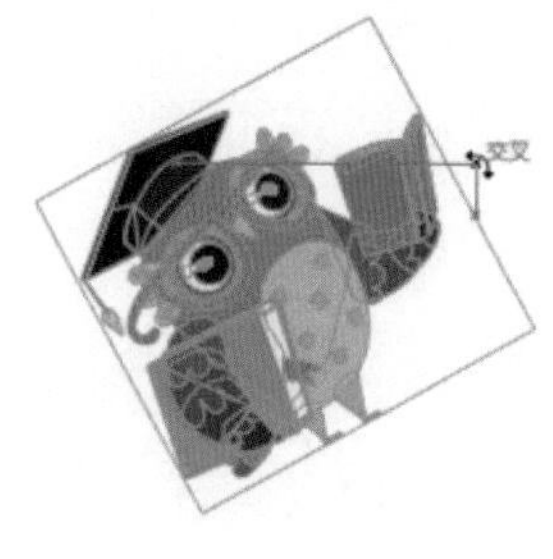

图 1-23

2. 使用“直接选择”工具选择对象

使用“直接选择”工具可以选择路径或图形中的某一部分，包括路径的锚点、曲线或线段，并对其进行调整。选择“直接选择”工具（快捷键为 A），单击图形对象中的某个锚点或线段，即可选择锚点或路径，如图 1-24 所示。

图 1-24

技巧：按住 Shift 键，单击其他锚点，可以实现加选或减选锚点操作。

使用“直接选择”工具选中锚点或路径后，按住鼠标左键并拖曳鼠标，即可更改对象的形状，如图 1-25 所示。

图 1-25

3. 使用“编组选择”工具选择对象

在实际绘图过程中，一个图形对象是由多个基本图形构成的，为了方便操作，一般会对其进行编组。若想对编组中的某个图形对象进行编辑操作，则需要使用“编组选择”工具。选择“编组选择”工具，在鼠标指针变为形状后，单击需要选择的对象，即可选中单个图形对象，如图 1-26 所示。

图 1-26

二、移动对象

若不需要精确地移动对象的位置，则可以使用“选择”工具来完成。方法 1：选择“选择”工具，将鼠标指针移动到需要移动的对象上，按住鼠标左键并将该对象拖曳到合适的位置后松开鼠标左键，即可移动对象。方法 2：选中需要移动的对象，通过键盘上的方向键来移动对象。

技巧：在使用鼠标移动对象时，按住 Shift 键，可以实现按 45°、水平或垂直方向移动对象。

若需要精确地移动对象，则可以选中对象，双击“选择”工具，弹出“移动”对话框。在“移动”对话框中，根据需要设置移动对象的位置、距离和角度等参数，勾选“预览”复选框，可以在页面中观察移动的效果，单击“确定”按钮，完成移动对象的操作，如图 1-27 所示。

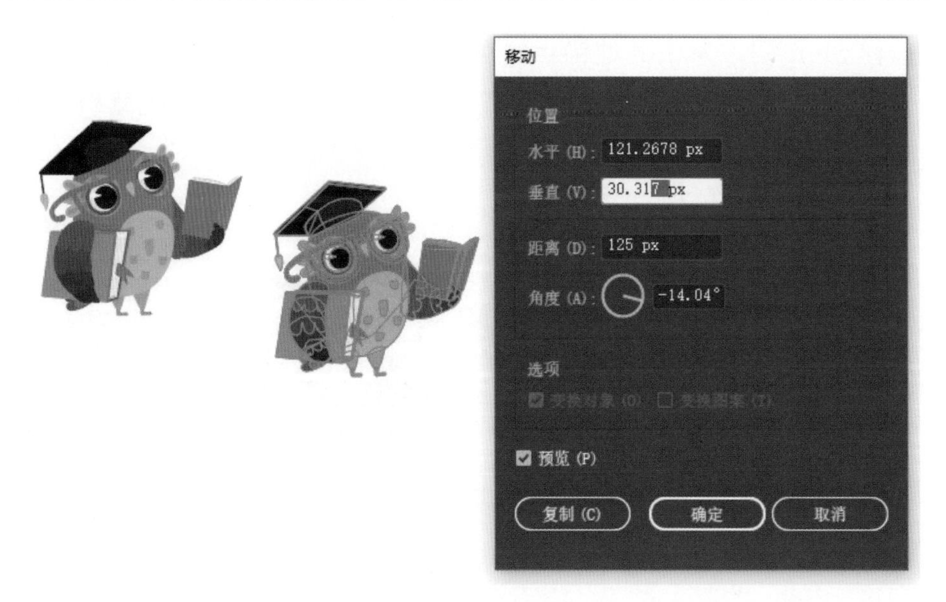

图 1-27

三、复制对象

在操作过程中，经常需要将绘制好的某个对象复制为多个。复制对象的方法很多，读者需要掌握在不同的情况下使用不同的复制方法。

鼠标拖曳复制：选中需要复制的对象，按住 Alt 键，同时按住鼠标左键并拖曳鼠标，将需要移动的对象拖曳到合适的位置后松开鼠标左键，即可完成复制对象的操作，如图 1-28 所示。

 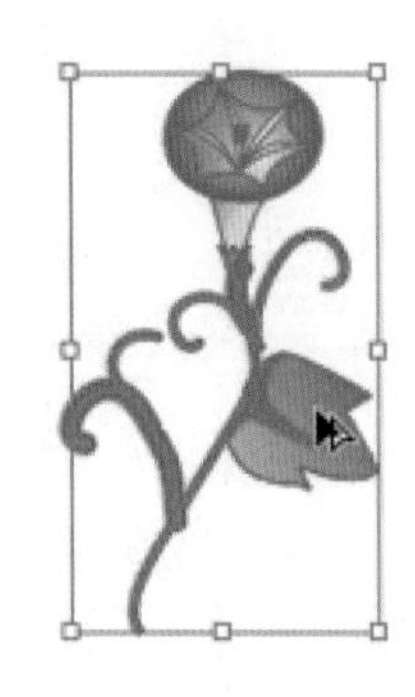 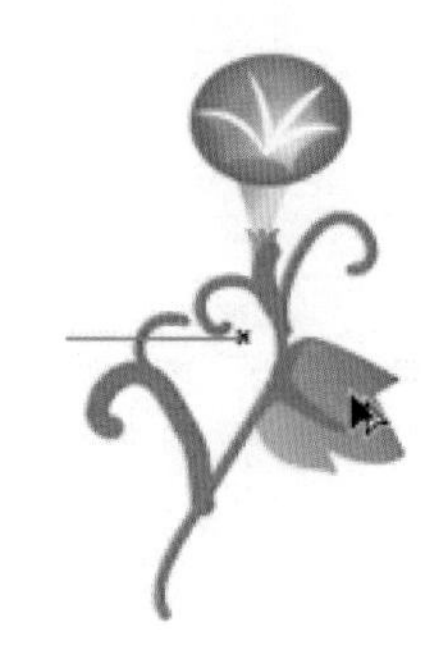

图 1-28

快捷键复制：选中需要复制的对象，先按快捷键 Ctrl+C（复制），再按快捷键 Ctrl+V（粘贴），即可将对象复制到页面窗口区域的中间位置。按快捷键 Ctrl+F 可以在选中对象的前面原位粘贴（原位在前粘贴）一个对象，并且位置与原对象完全重合。按快捷键 Ctrl+B 可以在选中对象的后面原位粘贴（原位在后粘贴）一个对象，并且位置与原对象完全重合。

技巧：使用鼠标拖曳图形对象，同时按住 Shift 键，可以实现按 45°、水平或垂直方向复制对象。若需要实现重复复制操作，则可在完成复制操作后，按快捷键 Ctrl+D。

四、锁定与解锁对象

在操作过程中，为了避免误选对象，可以锁定对象，被锁定的对象不能被移动和修改。若需要锁定对象，则可以选择“对象→锁定→所选对象”命令（快捷键为 Ctrl+2）。若需要解锁对象，则可以选择“对象→全部解锁”命令（快捷键为 Ctrl+Alt+2）。

五、编组与取消编组对象

在设计时，有时需要对多个对象进行变换、移动等操作，此时可以将多个对象组合成一个新的对象。选中需要编组的所有对象，选择“对象→编组”命令（快捷键为 Ctrl+G），即可将所选对象组合成一个整体。若需要取消编组，则可以选中已编组的对象，选择“对象→取消编组”命令（快捷键为 Ctrl+Shift+G）。

六、排列对象

在 Illustrator CC 2022 中，对象之间存在前后关系，后绘制的对象一般显示在先绘制的对象之前。在实际操作中，可以根据需要通过排列命令来改变对象之间的位置关系。

选中需要排列的对象并右击，在弹出的快捷菜单中选择“排列”命令，在打开的子菜单中根据排列需要选择相应的命令项，如图 1-29 所示。

图 1-29

技巧：在改变对象的排列位置时，可以使用快捷键：Ctrl+Shift+］（置于顶层）、Ctrl+］（前移一层）、Ctrl+［（后移一层）、Ctrl+Shift+［（置于底层）。

随学随练

打开“纸飞机素材”文件，按照下列要求完成操作，效果如图 1-30 所示。

图 1-30

（1）锁定背景图片。

（2）使用“直接选择”工具、复制命令等对三角形图形进行操作，形成飞机图形，并设置各部分的颜色。

（3）对飞机图形进行编组操作。

（4）复制飞机图形，并移动其位置，调整大小。

（5）将文件名称设置为“纸飞机”，并将画板内容导出为 JPG 格式的图片文件。

知识要点：“直接选择”工具、对象的锁定、编组、复制、移动与调整大小。

操作步骤

（1）打开“模块一 / 素材 / 纸飞机素材”文件，选中背景图片，按快捷键 Ctrl+2 进行锁定。

（2）选择“直接选择”工具，分别选中三角形的锚点，按住鼠标左键并拖曳鼠标，以调整三角形的形状，如图 1-31 所示。

（3）选中调整形状后的三角形，按快捷键 Ctrl+C 进行复制，按快捷键 Ctrl+F 原位在前粘贴图形；选择“直接选择”工具，选中图形左上角的锚点，将其拖曳到右下角，并将填充颜色设置为 # f39800，如图 1-32 所示。

图 1-31

图 1-32

（4）按照上述步骤，制作纸飞机的其他部分，效果如图 1-33 所示。

（5）选中所有飞机图形，按快捷键 Ctrl+G 进行编组；先按住 Alt 键，再按住鼠标左键并拖曳鼠标，以复制飞机图形（此处需要复制两个飞机图形）。对复制的图形进行缩放，调整位置和方向，如图 1-34 所示。

图 1-33

图 1-34

（6）选择“文件→导出→导出为”命令，在弹出的“导出”对话框中设置相应参数，单击“导出”按钮。

七、旋转、镜像、缩放与倾斜对象

1. 旋转对象

在 Illustrator CC 2022 中，可以按任意角度和固定数值来旋转对象，也可以自定义旋转的中心点。

1）使用“旋转”工具旋转对象

选中对象，选择“旋转”工具（快捷键为 R），对象中会出现符号，表示对象的旋转中心点。当鼠标指针变为形状时，在页面中按住鼠标左键并拖曳鼠标，以选中对象的中心点进行旋转，如图 1-35 所示。

技巧：使用鼠标移动符号，可以改变对象的旋转中心点，如图 1-36 所示。

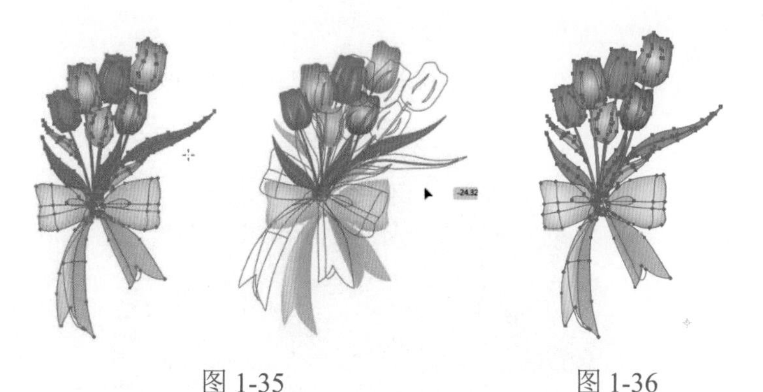

图 1-35　　图 1-36

2）使用“旋转”对话框旋转对象

选中对象，双击“旋转”工具，弹出“旋转”对话框，在“角度”文本框中输入旋转角度，勾选“预览”复选框，可以在页面中观察旋转的效果，单击“确定”按钮，即可完成对象的旋转操作。“复制”按钮表示复制对象后再进行旋转，如图 1-37 所示。

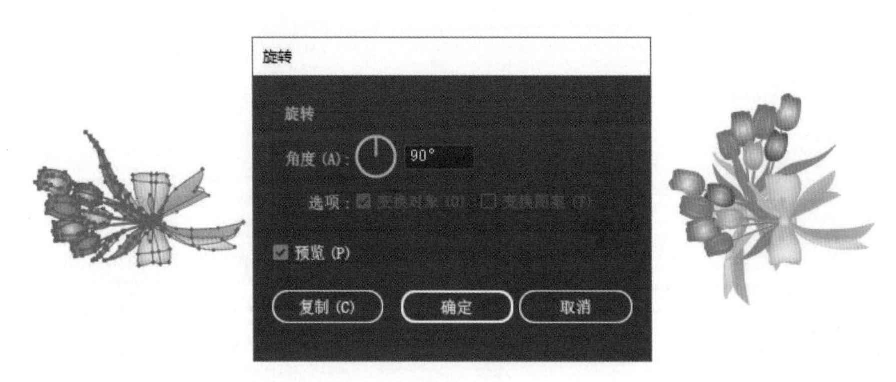

图 1-37

3）通过自定义旋转中心点旋转对象

选中对象，选择“旋转”工具（快捷键为 R），按住 Alt 键，单击鼠标左键以设置旋转中心点，同时弹出“旋转”对话框（见图 1-38）；在“角度”文本框中输入旋转角度，单击“复制”按钮，如图 1-39 所示。

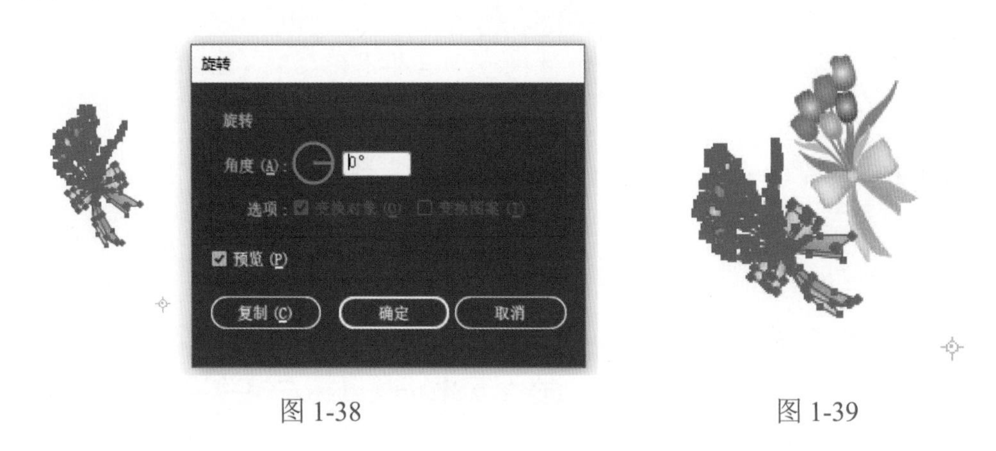

图 1-38　　图 1-39

随学随练

利用“扇子素材”文件制作扇子图形，效果如图 1-40 所示。

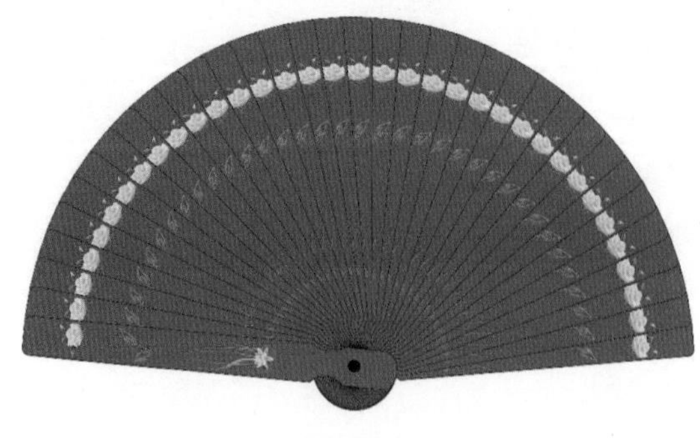

图 1-40

知识要点：旋转、编组对象。

操作步骤

（1）打开“模块一 / 素材 / 扇子素材”文件。选中图形对象，选择“旋转”工具，按住 Alt 键，在页面中单击以设置旋转中心点，同时弹出“旋转”对话框，在该对话框中设置相应参数，如图 1-41 所示。设置完成后，单击“复制”按钮。旋转和复制后的效果如图 1-42 所示。

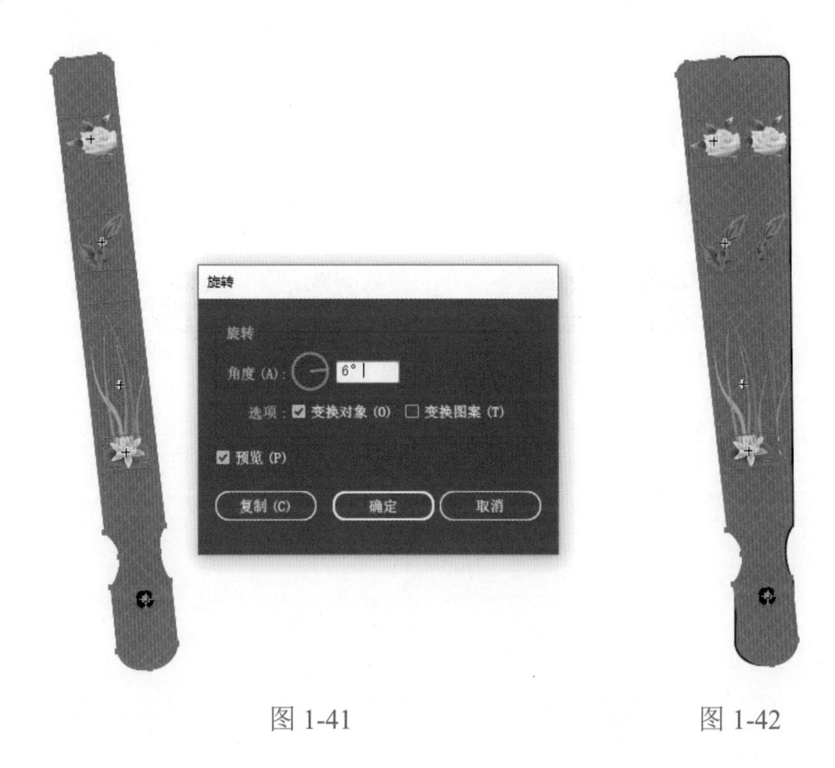

图 1-41　　图 1-42

（2）按快捷键 Ctrl+D，重复旋转和复制操作，达到如图 1-43 所示的效果。选择“选择”工具，选中所有图形对象，按快捷键 Ctrl+G 进行编组。将鼠标指针移动到定界框的一个控制点上，按住鼠标左键并拖曳该控制点，以旋转图形并调整位置，如图 1-44 所示。

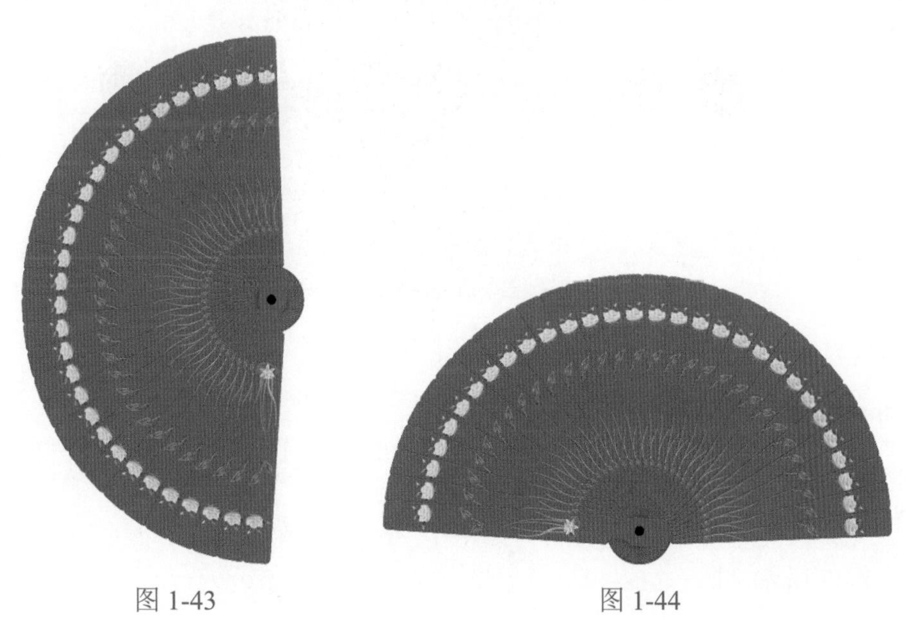

图 1-43　　图 1-44

2. 缩放对象

在 Illustrator CC 2022 中，可以对图形对象进行等比缩放和不等比缩放，也可以通过自定义缩放中心点来缩放对象。

1）使用“缩放”工具缩放对象

选中对象，选择“缩放”工具（快捷键为 S），将鼠标指针移动到对象上，按住鼠标左键并拖曳对象，将以符号为缩放中心点来缩放对象，如图 1-45 所示。

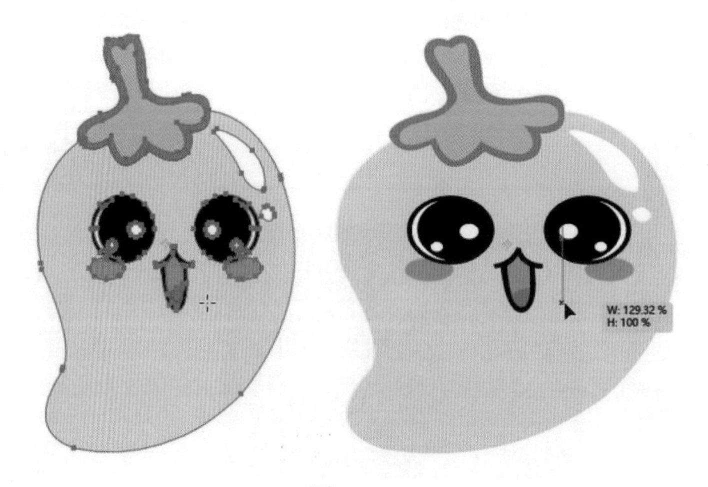

图 1-45

2）使用“比例缩放”对话框缩放对象

选中对象，双击“缩放”工具，弹出“比例缩放”对话框，在该对话框中设置缩放参数，设置完成后单击“确定”按钮，如图 1-46 所示。

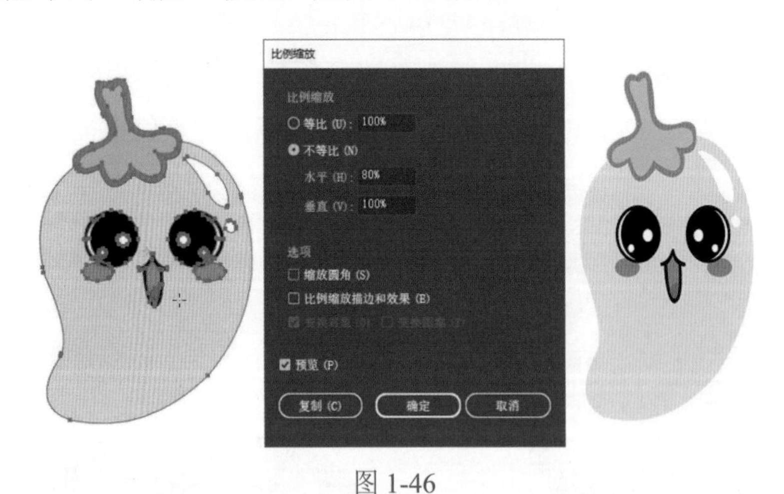

图 1-46

3）通过自定义中心点缩放对象

选中对象，选择“缩放”工具，按住 Alt 键，在页面合适位置单击，以设置缩放中心点，同时弹出“比例缩放”对话框；在该对话框中设置缩放参数，设置完成后单击“复制”按钮，如图 1-47 所示。

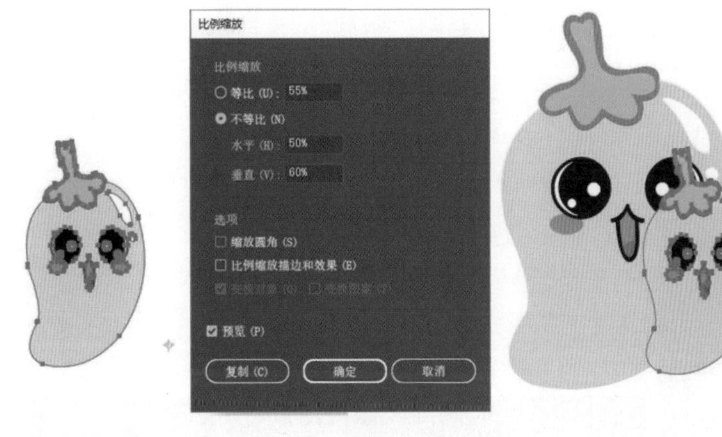

图 1-47

随学随练

利用“线性立体效果素材”文件制作线性立体效果图形，效果如图 1-48 所示。

图 1-48

知识要点：缩放、编组、移动对象。

操作步骤

（1）打开“模块一 / 素材 / 线性立体效果素材”文件，选中三角形，使用“选择”工具调整其大小，效果如图 1-49 所示。

图 1-49

（2）选中调整大小后的三角形，双击“缩放”工具，在弹出的“比例缩放”对话框中设置相应参数（见图 1-50），设置完成后单击“复制”按钮，效果如图 1-51 所示。按 11 次快捷键 Ctrl+D，重复复制操作，效果如图 1-52 所示。

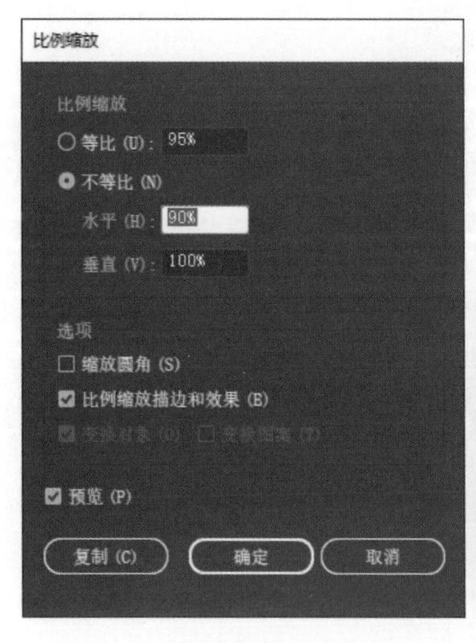

图 1-50

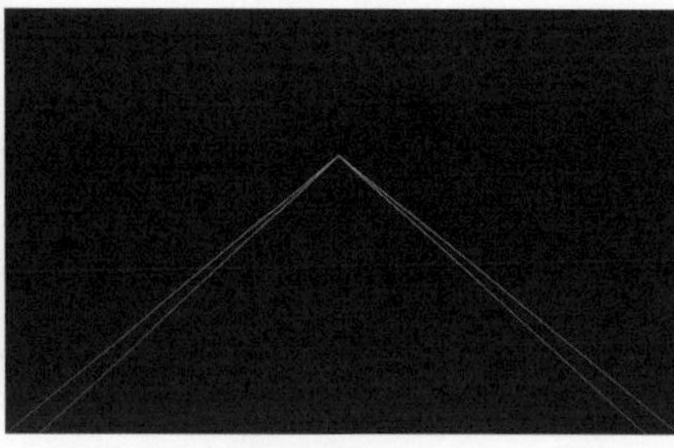

图 1-51

图 1-52

（3）选中最外侧的三角形，按照上述方法，将参数调整为垂直缩放 90%，再次执行缩放操作，效果如图 1-53 所示。

（4）选中最内侧的三角形，按照上述方法，将参数调整为水平缩放 95%，再次执行缩放操作，效果如图 1-54 所示。

（5）选中五角形图形（素材文件夹中的图形），按照上述方法，将参数调整为等比缩放 90%，再次执行缩放操作。选中缩放后的五角形图形，适当调整大小，并将其移至相应的位置，效果如图 1-55 所示。

图 1-53

图 1-54

图 1-55

3. 镜像对象

在 Illustrator CC 2022 中，可以对对象进行水平镜像、垂直镜像、自定义镜像的中心点和按角度镜像等操作。

1）使用“镜像”对话框镜像对象

选中对象，双击“镜像”工具，弹出“镜像”对话框，在该对话框中设置相应参数，设置完成后单击“确定”按钮，如图 1-56 所示。

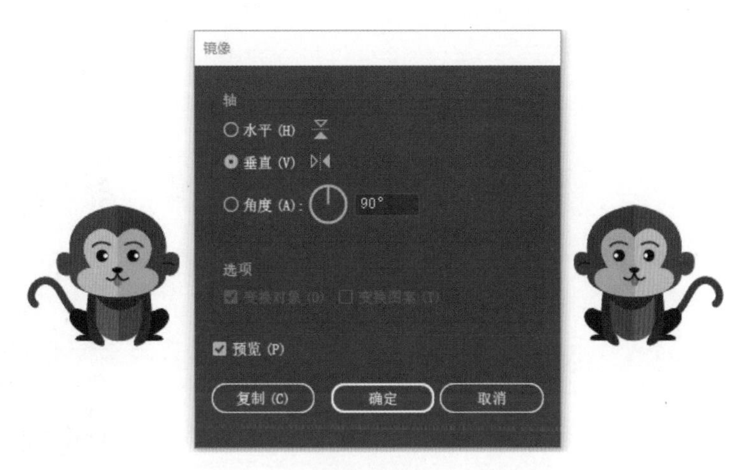

图 1-56

2）通过自定义镜像中心点镜像对象

选中对象，选择“镜像”工具（快捷键为 O），按住 Alt 键，在页面合适位置单击以设置镜像的中心点，同时弹出“镜像”对话框；在该对话框中设置相应参数，设置完成后单击“复制”按钮，镜像效果如图 1-57 所示。

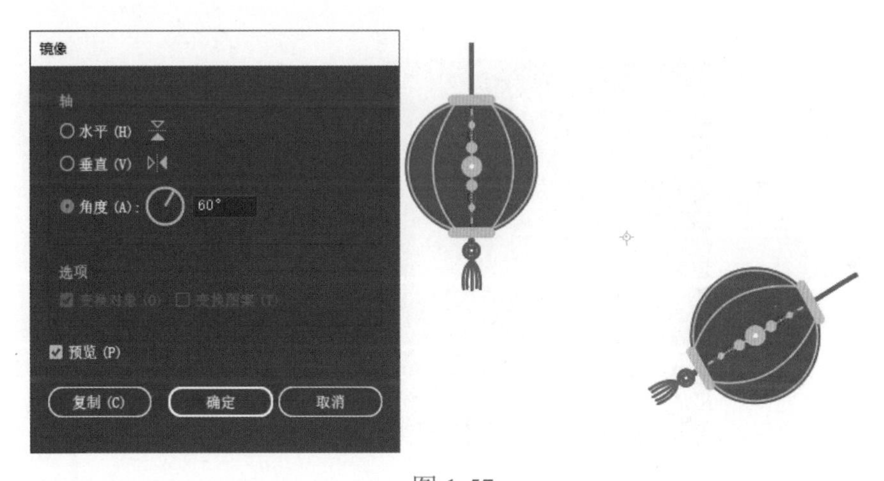

图 1-57

4. 倾斜对象

在 Illustrator CC 2022 中，可以使图形对象在水平、垂直和按固定角度进行倾斜，也可以通过自定义倾斜中心点来倾斜对象。

1）使用“倾斜”工具倾斜对象

选中对象，选择“倾斜”工具，将鼠标指针移动到对象上，按住鼠标左键并拖曳鼠标，将以符号为倾斜中心点来倾斜对象，如图 1-58 所示。

2）使用“倾斜”对话框倾斜对象

选中对象，双击“倾斜”工具，弹出“倾斜”对话框，在该对话框中设置倾斜参数，设置完成后单击“确定”按钮，如图 1-59 所示。

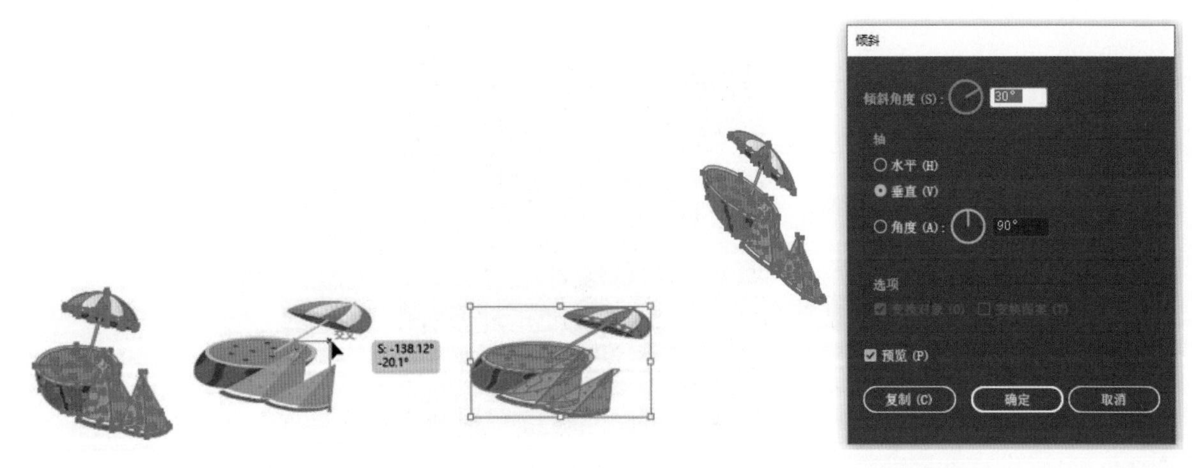

图 1-58　　　　　图 1-59

3）通过自定义中心点倾斜对象

选中对象，选择“倾斜”工具，按住 Alt 键，在页面合适位置单击以设置倾斜中心点，同时弹出“倾斜”对话框；在该对话框中设置相应参数，设置完成后单击“复制”按钮，如图 1-60 所示。

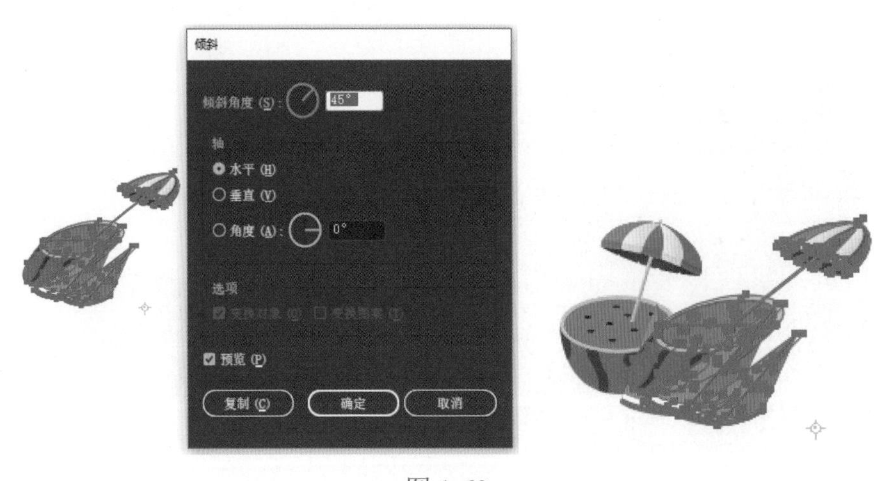

图 1-60

随学随练

利用“立体效果素材”文件制作立体图案，效果如图 1-61 所示。

图 1-61

知识要点：倾斜、镜像、复制对象。

操作步骤

（1）打开“模块一 / 素材 / 立体效果素材”文件，选中图形，双击“倾斜”工具，在弹出的“倾斜”对话框中设置相应参数（见图 1-62），设置完成后单击“确定”按钮。

（2）选择“镜像”工具，按住 Alt 键，单击图形对象的右下角以设置镜像中心点，同时弹出“镜像”对话框；在该对话框中设置相应参数，设置完成后单击“复制”按钮，如图 1-63 所示。

（3）将复制和镜像图形的填充颜色设置为 #c30d23；选中两个图形，按快捷键 Ctrl+G 进行编组。选择“镜像”工具，按住 Alt 键，单击图形对象的右下角以设置镜像中心点，同时弹出“镜像”对话框；在该对话框中设置相应参数，设置完成后单击“复制”按钮，如图 1-64 所示。

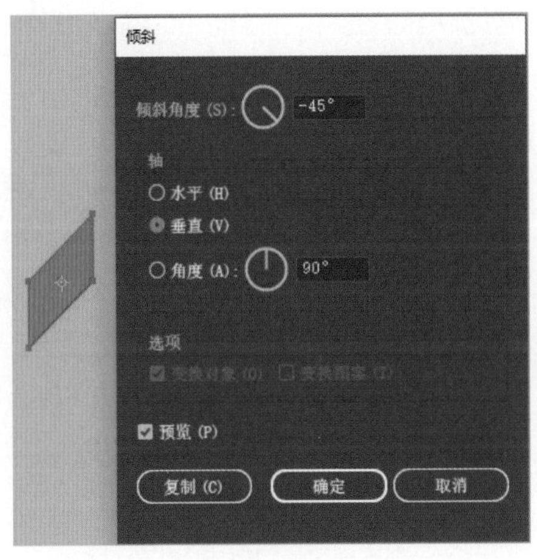

图 1-62

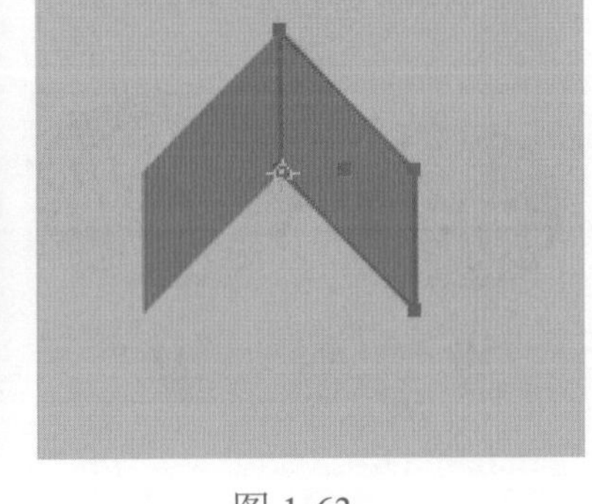
图 1-63

图 1-64

（4）选中两个图形，按快捷键 Ctrl+G 进行编组；按快捷键 Shift+Alt 等比调整图形的大小，将图形移至页面的左上角，按住鼠标左键并拖曳图形，同时按快捷键 Shift+Alt，水平平移复制图形；按快捷键 Ctrl+D，重复复制图形，如图 1-65 所示。

（5）选中所有图形，按快捷键 Ctrl+G 进行编组；按住鼠标左键并拖曳图形，同时按快捷键 Shift+Alt，垂直向下复制图形，如图 1-66 所示；按快捷键 Ctrl+D，重复复制图形，如图 1-67 所示。

图 1-65

图 1-66

图 1-67

八、对象的自由变换

在 Illustrator CC 2022 中，可以使用自由变换工具制作透视效果。选中对象，单击工具箱的“自由变换”工具（快捷键为 E）中的下拉按钮，打开工具属性栏，如图 1-68 所示。

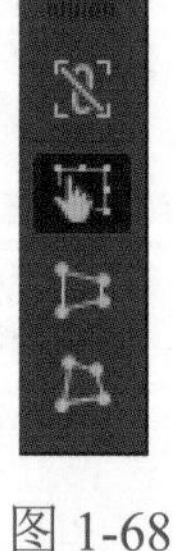

图 1-68

1. “限制”按钮

单击“限制”按钮，可以在和两个状态之间进行切换。

状态表示对象不按比例进行变换，用户可以自由调整对象。

状态表示对象按比例进行变换。

2. “自由变换”工具

选择“自由变换”工具，可以对选中的对象进行缩放、旋转或倾斜操作。

选中对象，单击“自由变换”工具中的下拉按钮，打开工具属性栏，选择“自由变换”工具，将鼠标指针移动到定界框的任意角点上；当鼠标指针变为或形状时，按住鼠标左键并拖曳角点，即可缩放或旋转对象，如图 1-69 所示。

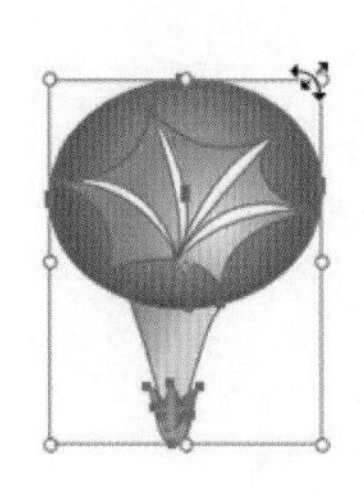

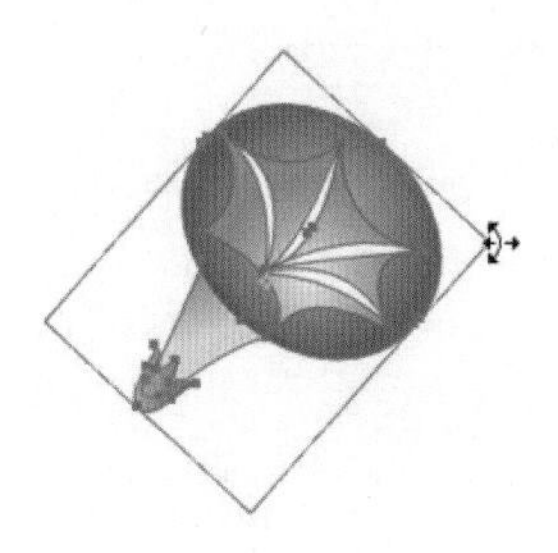

图 1-69

将鼠标指针移动到定界框的任意边的中点上，当鼠标指针变为或形状时，按住鼠标左键并拖曳中点，即可调整对象的宽度、高度，或者倾斜对象，如图 1-70 所示。

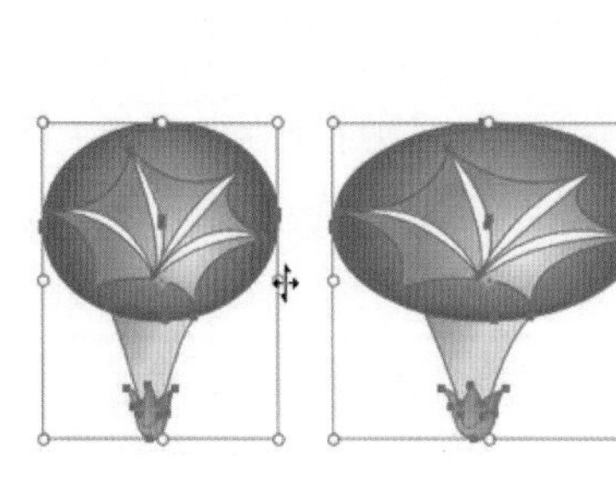
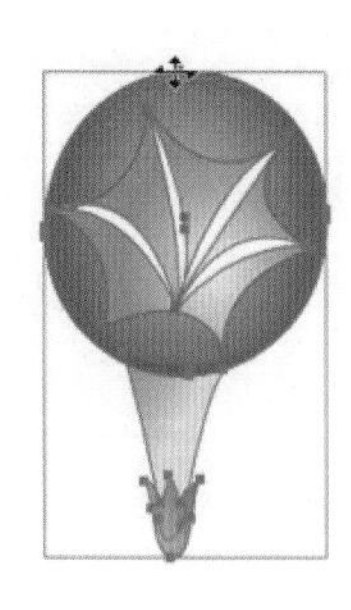
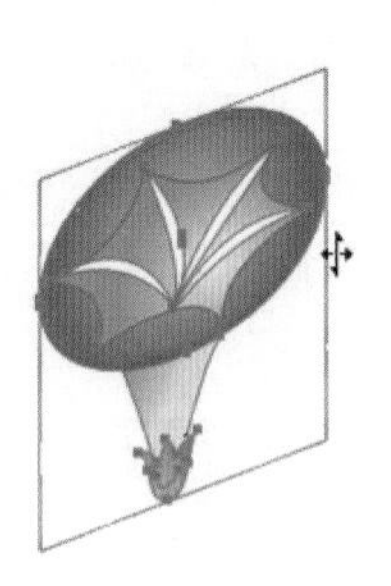

图 1-70

3. “透视扭曲”工具

选中对象，单击“自由变换”工具中的下拉按钮，打开工具属性栏，选择“透视扭曲”工具，将鼠标指针移动到定界框的任意角点上；当鼠标指针变为形状时，按住鼠标左键并拖曳角点到适当位置，松开鼠标左键，即可完成透视操作，如图 1-71 所示。

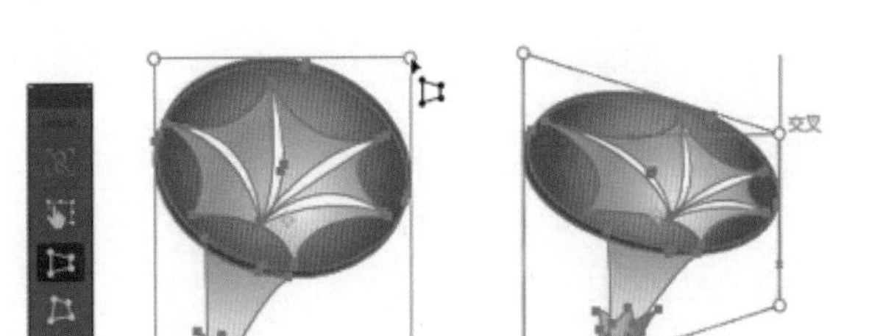

图 1-71

4. “自由扭曲” 工具

选中对象，单击“自由变换”工具中的下拉按钮，打开工具属性栏，选择“自由扭曲” 工具，将鼠标指针移动到定界框的任意角点上；当鼠标指针变为形状时，按住鼠标左键并拖曳角点到适当位置，松开鼠标左键，即可对角点进行变形，如图 1-72 所示。

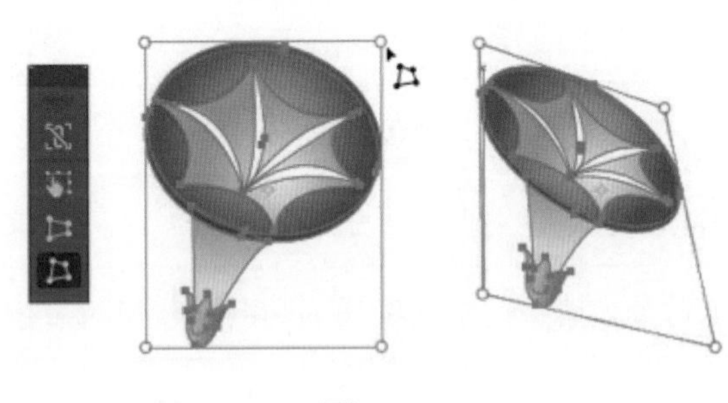

图 1-72

技巧：选中对象，单击“自由变换”工具，将鼠标指针移动到角点上，按住鼠标左键，同时按住 Ctrl 键，拖曳角点即可进行自由扭曲操作；按快捷键 Ctrl+Alt+Shift 并拖曳角点即可进行透视操作。

九、对齐与分布对象

在设计图形时，有时需要按某种方式对齐或分布排列多个图形对象，此时可以通过“对齐”控制面板（见图 1-73）来实现。打开“对齐”控制面板的方法是选择“窗口→对齐”命令。

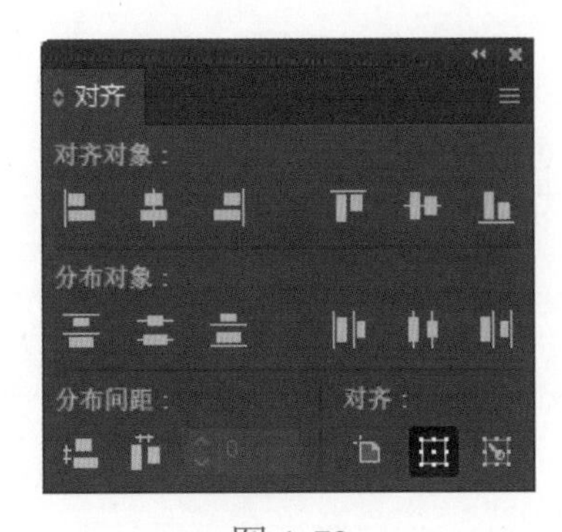

图 1-73

1. “对齐”控制面板中按钮的介绍

“对齐”控制面板中按钮的介绍如表 1-1 所示。

表 1-1

对齐对象		
	水平左对齐	以最左边对象的左边线为基准线，被选中对象的左边缘都与基准线对齐
	水平居中对齐	以选中对象的中点为基准点，被选中对象都与基准点水平对齐
	水平右对齐	以最右边对象的右边线为基准线，被选中对边的右边缘都与基准线对齐
	垂直顶对齐	以最上面对象的上边线为基准线，被选中对象的上边线都与基准线对齐
	垂直居中对齐	以选中对象的中点为基准点，被选中对象都与基准点垂直对齐
	垂直底对齐	以最下面对象的下边线为基准线，被选中对象的下边线都与基准线对齐
分布对象		
	垂直顶分布	以每个被选中对象的上边线为基准线，使对象按相等的间距垂直分布
	垂直居中分布	以每个被选中对象的中线为基准线，使对象按相等的间距垂直分布
	垂直底分布	以每个被选中对象的下边线为基准线，使对象按相等的间距垂直分布
	水平左分布	以每个被选中对象的左边线为基准线，使对象按相等的间距水平分布
	水平居中分布	以每个被选中对象的中线为基准准线，使对象按相等的间距水平分布
	水平右分布	以每个被选中对象的右边线为基准线，使对象按相等的间距水平分布
分布间距		
	垂直分布间距	先选中对象，再单击选中的某个对象，后选中的对象将作为参照物，按数值等距垂直分布
	水平分布间距	先选中所有对象，再单击选中的某个对象，后选中的对象将作为参照物，按数值等距水平分布
对齐		
	对齐面板	对齐的对象都以画板为基准
	对齐所选对象	以选定对象的定界框为基准
	对齐关键对象	以选择的多个对象中的某个特定对象为基准

2. 相对于画板对齐或分布

选择需要对齐或分布的对象，在“对齐”控制面板中，先单击“对齐画板”按钮，

再单击所需的对齐或分布对象类型的按钮。图 1-74 所示为右对齐效果。

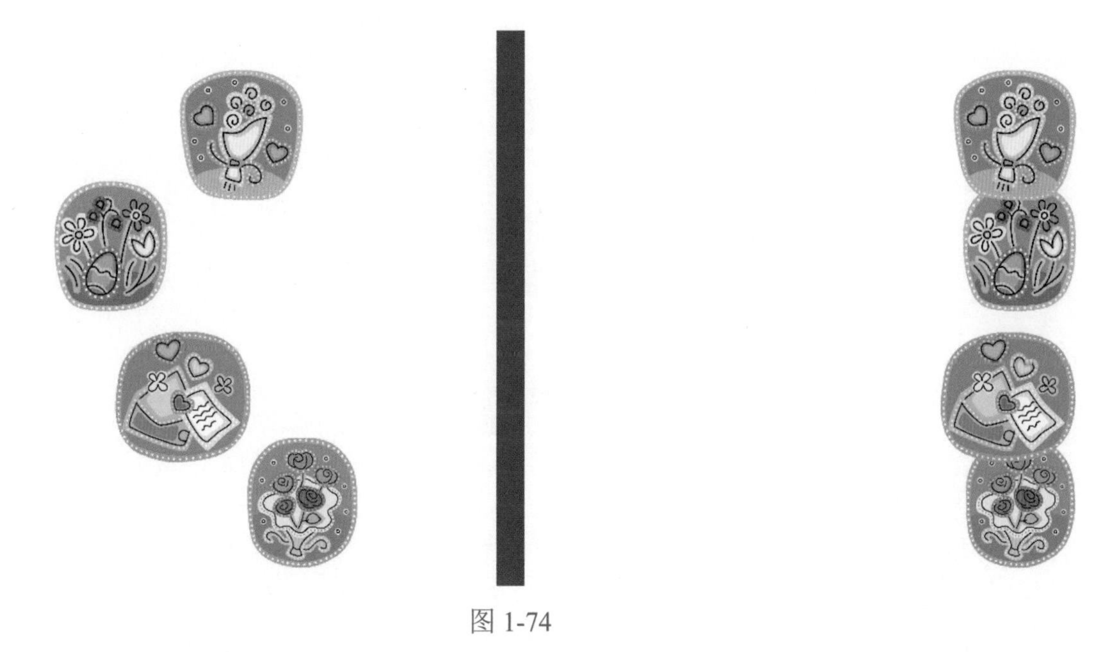

图 1-74

3. 相对于所有选定对象的定界框对齐或分布

选择需要对齐或分布的对象，在“对齐”控制面板中，先单击“对齐所选对象”按钮，再单击所需的对齐或分布对象类型的按钮。图 1-75 所示为右对齐效果。

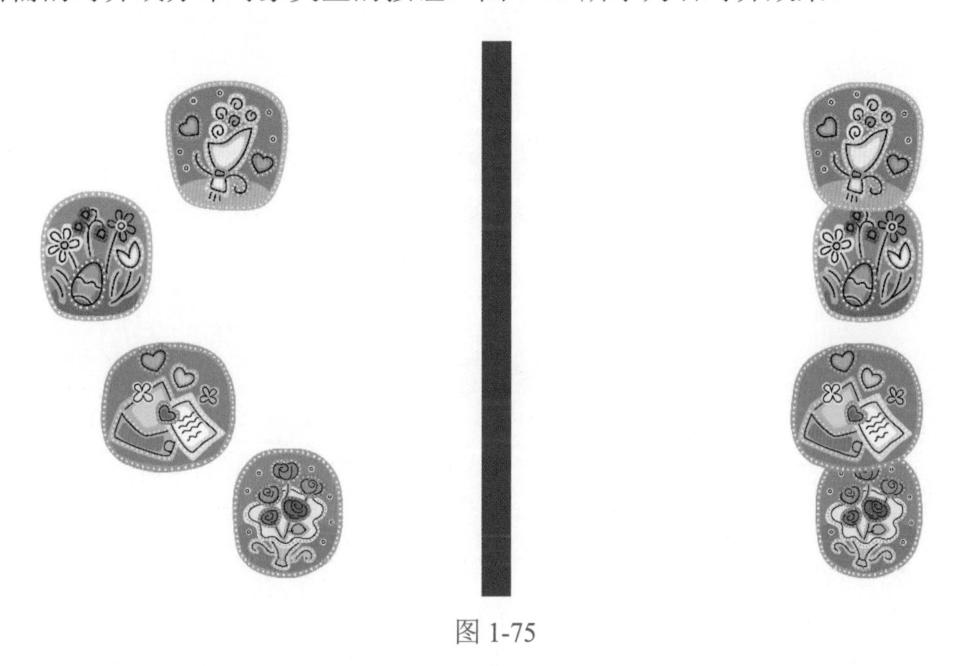

图 1-75

4. 相对于关键对象对齐或分布

先选择需要对齐或分布的对象，再单击作为关键对象的对象，此时关键对象周围会出现一个蓝色轮廓，并在“对齐”控制面板中自动选中“对齐关键对象”按钮，单击所需的对齐或分布对象类型的按钮。图 1-76 所示为右对齐效果。

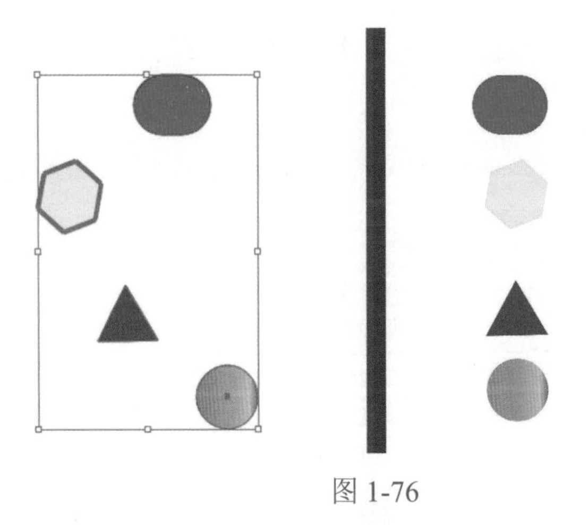

图 1-76

十、重复对象

在 Illustrator CC 2022 中，可以快速创建重复对象并对此进行编辑。重复对象主要包括径向、网格和镜像 3 种类型。

1. 径向重复

径向重复可以沿环形路径重复对象。选中图形对象，选择“对象→重复→径向”命令，将使用默认选项径向重复图形对象，如图 1-77 所示。

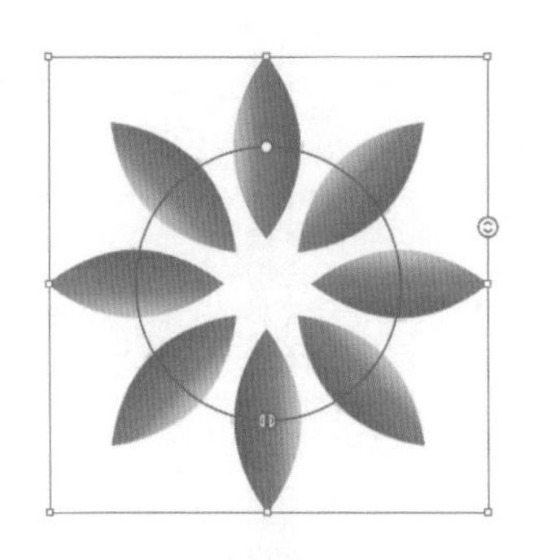

图 1-77

若需要修改重复对象的效果，则可以通过实例控件来调整。

具有上下箭头的圆形控件：向上拖曳该控件可以增加对象的数量，向下拖曳该控件可以减少对象的数量。

圆形控件：可以调整对象与中心点之间的距离。

按住 Alt 键，并使用鼠标拖曳圆形控件，可以调节对象与中心点之间的距离，同时旋转图形。

两个拆分器：可以调整图形重复出现的范围。

双击图形进入隔离模式，在此模式中可以调整单个图形的形状、大小、颜色和方向等，其他的图形会随之变化。

2. 网格重复

网格重复是以网格的方式重复对象。选中图形对象，选择“对象→重复→网格”命令，将使用默认选项网格重复图形对象，如图 1-78 所示。

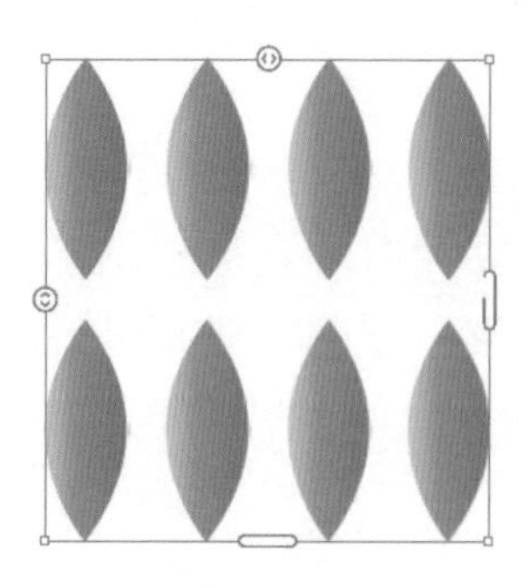

图 1-78

具有左右箭头的圆形控件：可以调整对象之间的列间距。向左拖曳该控件可以减小列间距，向右拖曳该控件可以增大列间距。

具有上下箭头的圆形控件：可以调整对象之间的行间距。向上拖曳该控件可以减小行间距，向下拖曳该控件可以增大行间距。

圆角矩形控件：可以增加或减少对象的列数。

圆角矩形控件：可以增加或减少对象的行数。

3. 镜像重复

镜像重复是以镜像的方式重复对象。选中图形对象，选择“对象→重复→镜像”命令，将使用默认选项镜像重复图形对象，同时进入隔离模式，并在两个图形之间显示一条虚线轴，如图 1-79 所示。

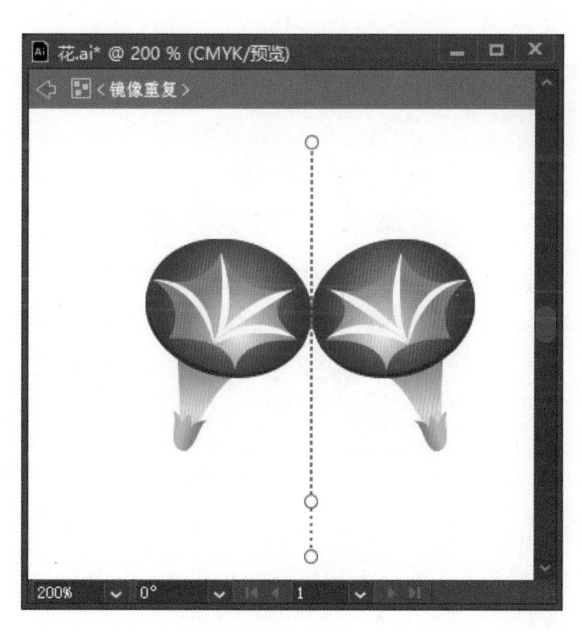

图 1-79

圆形控件◯：拖曳虚线轴两端的圆形控件可以改变镜像轴的角度。

拖曳虚线轴中间的圆形控件◯可以调整镜像图形之间的间距。

完成操作后，双击文件的空白处，可以退出隔离模式。若需要再次编辑镜像重复图形，则双击镜像重复图形。

4. 重复图形选项设置

创建完重复图形后，可以通过命令来设置重复图形选项。

选择重复图形对象，选择“对象→重复→选项”命令，弹出“重复选项”对话框（见图 1-80），该对话框将根据重复图形的类型自动显示相应的设置，根据需要设置相应参数，设置完成后单击“确定”按钮。

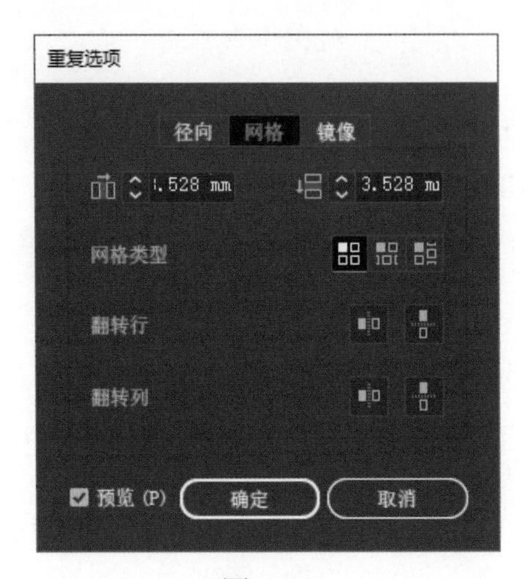

图 1-80

随学随练

利用“熊猫卡通图素材”文件制作熊猫卡通图，效果如图 1-81 所示。

图 1-81

知识要点：重复对象。

操作步骤

（1）打开“模块一 / 素材 / 熊猫卡通图素材”文件，选中竹子图形，将竹子图形移至页面的左上角，选择“对象→重复→网格”命令，拖曳相应的按钮，以调整行数和列数，以及行间距和列间距，效果如图 1-82 所示。

（2）选中熊猫的耳朵图形（素材文件夹中的图形），选择“对象→重复→镜像”命令，拖曳虚线轴中间的圆形控件，以调整镜像图形之间的间距，效果如图 1-83 所示。依次选中相应的图形，重复上述操作，完成其他图形的镜像，效果如图 1-84 所示。

（3）选中竹叶图形，选择“对象→重复→径向”命令，并调整中心点距离、对象的数量、重复的区域等，效果如图 1-85 所示。

图 1-82　　图 1-83

图 1-84　　图 1-85

项目五　辅助工具的使用

Illustrator CC 2022 提供了标尺、参考线和网格等辅助工具，使用这些辅助工具可以查看图形对象在文件中所处的位置，还可以更好地对齐对象等。

一、标尺

选择“视图→标尺→显示标尺”命令（快捷键为 Ctrl+R），文件窗口的顶部和左侧将分别显示水平标尺和垂直标尺，如图 1-86 所示。

图 1-86

若需要隐藏标尺，则可以选择“视图→标尺→隐藏标尺”命令（快捷键为 Ctrl+R）。

标尺的默认单位是“毫米”，若需更改当前文件标尺的单位，则可以将鼠标指针移动到标尺上并右击，在弹出的快捷菜单中根据需要选择相应的单位，如图 1-87 所示。

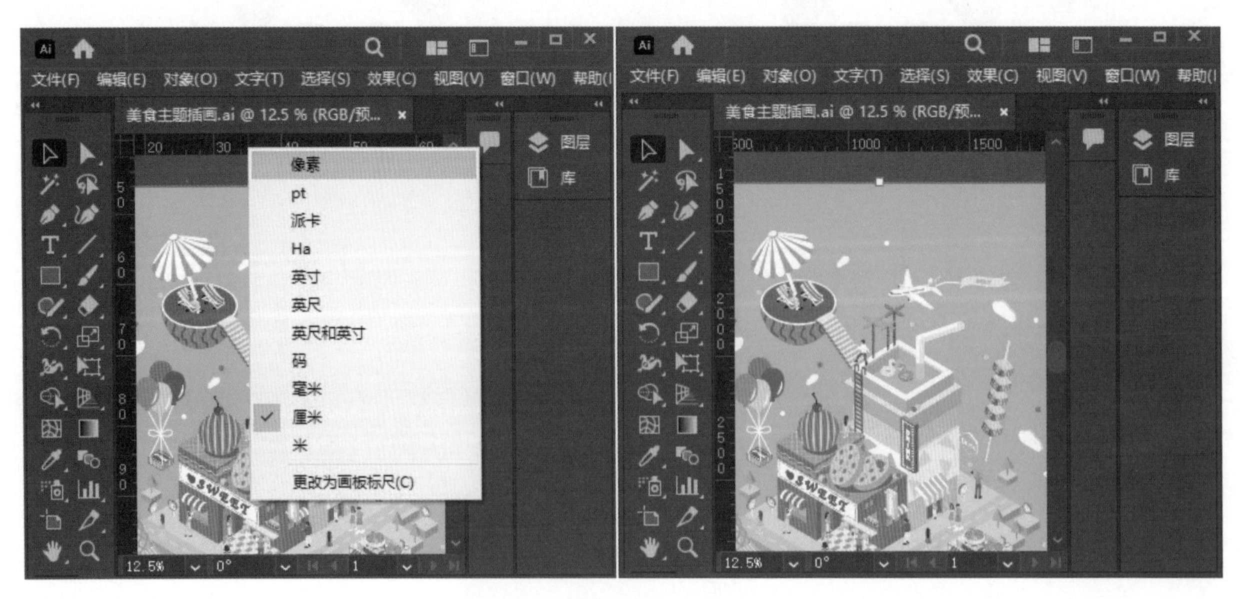

图 1-87

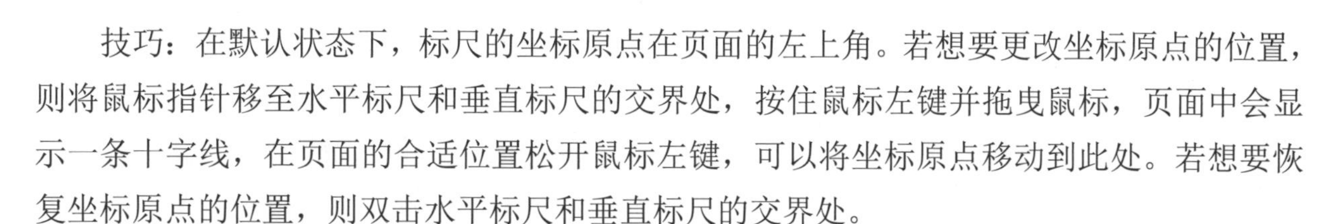

技巧：在默认状态下，标尺的坐标原点在页面的左上角。若想要更改坐标原点的位置，则将鼠标指针移至水平标尺和垂直标尺的交界处，按住鼠标左键并拖曳鼠标，页面中会显示一条十字线，在页面的合适位置松开鼠标左键，可以将坐标原点移动到此处。若想要恢复坐标原点的位置，则双击水平标尺和垂直标尺的交界处。

二、参考线

在绘制图形时，参考线可以辅助设计者对齐对象。在创建参考线前，必须先显示标尺。

1. 创建参考线

将鼠标指针移至水平或垂直标尺的任意位置，按住鼠标左键并拖曳鼠标到页面的合适位置，松开鼠标左键即可创建相应的参考线，如图 1-88 所示。

图 1-88

技巧：当通过拖曳鼠标的方式创建参考线时，按住 Shift 键可以使参考线与标尺上的刻度对齐。

2. 移动和删除参考线

将鼠标指针移至需要移动的参考线上，按住鼠标左键并拖曳参考线至合适位置，松开鼠标左键即可移动参考线，如图 1-89 所示。

图 1-89

将鼠标指针移动到需要删除的参考线上，并选中该参考线，按 Delete 键即可删除该参考线。

技巧：若需要删除多条参考线，则可以按住 Shift 键并依次单击参考线。

若需要清除所有参考线，则可以选择“视图→参考线→清除参考线”命令。

3. 锁定和隐藏参考线

选择“视图→参考线→锁定参考线”命令（快捷键为 Ctrl+Shift+；），即可锁定所有参考线，锁定后的参考线不能被移动和删除。若需要解除锁定，则可以选择“视图→参考线→解锁参考线”命令。

选择“视图→参考线→隐藏参考线”命令（快捷键为 Ctrl+；），即可隐藏所有参考线。若需要显示参考线，则可以选择“视图→参考线→显示参考线”命令（快捷键为 Ctrl+；）。

三、智能参考线

智能参考线可以精确地辅助设计者创建形状、对齐对象，以及编辑和变换对象等。选择“视图→智能参考线”命令（快捷键为 Ctrl+U），以启用智能参考线，当鼠标指针指向某个对象时，智能参考线会高亮显示并显示提示信息，如图 1-90 所示。

图 1-90

四、网格

网格是一种方格类型的参考线，可以用来对齐对象，辅助设计者对齐图形。选择“视图→显示网格”命令（快捷键为 Ctrl+”），即可在文件页面中显示网格，如图 1-91 所示。显示网格后，可以选择“视图→对齐网格”命令，这样设计者在移动对象时会自动对齐网格。

图 1-91

实训案例

利用“魔方素材”文件制作魔方，效果如图 1-92 所示。

图 1-92

说明与要求：素材文件中的大圆角矩形的宽为 100mm、高为 100mm，圆角半径为 2mm。小圆角矩形的宽为 30mm、高为 30mm，圆角半径为 2mm。

小圆角矩形距离大圆角矩形的上边和左边都是 2mm，小圆角矩形之间的距离是 3mm。

（1）打开“模块一 / 素材 / 魔方素材”文件，选中大、小圆角矩形，分别单击“对齐”控制面板中的“水平左对齐”和“垂直顶对齐”按钮，使两个圆角矩形以左上角对齐。

（2）选中小圆角矩形，双击“选择”工具，弹出“移动”对话框，在该对话框中设置相应参数（见图 1-93），设置完成后单击“确定”按钮，使小圆角矩形距离大圆角矩形的左边和上边各 2mm。

（3）双击“选择”工具，弹出“移动”对话框，在该对话框中设置相应参数（见图 1-94），设置完成后单击“复制”按钮。选择“对象→变换→再次变换”命令（快捷键为 Ctrl+D），重复执行上一次操作，效果如图 1-95 所示。

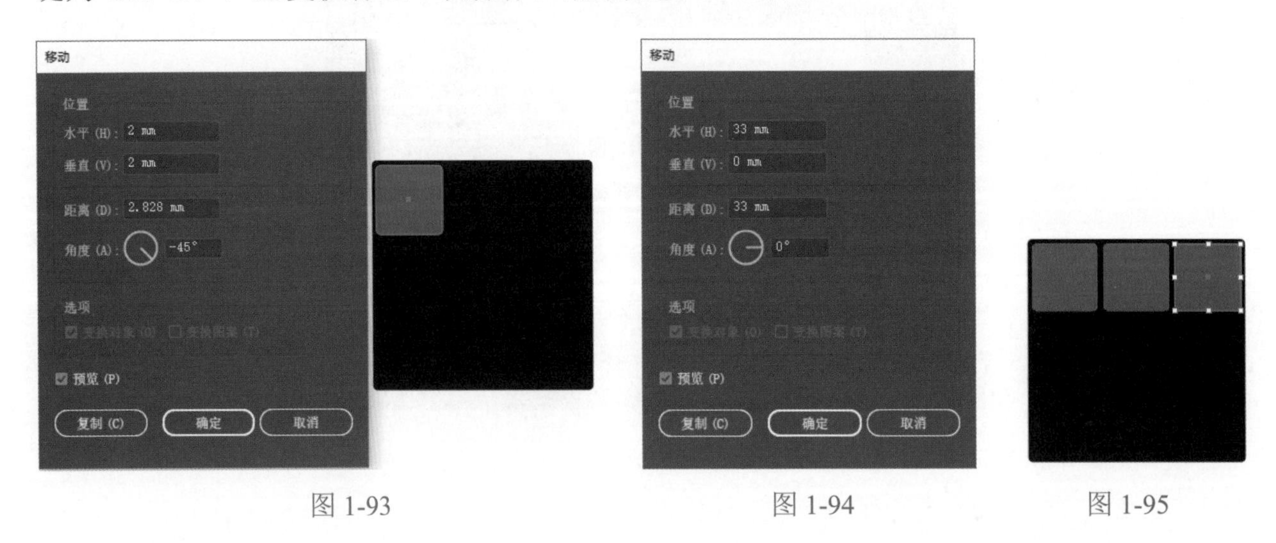

图 1-93　　图 1-94　　图 1-95

（4）按住 Shift 键，单击 3 个小圆角矩形，双击“选择”工具，弹出“移动”对话框，在该对话框中设置相应参数（见图 1-96），设置完成后单击“复制”按钮。选择“对象→变换→再次变换”命令（快捷键为 Ctrl+D），重复执行上一次操作，效果如图 1-97 所示。

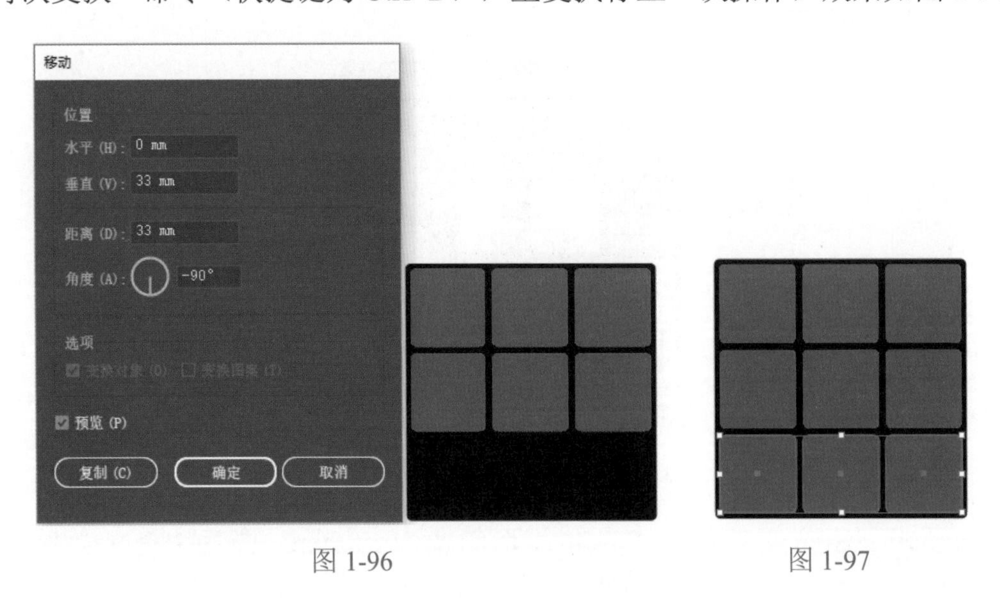

图 1-96　　图 1-97

（5）选中所有圆角矩形，选择“对象→编组”命令（快捷键为 Ctrl+G）。双击“选择”工具，弹出“移动”对话框，在该对话框中设置相应参数，设置完成后单击“复制”按钮，如图 1-98 所示。

（6）选择“缩放”工具，按住 Alt 键，单击复制的编组图形左侧边，以确定锚点的位置，弹出“比例缩放”对话框，在该对话框中设置相应参数（见图 1-99），设置完成后单击“确定”按钮，效果如图 1-100 所示。

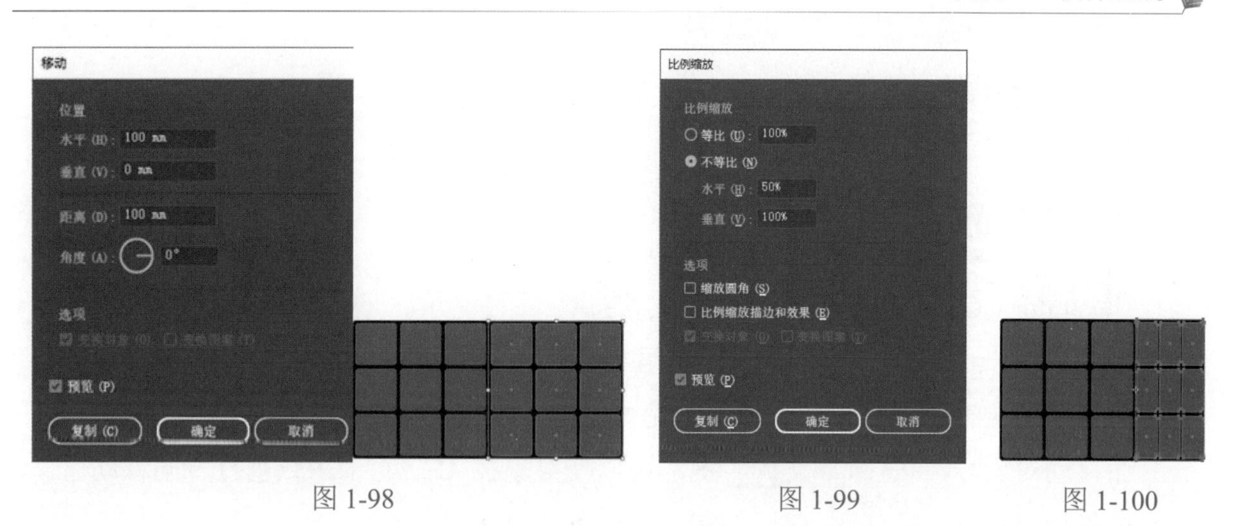

图 1-98　　图 1-99　　图 1-100

（7）选择“倾斜”工具，按住 Alt 键，在页面中单击，以确定锚点的位置（图形左侧边上），弹出“倾斜”对话框，在该对话框中设置相应参数（见图 1-101），设置完成后单击“确定”按钮，效果如图 1-102 所示。

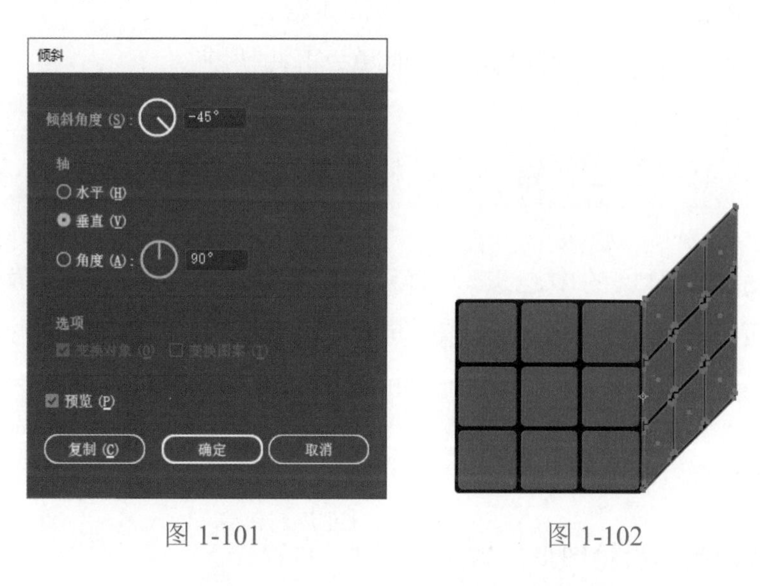

图 1-101　　图 1-102

（8）按照上述方法，制作魔方的上侧，效果如图 1-103 所示。

（9）选择“编组选择”工具，单击任意一个小圆角矩形，设置相应的填充颜色，最终效果如图 1-104 所示。

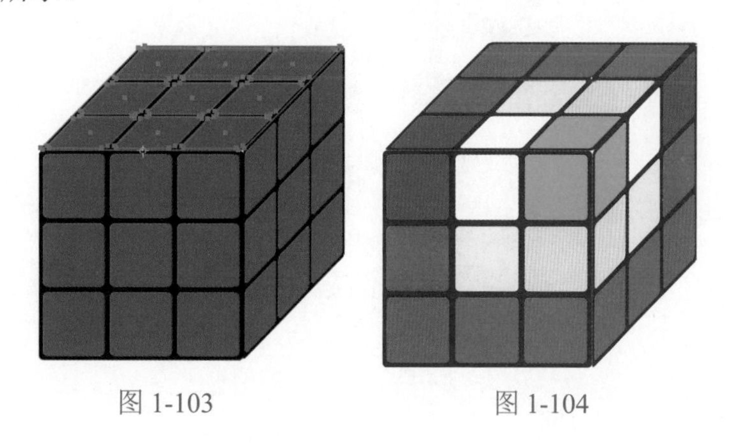

图 1-103　　图 1-104

课后提升

一、知识回顾

1. Illustrator CC 2022 的工作界面主要由 ________、________、________、________、________、________ 等组成。

2. 在显示图像时，若只想显示图像的轮廓，则可以按快捷键 ________ 进行切换。

3. 在移动对象时，按住 ________ 键，可以使对象按 45°、水平或垂直方向移动。

4. 在移动对象时，按住 ________ 键，可以实现复制对象。

5. 在复制对象时，按快捷键 ________，可以在原对象的前面粘贴一个对象，按快捷键 ________，可以在原对象的后面粘贴一个对象。

6. 若需要重复执行上一步操作，则可以按快捷键 ________。

7. 若需要锁定某个对象，则可以先选中对象，再按快捷键 ________；若需要解锁对象，则可以按快捷键 ________。

8. 若想要对几个对象进行编组，则可以先选中需要编组的对象，再按快捷键 ________。

9. 若要想改变旋转对象的中心点，则可以先选中对象，再选择“倾斜”工具，按住 ________ 键并在页面中单击即可改变对象的中心点。

10. 在缩放对象时，按住 ________ 键可以实现等比例缩放操作。

二、操作题

根据提供的素材制作齿轮图形，效果如图 1-105 所示。

图 1-105

模块二　基本图形绘制

模块概述

在绘制图形时，复杂的图形都是由一些基本图形构成的。绘制基本图形是使用Illustrator CC 2022的基础，学生必须熟练掌握基本绘图工具的使用方法。

本模块主要介绍在Illustrator CC 2022中使用形状绘图工具和线型绘图工具绘制基本图形的方法和技巧。形状绘图工具主要包括“矩形”工具、“椭圆”工具、“多边形”工具、“星形”工具等，线型绘图工具主要包括“直线段”工具、“弧线”工具、“螺旋线”工具、“矩形网格”工具等。

学习目标

知识目标

- 掌握绘制线段、螺旋线和网格的方法。
- 掌握线型绘图工具的使用方法。
- 熟练掌握绘制基本图形的技巧。

能力目标

- 能够利用绘图工具绘制图形。
- 能够绘制标志并结合图形组合画面实现构图设计。
- 能够对图形进行修剪、合并、排列等操作。

素养目标

- 提升学生对美的发现、感知、欣赏、评价的意识和基本能力。
- 提升学生绘制矢量图形的能力。

思政目标

- 对接行业标准，提高学生绘图的标准化意识。
- 通过创意设计作品，增强学生的文化自信和爱国热情。

思维导图

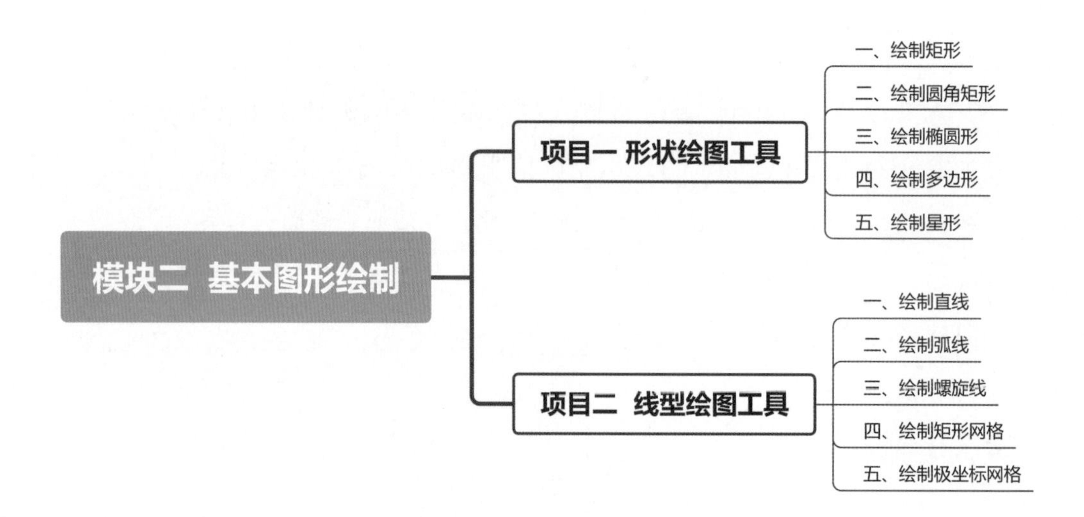

知识链接

项目一 形状绘图工具

矩形、圆形、多边形和星形是较为简单、基本的图形。在 Illustrator CC 2022 中，“矩形”工具、“圆角矩形”工具、“椭圆”工具、“多边形”工具和“星形”工具的使用方法大致相同，设计者使用这些工具可以比较方便地绘制出各种基本形状和图形。

一、绘制矩形

1. 使用鼠标绘制矩形

选择“矩形”■工具，在页面合适位置单击，同时按住鼠标左键，并拖曳鼠标到合适位置，松开鼠标左键，即可绘制一个矩形，如图 2-1 所示。

2. 精确绘制矩形

选择“矩形”■工具，在页面中单击，弹出“矩形”对话框，如图 2-2 所示；在“矩形”

对话框的“宽度”和“高度”文本框中分别输入相应数值，输入完成后单击“确定”按钮，即可得到一个矩形。

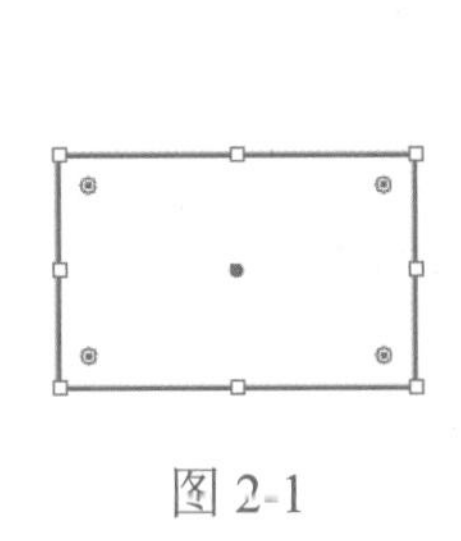

图 2-1

图 2-2

3. 使用快捷键绘制矩形

选择“矩形”工具，按住 Shift 键，在页面合适位置单击，同时按住鼠标左键，并拖曳鼠标到合适位置，松开鼠标左键，即可绘制一个正方形，如图 2-3 所示。

选择“矩形”工具，按住 Alt 键，在页面合适位置单击，同时按住鼠标左键，并拖曳鼠标到合适位置，松开鼠标左键，即可绘制一个以单击点为中心的矩形。

选择“矩形”工具，按住快捷键 Shift+Alt，在页面合适位置单击，同时按住鼠标左键，并拖曳鼠标到合适位置，松开鼠标左键，即可绘制一个以单击点为中心的正方形。

选择“矩形”工具，按住 ~ 键，在页面合适位置单击，同时按住鼠标左键，并拖曳鼠标到合适位置，松开鼠标左键，即可绘制多个矩形，如图 2-4 所示。

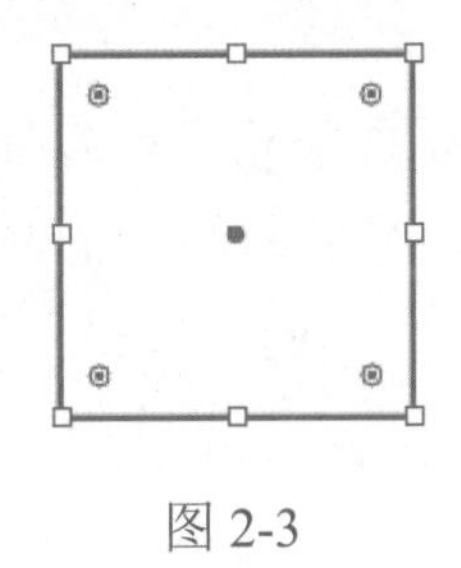

图 2-3

图 2-4

上述结合快捷键绘制图形的方法，同样适用于绘制圆角矩形、椭圆形、多边形、星形。

技巧：在绘制图形的过程中，按住空格键可以冻结当前正在绘制的图形，并且可以在页面中任意移动图形到合适位置；松开空格键可以继续绘制图形。

4. 重置矩形的大小

在设计过程中，绘制完矩形后可以根据需要随时调整其大小。

1）使用鼠标调整矩形的大小

选中矩形，矩形四周会出现定界框，将鼠标指针移动到定界框中的任意一个控制点上，按住鼠标左键并拖曳控制点到合适的位置（在拖曳的过程会出现一个灰色框，其中显示的是宽和高的数值），松开鼠标左键即可改变矩形的大小，如图 2-5 所示。

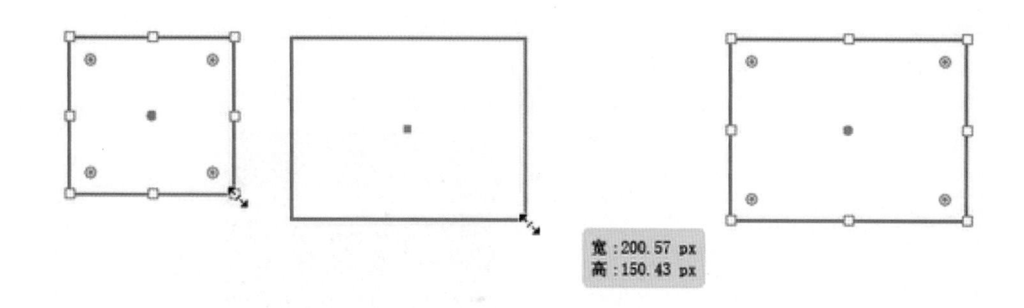

图 2-5

技巧：按住 Shift 键并拖曳控制点，即可等比例改变矩形的大小。

2）使用“属性”控制面板调整矩形的大小

选中矩形，分别在“属性”控制面板的“矩形”选区的“变换”参数组的“宽”和“高”文本框中输入数值，输入完后按 Enter 键，如图 2-6 所示；单击“保持宽度和高度比例”或按钮，可以自由或按比例设置宽度和高度（表示可以分别设置宽度和高度，表示宽度和高度按比例约束变化），或者单击“变换”参数组右下角的“更多选项”按钮，弹出“矩形属性参数”对话框；分别在该对话框的“矩形宽度”和“矩形高度”文本框中输入数值，输入完后按 Enter 键，如图 2-7 所示。

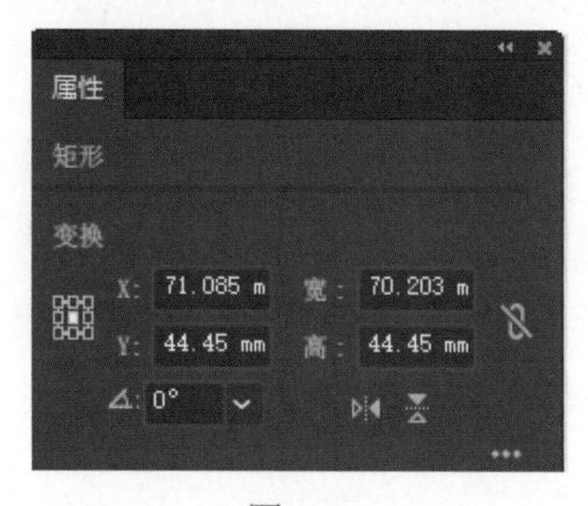

图 2-6

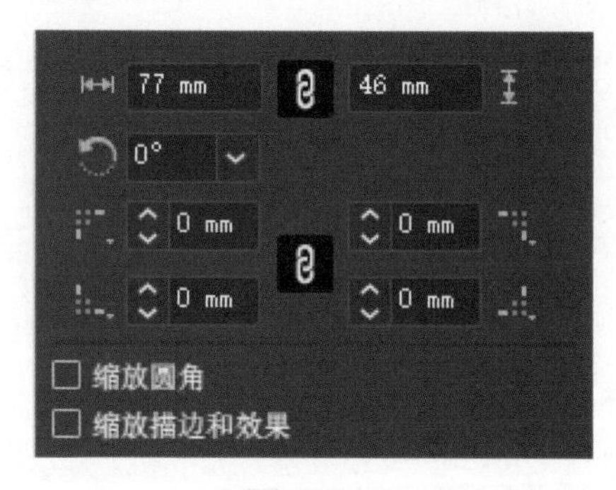

图 2-7

5. 矩形的变形

选中矩形，矩形四周会出现定界框，同时显示各种符号，如图 2-8 所示。

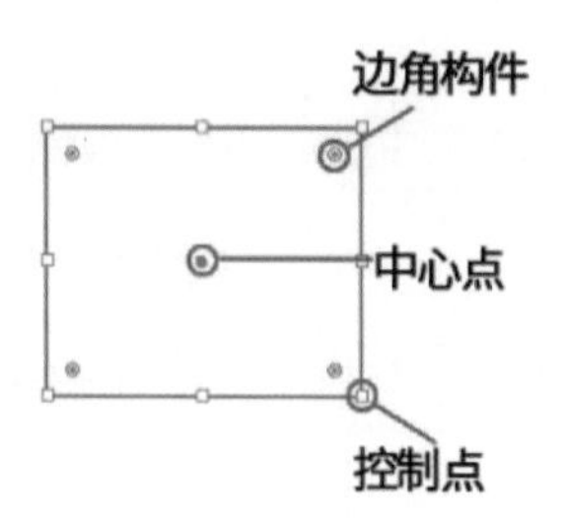

图 2-8

技巧：若矩形中没有出现边角构件，则可以选择“视图→显示边角构件”命令。

选择“选择”工具或“直接选择”工具，将鼠标指针移动到任意一个边角构件上（见图 2-9（a）），按住鼠标左键并拖曳边角构件（见图 2-9（b））至合适的大小，松开鼠标左键，即可同时对 4 个矩形角进行变形（见图 2-9（c））。

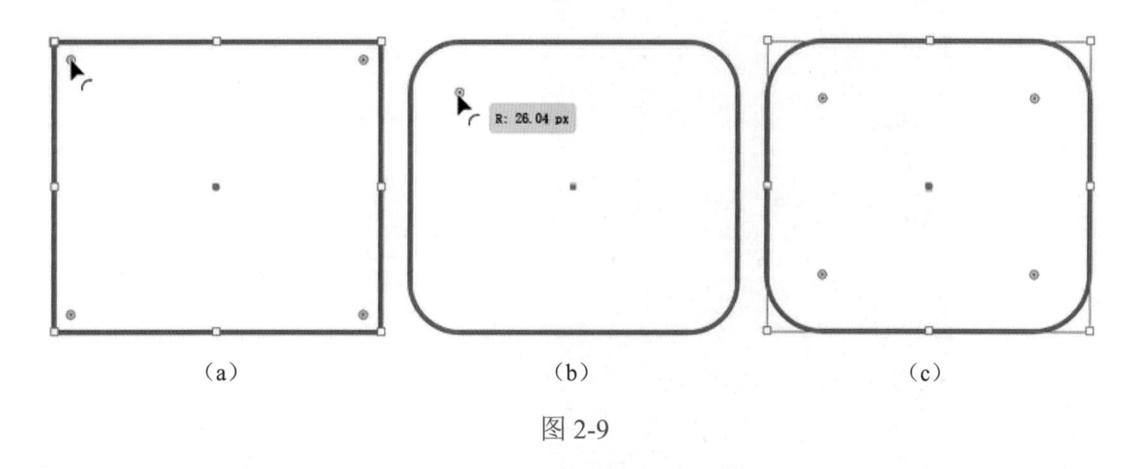

（a）　　（b）　　（c）

图 2-9

另外，可以调整某个矩形角。选中矩形，选择“选择”工具或“直接选择”工具，单击需要调整矩形角的边角构件，当边角构件变为空心边角构件（见图 2-10（a））时，按住鼠标左键并拖曳空心边角构件至合适的大小，松开鼠标左键，即可对选中的矩形角进行单独变形（见图 2-10（b）），效果如图 2-10（c）所示。

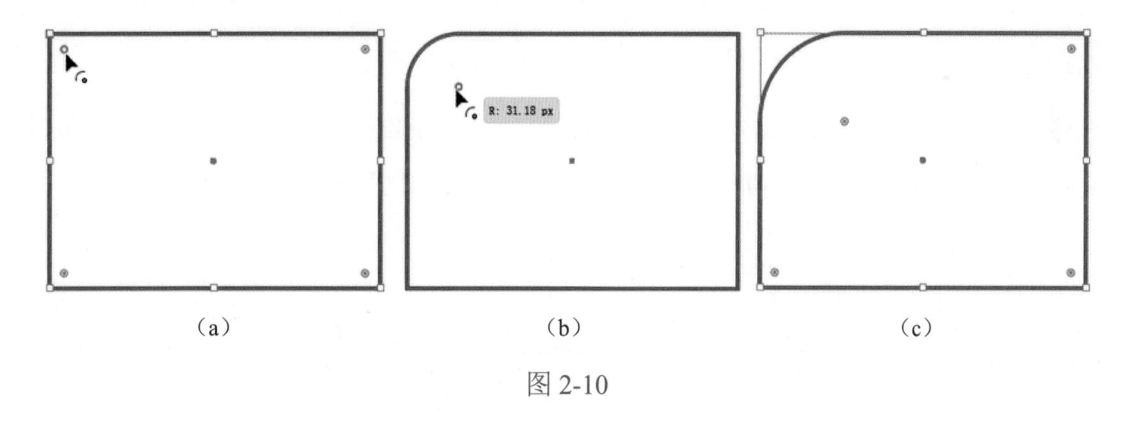

（a）　　（b）　　（c）

图 2-10

通过“属性”控制面板可以精确调整圆角的大小或矩形角的类型：选中矩形，在“属性”控制面板中单击“变换”参数组右下角的“更多选项”按钮，在弹出的“矩形属性参数”对话框中进行设置，如图 2-11 所示。

“边角类型”按钮：设置不同的边角类型。其中，表示圆角，表示反向圆角，表示倒角。

“链接圆角半径值”按钮：同时调整 4 个边角的数值。单击该按钮可变为按钮，表示取消链接，可以分别调整 4 个边角的数值。

技巧：按住 Alt 键，单击任意一个边角构件，或者在拖曳边角构件的同时按↑键或↓键，可以在 3 种边角类型之间进行转换。按住 Ctrl 键，双击其中任意一个边角构件，打开“变换”控制面板，在该控制面板中可以设置边角类型。

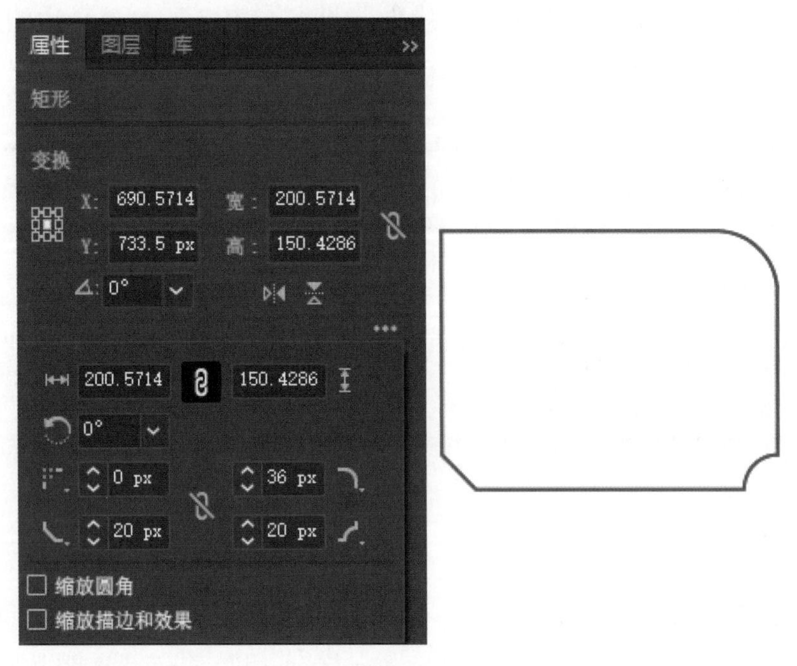

图 2-11

二、绘制圆角矩形

1. 使用鼠标绘制圆角矩形

选择“圆角矩形”工具，在页面合适位置单击，同时按住鼠标左键，并拖曳鼠标至合适位置，松开鼠标左键，即可绘制一个圆角矩形，如图 2-12 所示。

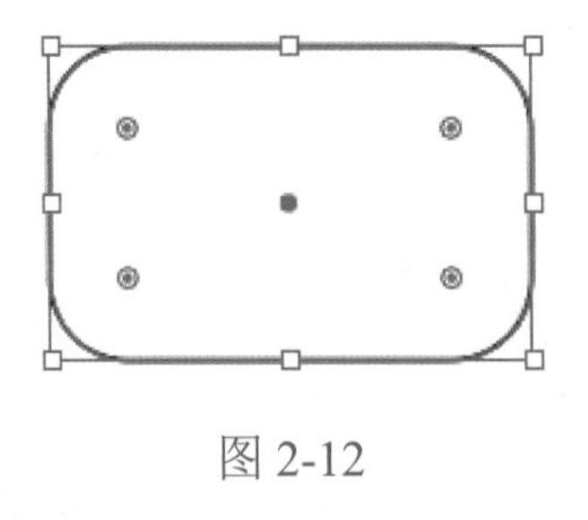

图 2-12

技巧：在使用鼠标绘制圆角矩形时，同时按↑键可以加大圆角的半径，按↓键可以减小圆角的半径，按←键可以绘制直角矩形，按→键可以绘制圆角半径最大的圆角矩形。

2. 精确绘制圆角矩形

选择“圆角矩形”工具，在页面中单击，弹出“圆角矩形”对话框（见图 2-13）；在该对话框的“宽度”、“高度”和“圆角半径”文本框中分别输入相应数值，设置完成后单击“确定”按钮，即可得到一个圆角矩形。

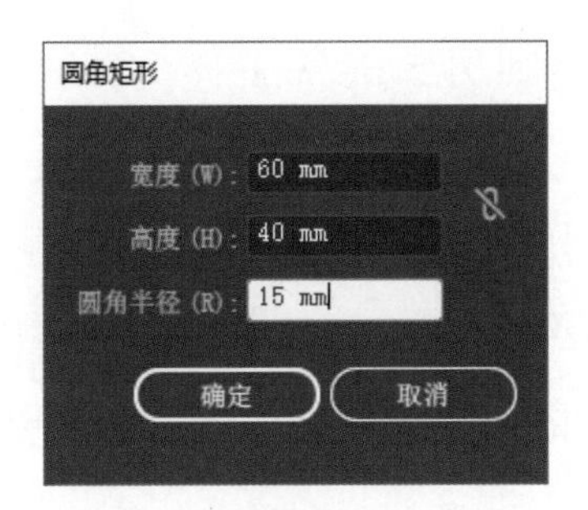

图 2-13

3. 重置圆角矩形

绘制完圆角矩形后，可以随时调整其大小和圆角半径。使用鼠标拖曳控制点和边角构件可以改变圆角矩形的大小和圆角半径，或者在“属性”控制面板中精确调整圆角矩形的大小、圆角半径和边角类型。

随学随练

绘制房子图形，效果如图 2-14 所示。

图 2-14

知识要点：“矩形”工具、“自由变换”工具、“直接选择”工具、编组命令。

操作步骤

（1）启动 Illustrator CC 2022，新建一个宽和高均为 250mm×250mm 的文件；选择“矩形”工具，绘制一个 250mm×250mm 的矩形，将填充颜色设置为 #cbe9f2，并取消描边。

（2）选择“矩形”工具，在页面底端绘制一个矩形，将填充颜色设置为 #358e3c，并取消描边；选择“直接选择”工具，选中矩形上方的两个边角构件，并拖曳该边角构件，从而将矩形边角调整为圆角，如图 2-15 所示。

（3）选择“矩形”工具，在页面底端中间绘制一个矩形，将填充颜色设置为 #7C1A03，并取消描边。单击“自由变换”工具中的下拉按钮，在打开的工具属性栏中选择“透视扭曲”工具，将鼠标指针移动到矩形上方的顶点处，按住鼠标左键并拖曳该顶点，以形成透视效果，如图 2-16 所示。

（4）选择“矩形”工具，绘制房子的各主体部分，填充相应的颜色，并取消描边，效果如图 2-17 所示。

（5）选择“矩形”工具，绘制房子的屋顶部分，将填充颜色设置为 # 8c4122，并取消描边。单击“自由变换”工具中的下拉按钮，在打开的工具属性栏中选择“透视扭曲”工具，将鼠标指针移至矩形上方的顶点处，按住鼠标左键并拖曳该顶点，以形成透视效果，如图 2-18 所示。

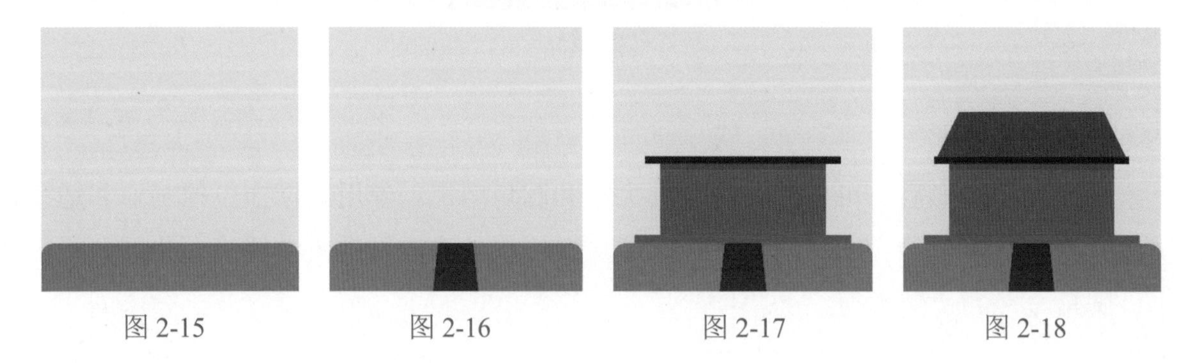

图 2-15　　图 2-16　　图 2-17　　图 2-18

（6）选择“矩形”工具，绘制窗户的主体部分，将填充颜色设置为白色，并取消描边。选择“直接选择”工具，选中矩形上方的两个边角构件，按住鼠标左键并拖曳鼠标，将矩形边角调整为圆角。按快捷键 Ctrl+C 进行复制，按快捷键 Ctrl+F 原位在前粘贴图形，按快捷键 Alt+Shift 原位缩小图形，将填充颜色设置为 #4387ae。选择“矩形”工具，绘制窗户的分隔条部分，将填充颜色设置为白色。选中所有窗户对象，按快捷键 Ctrl+G 进行编组。按住 Alt 键，拖曳窗户图形，以复制一个窗户图形，并调整复制的窗户图形的位置，效果如图 2-19 所示。

（7）选择“矩形”工具，绘制门图形，将填充颜色设置为白色，并取消描边。绘制矩形，将填充颜色设置为 #4387ae，将鼠标指针移动到矩形的边角构件上，按住鼠标左键并拖曳边角构件，将矩形边角调整为圆角。按住 Alt 键，拖曳圆角矩形，以复制一个圆角矩形，并调整复制的矩形的位置。继续绘制矩形，将填充颜色设置为黑色，并拖曳矩形的边角构件，以形成圆角，效果如图 2-20 所示。

（8）选择“矩形”工具，绘制栏杆图形，并将其边角调整为圆角。对栏杆图形进行编组，按住 Alt 键，拖曳栏杆图形编组，以复制一组栏杆图形编组，并调整栏杆编组的位置，效果如图 2-21 所示。

（9）选择“矩形”工具，绘制烟囱图形，效果如图 2-22 所示。

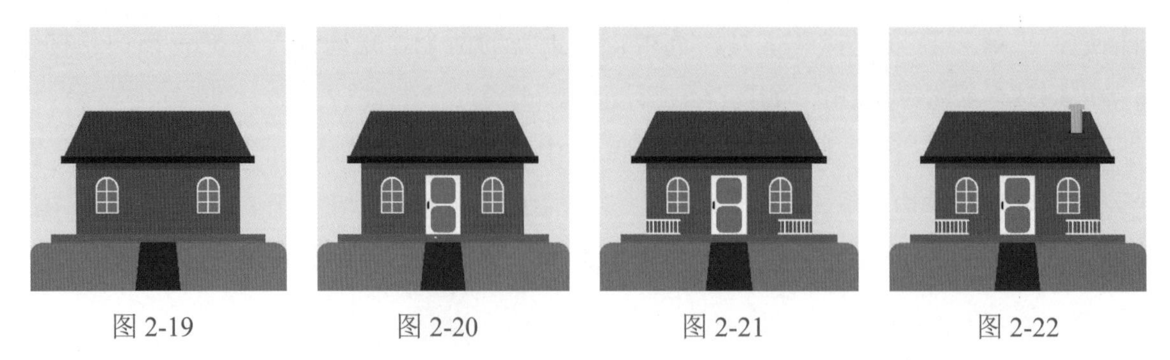

图 2-19　　图 2-20　　图 2-21　　图 2-22

三、绘制椭圆形

1. 使用鼠标绘制椭圆形

选择“椭圆”工具，在页面合适位置单击，同时按住鼠标左键，并拖曳鼠标到合适位置，松开鼠标左键，即可绘制一个椭圆形，如图 2-23 所示。

2. 精确绘制椭圆形

选择“椭圆”工具，在页面中单击，弹出“椭圆”对话框（见图 2-24），在该对话框的“宽度”和“高度”文本框中分别输入对应数值，输入完成后单击“确定”按钮，即可绘制一个椭圆形。

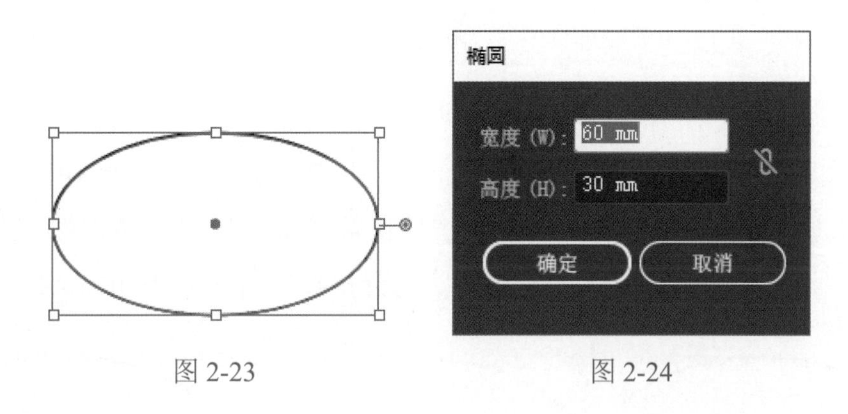

图 2-23　　图 2-24

3. 重置椭圆形的大小

绘制完椭圆形后，可以随时调整其大小。使用鼠标拖曳控制点可以改变椭圆形的大小，或者在“变换”控制面板（或“属性”控制面板）中精确调整椭圆形的大小。

4. 绘制饼图

1）使用鼠标绘制饼图

选中椭圆形，将鼠标指针移动到椭圆形的边角构件上，当鼠标指针变为形状时（见图 2-25（a）），向上拖曳边角构件可以调整饼图的起点角度（见图 2-25（b）），向下拖曳边角构件可以调整饼图的终点角度（见图 2-25（c））。

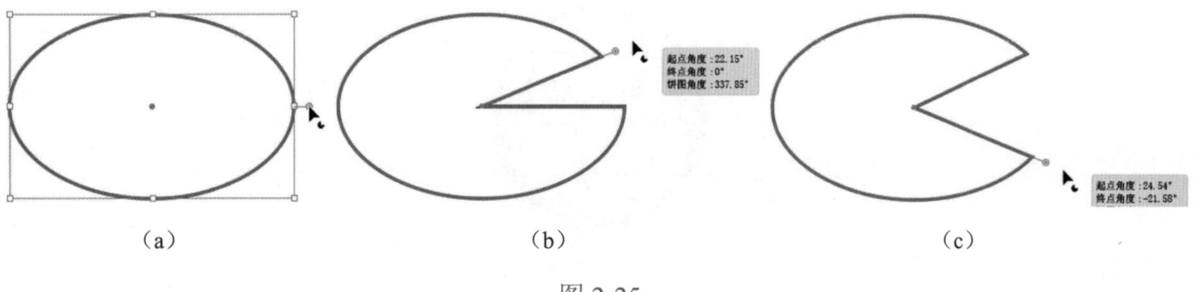

（a）　　（b）　　（c）

图 2-25

2）调整饼图边角

选中饼图，选择“直接选择”工具，饼图中会显示边角构件（见图 2-26（a）），将鼠标指针移动到任意一个边角构件上，按住鼠标左键并拖曳该边角构件，以调整边角（见图 2-26（b）），将边角构件拖曳至合适位置，松开鼠标左键，效果如图 2-26（c）所示。

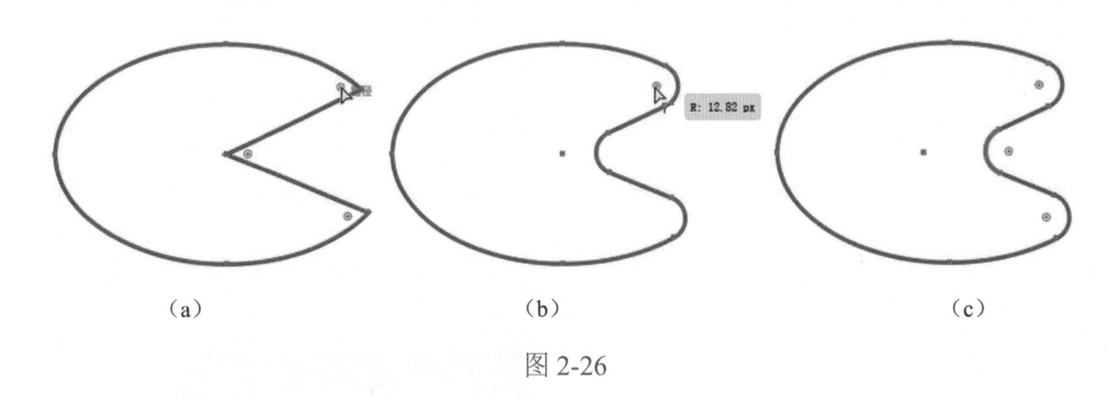

（a）　　（b）　　（c）

图 2-26

另外，可以分别对饼图边角进行调整。选中饼图，选择“直接选择”工具，单击需要调整边角的边角构件（见图 2-27（a）），按住鼠标左键并拖曳边角构件，以调整边角（见图 2-27（b）），拖曳边角构件至合适位置，松开鼠标左键，效果如图 2-27（c）所示。

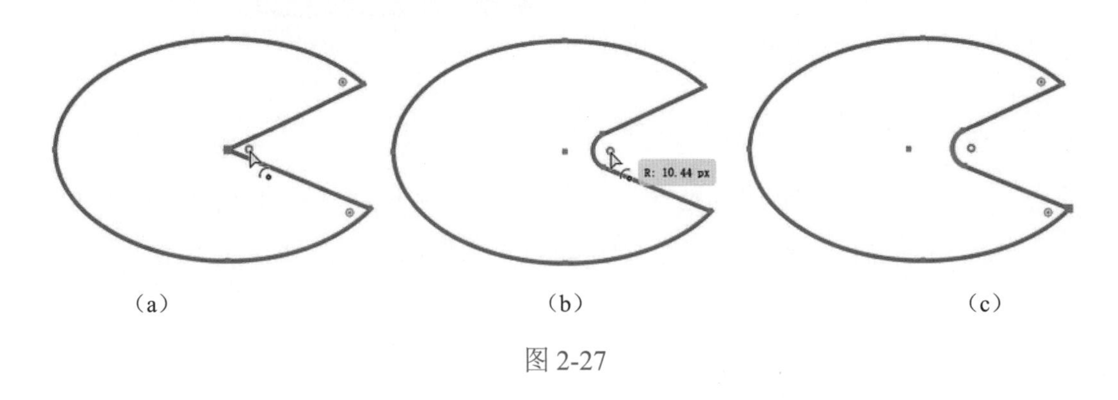

（a）　　（b）　　（c）

图 2-27

随学随练

绘制卡通脸图标，效果如图 2-28 所示。

图 2-28

知识要点：“椭圆”工具、编组命令、复制命令。

操作步骤

（1）启动 Illustrator CC 2022，新建一个文件；选择“椭圆”工具，按住 Shift 键，绘制一个正圆形，将填充颜色设置为 #985a8f；按快捷键 Ctrl+C 进行复制，按快捷键 Ctrl+F 原位在前粘贴图形；调整正圆形的位置和大小，并修改填充颜色，效果如图 2-29 所示。

（2）按上述方法，选择“椭圆”工具，绘制一个圆形，调整圆形的位置、大小，并修改填充颜色，效果如图 2-30 所示。选中所有图形，按快捷键 Ctrl+G 进行编组。

（3）按上述方法，选择“椭圆”工具，绘制眼睛部分并进行编组。按住 Alt 键，使用鼠标拖曳眼睛部分编组，以复制一只眼睛，最终效果如图 2-31 所示。

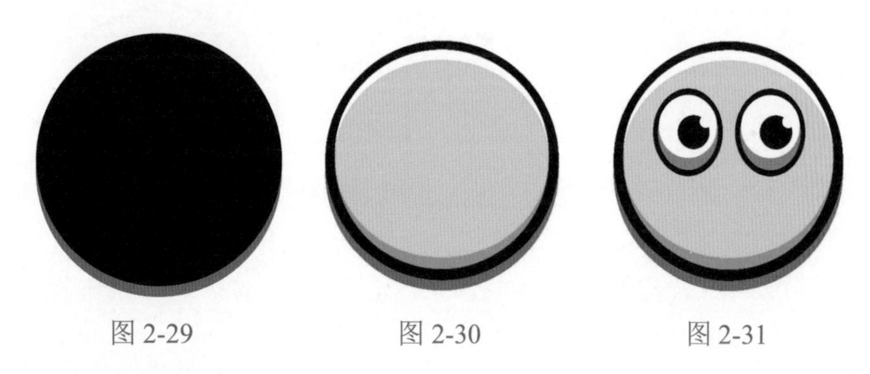

图 2-29　　图 2-30　　图 2-31

四、绘制多边形

1. 使用鼠标绘制多边形

选择“多边形”工具，在页面合适位置单击，同时按住鼠标左键，并拖曳鼠标至合适位置，松开鼠标左键，即可绘制一个多边形，如图 2-32 所示。另外，在绘制时按住 Shift 键，可以绘制一个正多边形，如图 2-33 所示。

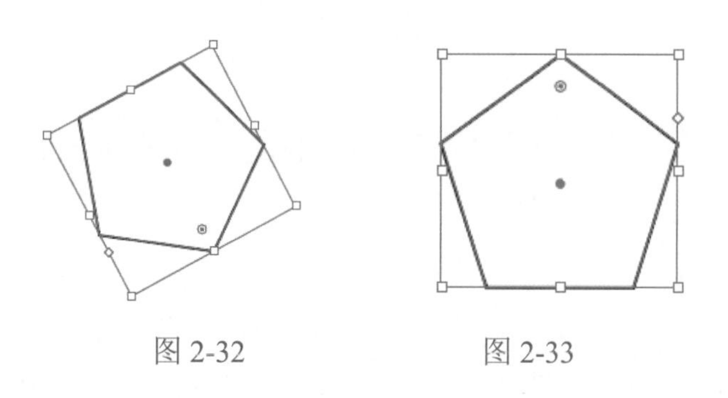

图 2-32　　图 2-33

技巧：在通过拖曳鼠标绘制多边形时，同时按 ↑ 键或 ↓ 键，可增加或减少边数。多边形的边数最少为 3 条。

2. 精确绘制多边形

图 2-34

选择“多边形”工具，在页面中单击，弹出“多边形”对话框（见图 2-34），在该对话框的“半径”文本框和“边数”数值框中分别输入相应数值，输入完成后单击“确定”按钮，即可得到一个多边形。

“半径”文本框：用于设置从多边形中心点到多边形顶点的距离。

“边数”数值框：用于设置多边形的边数。

3. 使用鼠标调整多边形的边数

选中多边形，将鼠标指针移动到多边形的边角构件◇上，当鼠标指针变为形状时（见图 2-35（a）），向上拖曳边角构件可以减少多边形的边数（见图 2-35（b）），向下拖曳多边形构件可以增加多边形的边数（见图 2-35（c））。

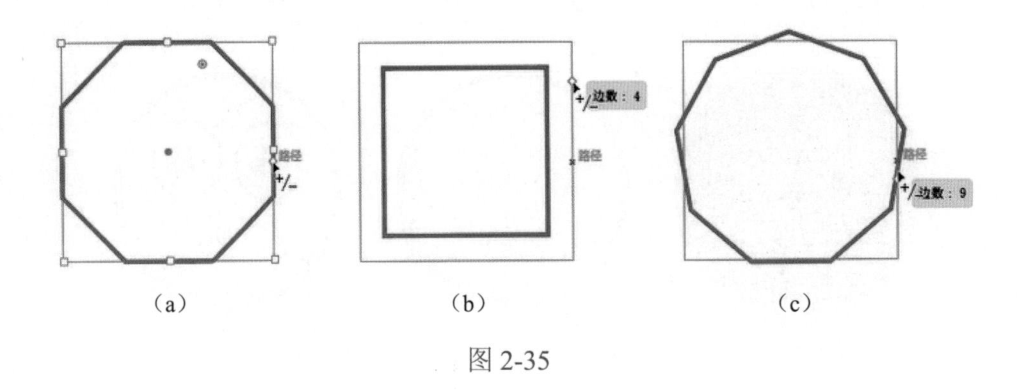

（a）　　（b）　　（c）

图 2-35

随学随练

绘制线性图案，效果如图 2-36 所示。

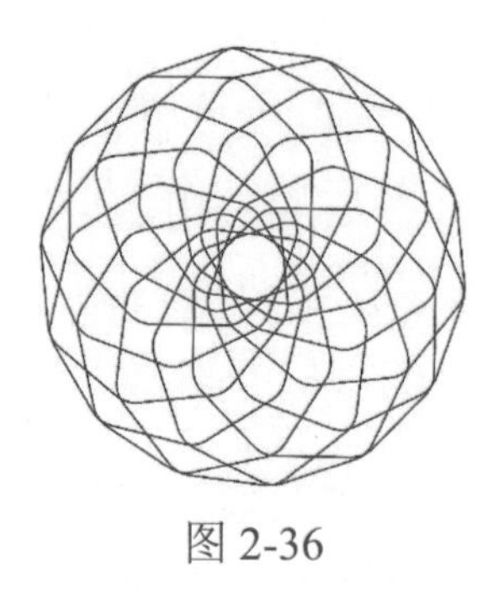

图 2-36

知识要点：“多边形”工具、重复命令。

操作步骤

（1）启动 Illustrator CC 2022，新建一个文件。选择“多边形”工具，绘制一个八边形，将描边颜色设置为红色，填充设置为无；将鼠标指针移动到八边形的边角构件上，按住鼠标左键并拖曳边角构件，将八边形的边角调整为圆角，效果如图 2-37 所示。

（2）选中八边形，选择“对象→重复→径向”命令，效果如图 2-38 所示。调整图形与中心点的距离和图形的数量，最终效果如图 2-39 所示。

注意：图形与中心点的距离和图形的数量不同，最终效果也会不同，读者可以多尝试几次。

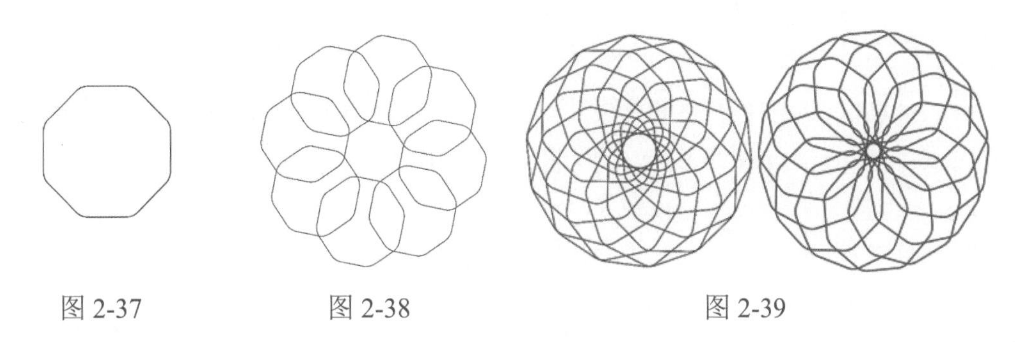

图 2-37　　图 2-38　　图 2-39

五、绘制星形

1. 使用鼠标绘制星形

选择“星形”工具，在页面合适位置单击，同时按住鼠标左键，并拖曳鼠标到合适位置，松开鼠标左键，即可绘制一个星形，如图 2-40 所示。另外，在绘制时按住 Shift 键，可以绘制一个正星形，如图 2-41 所示。

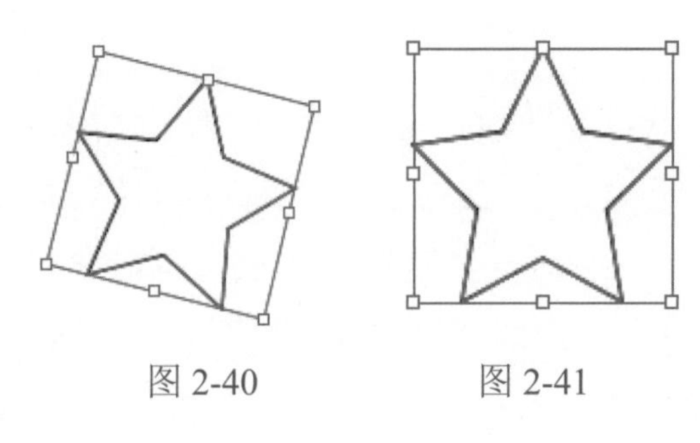

图 2-40　　图 2-41

技巧：在通过拖曳鼠标绘制星形时，同时按↑键或↓键可以增加或减少角数。星形的角数最少为 3 个。在通过拖曳鼠标绘制星形时，同时按住 Ctrl 键，可以控制星形的缩进程度。

2. 精确绘制星形

选择“星形”工具，在页面中单击，弹出“星形”对话框（见图 2-42），在该对话框的“半径 1”、“半径 2”文本框和“角点数”数值框中分别输入对应数值，输入完成后单击“确定”按钮，即可得到一个星形。

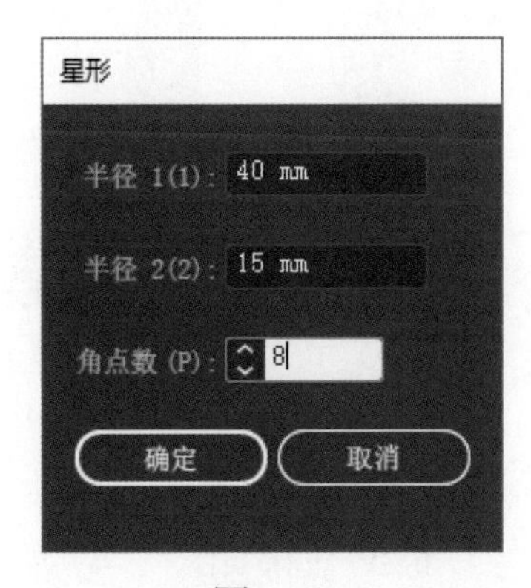

图 2-42

“半径 1”文本框：用于设置从星形中心点到外部角的顶点的距离。

“半径 2”文本框：用于设置从星形中心点到内部角的端点的距离。

“角点数”数值框：用于设置星形的角的数量。

随学随练

绘制橙子图标，效果如图 2-43 所示。

图 2-43

知识要点：“矩形”工具、“椭圆”工具、“星形”工具、重复命令。

操作步骤

（1）选择“矩形”工具，绘制一个矩形，将鼠标指针移动到矩形的边角构件上，拖曳边角构件，以调整圆角的大小；将填充颜色设置为 #3f978d，并取消描边；选择“椭圆”工具，按住 Shift 键，绘制一个正圆形，将填充颜色设置为白色，描边颜色设置为 #ef9413，描边粗细设置为 20pt，效果如图 2-44 所示。

（2）选择“星形”工具，绘制一个三角形，将填充颜色设置为 # ef9413，并取消描边。将鼠标指针移动到三角形的边角构件上，按住鼠标左键并拖曳边角构件，将三角形的边角调整为圆角，如图 2-45 所示。

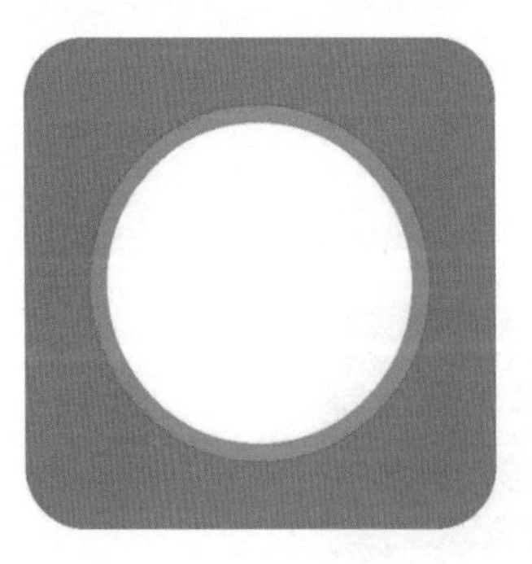

图 2-44

图 2-45

（3）选中三角形，选择“对象→重复→径向”命令，得到如图 2-46 所示效果。调整图形与中心点的距离和图形的数量，最终效果如图 2-47 所示。

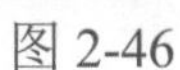

图 2-46

图 2-47

项目二　线型绘图工具

在绘图过程中，经常需要使用直线、弧线等线条。在 Illustrator CC 2022 中，可以运用“直线段”工具、“弧线”工具等进行绘制，并对绘制的图形进行编辑、变形和组合等操作，从而创建复杂的图形对象。

一、绘制直线

1. 使用鼠标绘制直线

选择“直线段” 工具，在页面中直线的开始位置单击，同时按住鼠标左键，并拖曳鼠标到直线的结束位置，松开鼠标左键，即可绘制一条直线，如图 2-48 所示。

2. 精确绘制直线

选择“直线段” 工具，在页面中单击，弹出“直线段工具选项”对话框（见图 2-49），在该对话框的“长度”和“角度”文本框中分别输入相应数值，输入完成后单击“确定”按钮，即可得到一条如图 2-50 所示的直线。

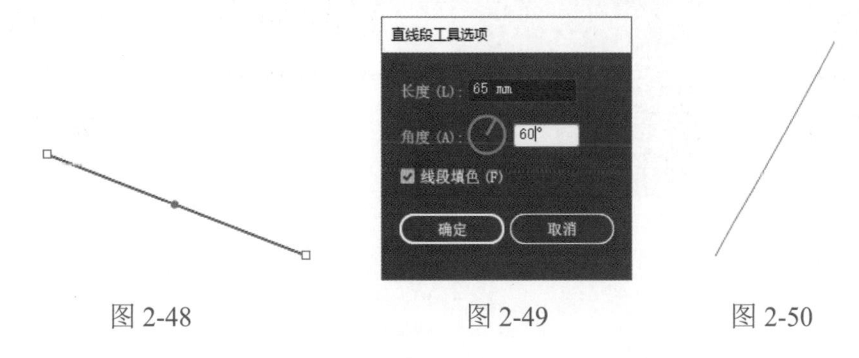

图 2-48　　图 2-49　　图 2-50

“长度”文本框：用于设置直线的长度。

“角度”文本框：用于设置直线的倾斜角度。

“线段填色”复选框：用于设置是否对直线进行填色。

3. 使用快捷键绘制直线

选择“直线段”工具，按住 Shift 键，在页面合适位置单击，同时按住鼠标左键并拖曳鼠标，即可绘制水平、垂直、成 45° 及其倍数的直线。

选择“直线段”工具，按住 Alt 键，在页面合适位置单击，同时按住鼠标左键并拖曳鼠标，即可绘制以单击点为中心的直线（从单击点向两侧延伸）。

选择“直线段”工具，按住 ~ 键，在页面合适位置单击，同时按住鼠标左键并拖曳鼠标，即可一次绘制多条直线，如图 2-51 所示。

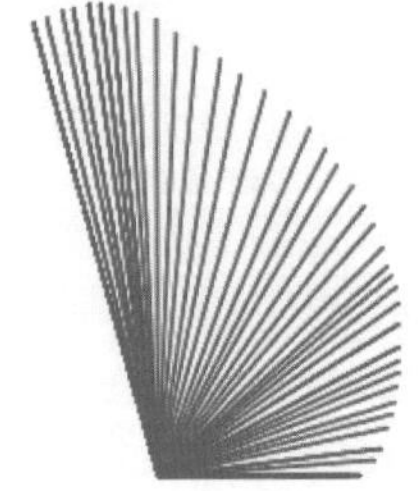

图 2-51

随学随练

绘制购物车图标，效果如图 2-52 所示。

知识要点：“直线段”工具、“椭圆”工具。

操作步骤

（1）选择“直线段”工具，将线段颜色设置为黑色，描边粗细设置为 10pt，在页面中绘制线段，形成购物车的形状，并结合“选择”工具、“直接选择”工具调整线段；选中所有线段，在“描边”控制面板中将“端点”设置为“圆头端点”（见图 2-53（a）），效果如图 2-53（b）所示。

（2）选择“椭圆”工具，将填充颜色设置为黑色，并取消描边，绘制购物车的车轮和手柄的圆形，如图 2-54 所示。

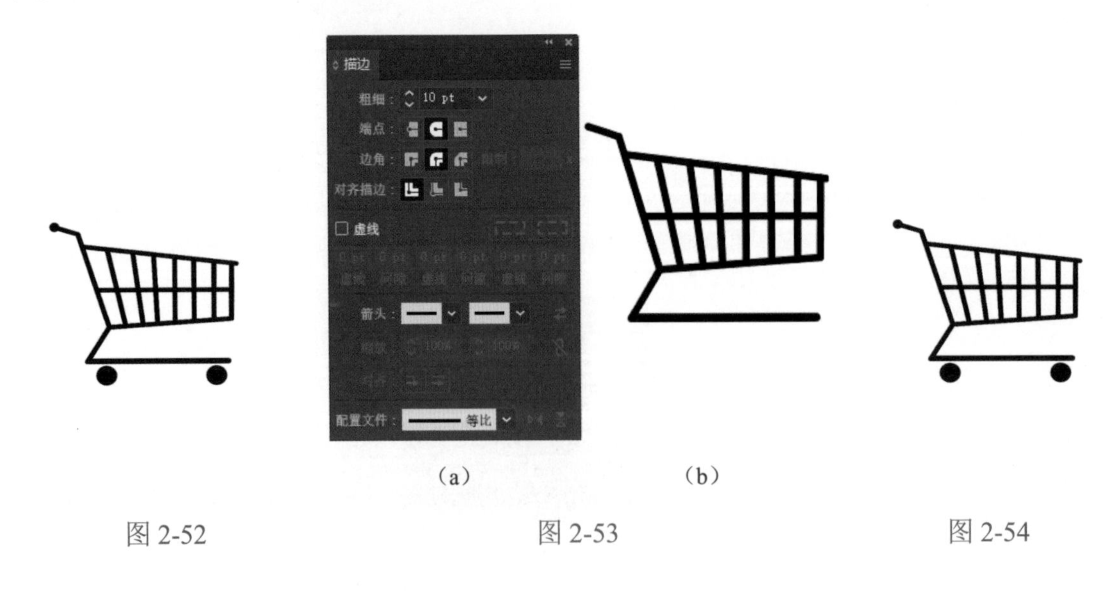

图 2-52　　图 2-53　　图 2-54

二、绘制弧线

1. 使用鼠标绘制弧线

选择“弧线”工具，在页面合适位置单击，同时按住鼠标左键，并拖曳鼠标到合适

位置，松开鼠标左键，即可绘制一条弧线，如图 2-55 所示。

2. 精确绘制弧线

选择“弧线”工具，在页面中单击，弹出“弧线段工具选项”对话框（见图 2-56），在该对话框中设置相应参数，设置完成后单击“确定”按钮，即可得到一条如图 2-57 所示的弧线。

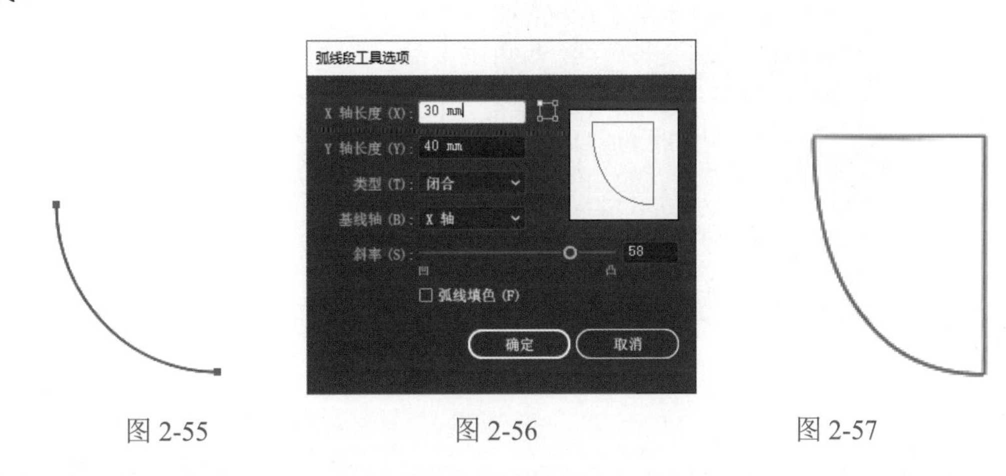

图 2-55　　图 2-56　　图 2-57

“X 轴长度”文本框：用于设置弧线在 *X* 轴方向的长度。

“Y 轴长度”文本框：用于设置弧线在 *Y* 轴方向的长度。

“类型”下拉按钮：用于设置弧线类型，类型包括开放或闭合。

“基线轴”下拉按钮：用于设置弧线的坐标轴。

“斜率”选项组：用于设置弧线弯曲的方向，负数趋于“凹”方向，正数趋于“凸”方向。

技巧：在通过拖曳鼠标绘制弧线时，同时按↑键或↓键可以加大或减小圆弧的曲率；按 C 键可以切换弧线类型（开放或闭合）；按 X 键可以切换弧线弯曲的方向（凹或凸）；按 F 键可以翻转弧线（镜像）；按 Shift 键，可以使弧线的 *X* 轴和 *Y* 轴方向的长度保持一致。

随学随练

绘制降落伞线框图标，效果如图 2-58 所示。

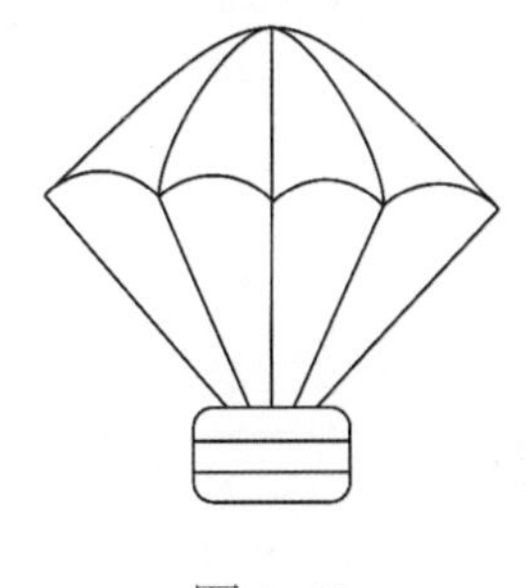

图 2-58

知识要点：“弧线”工具、“直线段”工具、“矩形”工具。

操作步骤

（1）选择“弧线”工具，在页面单击，弹出“弧线段工具选项”对话框（见图2-59（a）），在该对话框中设置相应参数，设置完成后单击“确定”按钮，即可得到一条如图2-59（b）所示的弧线。在“描边”控制面板中，将弧线的粗细设置为3pt，“端点”设置为“圆头端点”。

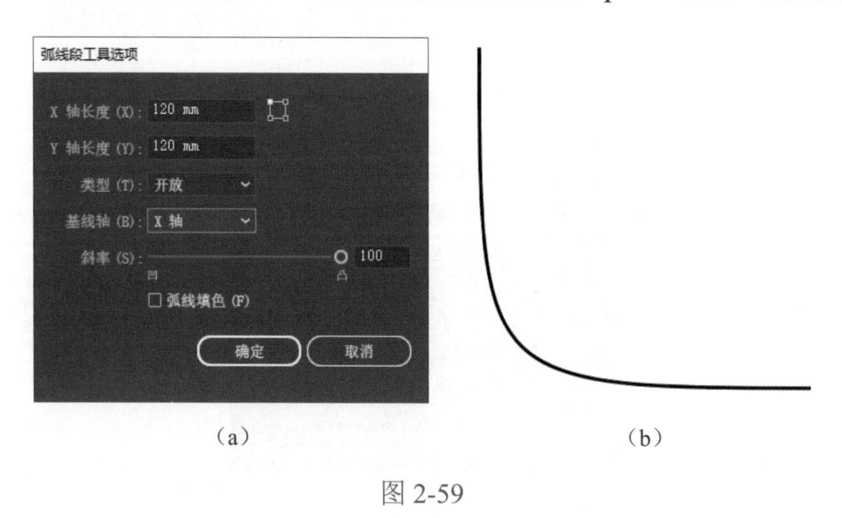

（a）　（b）

图 2-59

（2）选择弧线，将鼠标指针移动到定界框的控制点上，按住鼠标左键并拖曳控制点，以旋转弧线，如图2-60所示。

（3）选择“弧线”工具，在页面中单击，弹出“弧线段工具选项”对话框（见图2-61（a）），在该对话框中设置相应参数，设置完成后单击“确定”按钮，即可得到一条如图2-61（b）所示的弧线。在“描边”控制面板中，将弧线的粗细设置为3pt，“端点”设置为“圆头端点”。

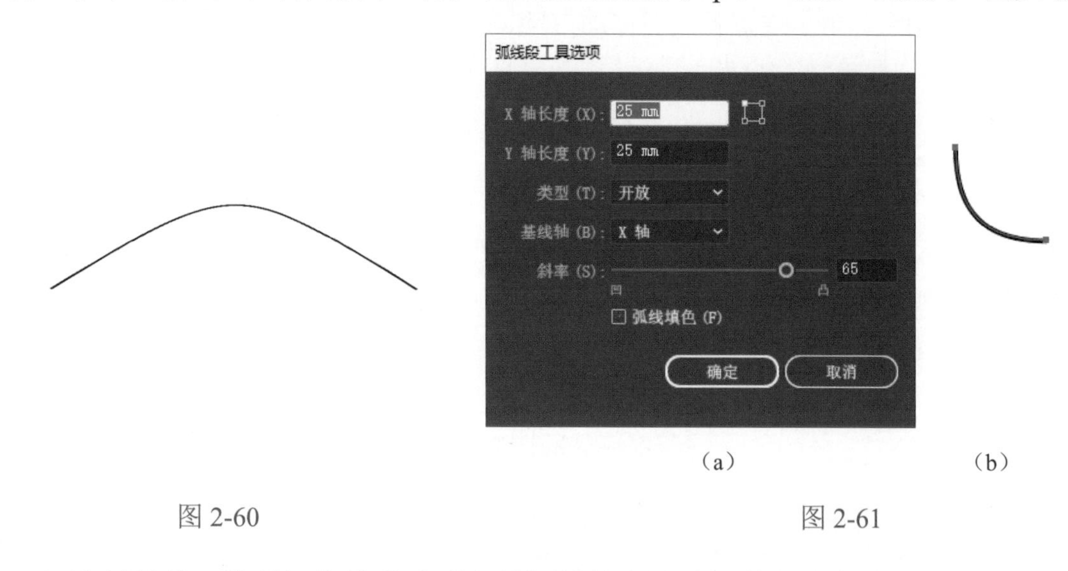

（a）　（b）

图 2-60　图 2-61

（4）选择弧线，将鼠标指针移动到定界框的控制点上，按住鼠标左键并拖曳控制点，以旋转弧线。按住Alt键，按住鼠标左键并拖曳鼠标，以复制弧线，按两次快捷键Ctrl+D可以复制两条弧线，使用“选择”工具对齐每条弧线（见图2-62），选中4条弧线，按快捷键Ctrl+G进行编组。

（5）选择弧线编组，将其移至大弧线下方，使两条弧线左侧的两个端点对齐，通过“选

择”工具和“直接选择”工具使两个弧线右侧的两个端点对齐，效果如图 2-63 所示。

图 2-62　　　　图 2-63

（6）选择“弧线”工具，将鼠标指针移至降落伞的顶部中心位置，按住鼠标左键，并拖曳鼠标至降落伞的下端，与其中一个端点对齐，按↑和↓键调整弧线的弧度，调整到合适弧度后松开鼠标左键，效果如图 2-64 所示。

（7）按照上述方法，绘制其他弧线，效果如图 2-65 所示。绘制完成后，按快捷键 Ctrl+G 进行编组。

（8）选择“矩形”工具，绘制一个矩形，并将矩形边角调整为圆角，调整好矩形的位置。选择“直线段”工具，在相应的位置绘制直线，最终效果如图 2-66 所示。

图 2-64　　　　图 2-65　　　　图 2-66

三、绘制螺旋线

1. 使用鼠标绘制螺旋线

选择“螺旋线”工具，在页面合适位置单击，同时按住鼠标左键，并拖曳鼠标到合适位置，松开鼠标左键，即可绘制一条螺旋线，如图 2-67 所示。

2. 精确绘制螺旋线

选择“螺旋线”工具，在页面中单击，弹出“螺旋线”对话框（见图 2-68），在该对话框中设置相应参数，设置完成后单击“确定”按钮，即可得到一条如图 2-69 所示的螺旋线。

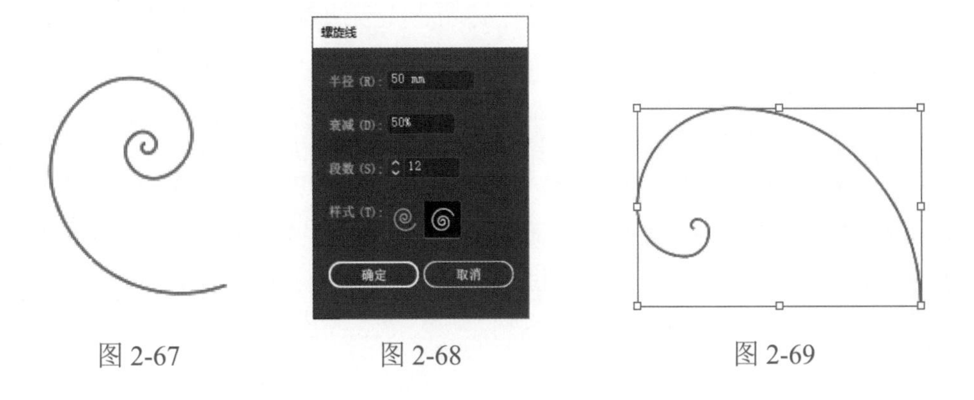

图 2-67　　　　图 2-68　　　　图 2-69

“半径”文本框：用于设置螺旋线的半径，即从螺旋线的中心点到螺旋线终点之间的距离。

“衰减”文本框：用于设置螺旋效果的程度。参数值越大，螺旋效果越明显；参数值越小，螺旋效果越趋向于弧线。

“段数”数值框：用于设置螺旋线的螺旋段数。

“样式”选项组：用于设置螺旋线的旋转方向。

技巧：在使用鼠标拖曳绘制螺旋线时，同时按↑键或↓键可以增加或减少螺旋线的螺旋段数；按R键可以切换螺旋线的旋转方向；按住Ctrl键并向外拖曳鼠标可以增大螺旋线的间隔（衰减值变小，趋于弧线）；按住Ctrl键并向内拖曳鼠标可以增强螺旋效果（衰减值变大，使螺旋线更接近同心圆）。

随学随练

绘制棒棒糖图形，效果如图2-70所示。

图2-70

知识要点：“螺旋线”工具、“椭圆”工具、“矩形”工具。

操作步骤

（1）启动Illustrator CC 2022，新建一个宽和高均为200mm的文件。选择“矩形”工具，绘制一个与页面大小相等的矩形，将填充颜色设置为#f6f6f6，并取消描边；调整矩形的位置，按快捷键Ctrl+2进行锁定。

（2）选择“椭圆”工具，按住Shift键，绘制一个正圆形，将填充颜色设置为橙色，并取消描边。选中正圆形，按快捷键Ctrl+C进行复制，按快捷键Ctrl+F原位在前粘贴正圆形，按快捷键Alt+Shift，同时按住鼠标左键并向内拖曳鼠标，以适当缩小正圆形，并将填充颜色设置为红色，效果如图2-71所示。选中两个正圆形，按快捷键Ctrl+G进行编组。

（3）选择“螺旋线”工具，使用鼠标绘制螺旋线，同时按↑和↓键调整螺旋线的螺旋段数，并将描边颜色设置为白色，粗细设置为20pt；在“描边”控制面板中，将“配置文件”设置为“宽度配置文件2”，如图2-72所示。选中全部图形，按快捷键Ctrl+G进行编组。

（4）选择“矩形”工具，绘制一个矩形，将填充颜色设置为 #898989，并取消描边。选择“直接选择”工具，选中矩形下方的两个边角构件，按住鼠标左键并拖曳边角构件，将矩形边角调整为圆角。按快捷键 Ctrl+C 进行复制，按快捷键 Ctrl+F 原位在前粘贴矩形，并调整复制的矩形的大小，将填充颜色设置为白色。按快捷键 Ctrl+C 进行复制，按快捷键 Ctrl+F 原位在前粘贴矩形，并调整复制的矩形的大小，将填充颜色设置为 #dddddd。选中 3 个矩形图形，按快捷键 Ctrl+G 进行编组。移动矩形编组，使其与棒棒糖的上部图形对齐，按快捷键 Ctrl+【，调整矩形编组的位置关系，效果如图 2-73 所示。

（5）选中所有棒棒糖图形，按快捷键 Ctrl+G 进行编组。选择“选择”工具，将鼠标指针移动到定界框的边角上，适当旋转图形，以调整图形对象的位置。按住 Alt 键，同时按住鼠标左键并拖曳鼠标，以复制一个棒棒糖图形。调整复制的棒棒糖图形的位置，选择“编组选择”工具，选中红色圆形，将填充颜色设置为 #b0cc19，最终效果如图 2-74 所示。

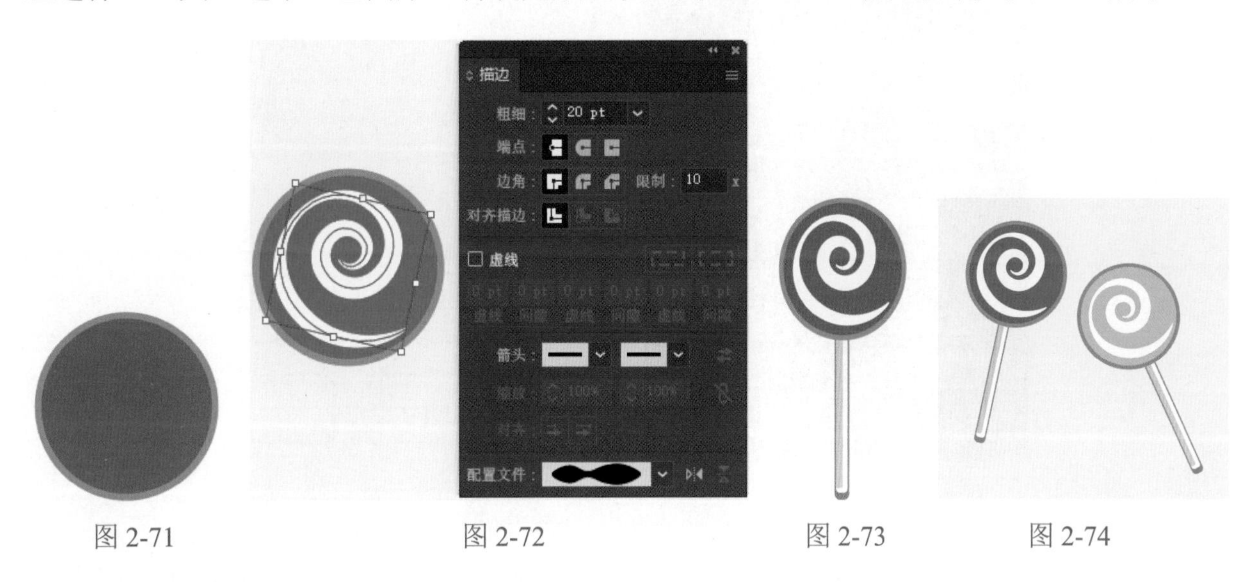

图 2-71　　图 2-72　　图 2-73　　图 2-74

四、绘制矩形网格

1. 使用鼠标绘制矩形网格

选择“矩形网格”工具，在页面合适位置单击，同时按住鼠标左键，并拖曳鼠标到合适位置，松开鼠标左键，即可绘制一个矩形网格，如图 2-75 所示。

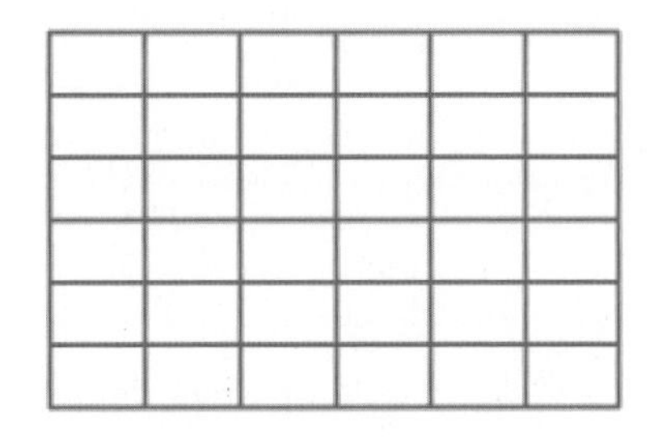

图 2-75

技巧：在使用鼠标拖曳绘制矩形网格时，同时按↑键或↓键可以增加或减少水平网格线的数量；按→键或←键可以增加或减少垂直网格线的数量；按F键或V键可以减小或加大水平网格线的倾斜值；按X键或C键可以减小或加大垂直网格线的倾斜值。

2. 精确绘制矩形网格

选择“矩形网格”工具，在页面中单击，弹出“矩形网格工具选项”对话框（见图2-76），在该对话框中设置相应参数，设置完成后单击“确定”按钮，即可得到一个如图2-77所示的矩形网格。

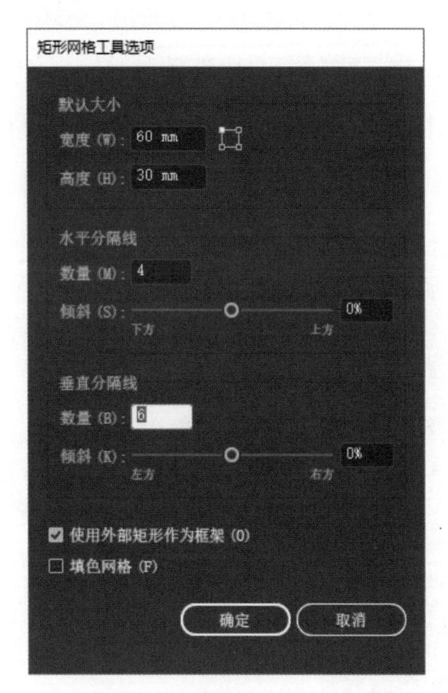

图2-76

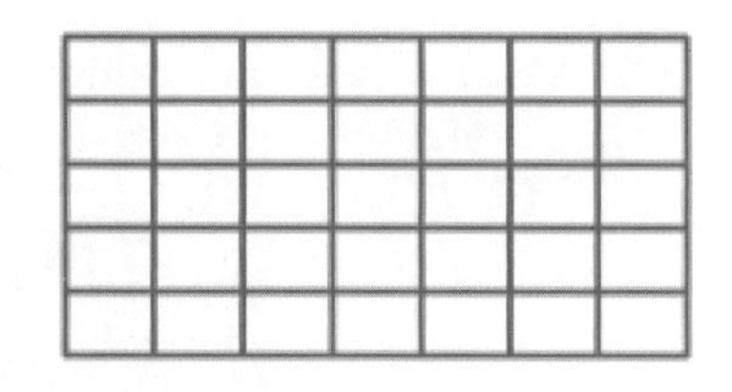

图2-77

“默认大小”选区：用于设置矩形网格整体的大小。其中，“宽度”文本框用于设置矩形网格的宽度，“高度”文本框用于设置矩形网格的高度。

“水平分隔线”选区：用于设置矩形网格中的水平网格。其中，“数量”文本框用于设置水平网格线的数量，“倾斜”选项组用于设置水平网格线的上下偏移量。

“垂直分隔线”选区：用于设置矩形网格中的垂直网格。其中，“数量”文本框用于设置垂直网格线的数量，“倾斜”选项组用于设置垂直网格线的左右偏移量。

“使用外部矩形作为框架”复选框：勾选该复选框可以使用矩形对象来替换上、下、左、右的边线。

“填色网格”复选框：勾选该复选框可以使用当前的填充颜色来填充网格线。

3. 编辑矩形网格

矩形网格绘制完成后，它是一个整体。右击矩形网格，在弹出的快捷菜单中选择“取消编组”命令，可以取消对矩形网格的组合，使其变为单独的对象；或者通过双击矩形网

格，进入对象隔离模式。使用“选择”工具或“直接选择”工具可以分别对对象进行编辑，调整线段的长度、宽度、线型和颜色等。利用规则的矩形网格可以创建一个不规则的图形，如图 2-78 所示。

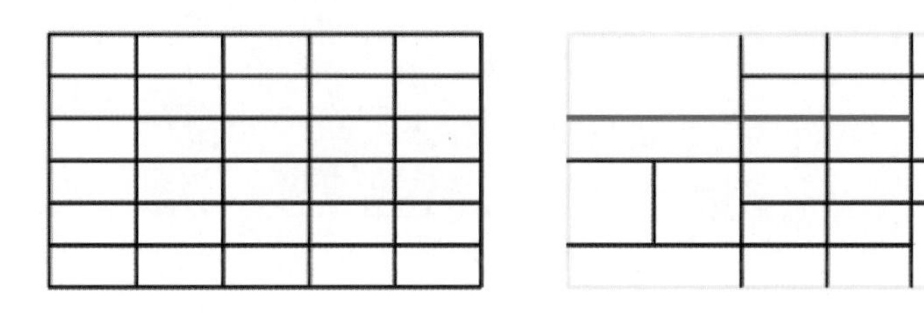

图 2-78

随学随练

绘制围棋棋盘，效果如图 2-79 所示。

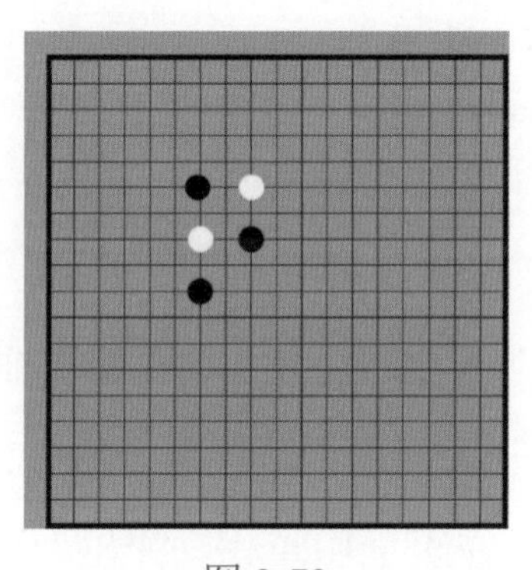

图 2-79

知识要点：“矩形网格”工具、“椭圆”工具。

操作步骤

（1）启动 Illustrator CC 2022，新建一个宽和高均为 200mm 的文件，选择“矩形”工具，绘制一个与页面大小相等的矩形，将填充颜色设置为 #c9a063，并取消描边；调整矩形的位置，按快捷键 Ctrl+2 进行锁定。

（2）选择“矩形网格”工具，将描边颜色设置为黑色、描边粗细设置为 1pt。在页面中单击，弹出“矩形网格工具选项”对话框，在该对话框中根据需要设置相应参数，设置完成后单击“确定”按钮。

（3）选中生成的矩形网格，在“对齐”控制面板中单击“水平居中对齐”和“垂直居中对齐”按钮，使矩形网格在页面中居中对齐，如图 2-80 所示。

（4）选择“编组选择”工具，单击矩形网格的外框，在“描边”控制面板中将描边粗细设置为 6pt。选择“椭圆”工具，按住 Shift 键，在棋盘的相应位置单击，同时按住鼠标左键并拖曳鼠标，以绘制一个正圆形；按住 Alt 键，同时使用鼠标拖曳正图形，以复制正圆形，并调整正圆形的位置。重复上述操作，从而得到多个正圆形，并调整它们的位置；分别将 5 个正圆形的填充颜色设置为黑色或白色，如图 2-81 所示。

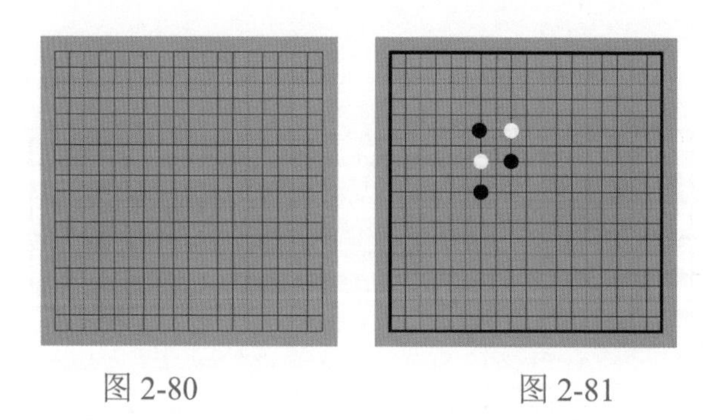

图 2-80　　　　图 2-81

五、绘制极坐标网格

1. 使用鼠标绘制极坐标网格

选择“极坐标网格”工具，在页面合适的位置单击，同时按住鼠标左键，并拖曳鼠标到合适位置，松开鼠标左键，即可绘制一个极坐标网格，如图 2-82 所示。

技巧：在通过拖曳鼠标绘制极坐标网格时，同时按↑键或↓键可以增加或减少同心圆分隔线的数量；按→键或←键可以增加或减少径向分隔线的数量；按 V 键或 F 键可以加大或减小径向分隔线的倾斜值；按 C 键或 X 键可以加大或减小同心圆分隔线的倾斜值。

2. 精确绘制极坐标网格

选择“极坐标网格”工具，在页面中单击，弹出“极坐标网格工具选项”对话框（见图 2-83），在该对话框中设置相应参数，设置完成后单击“确定”按钮，即可得到一个如图 2-84 所示的极坐标网格。

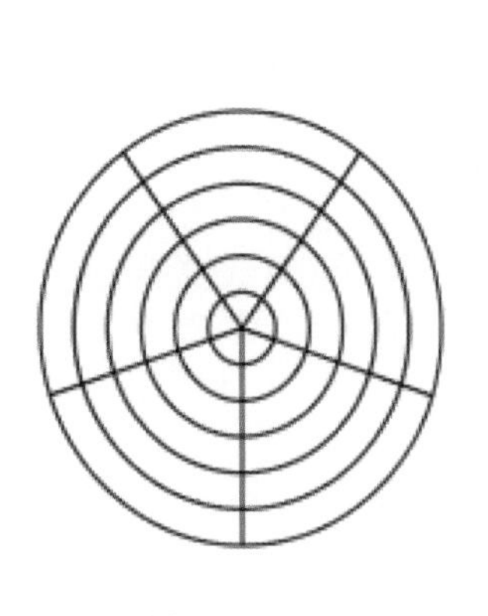

图 2-82

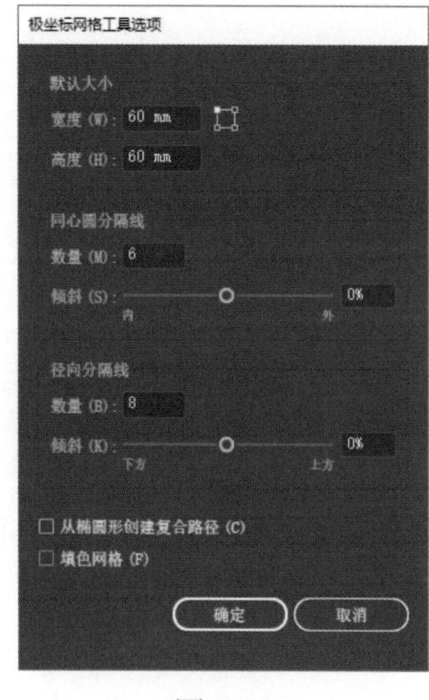

图 2-83

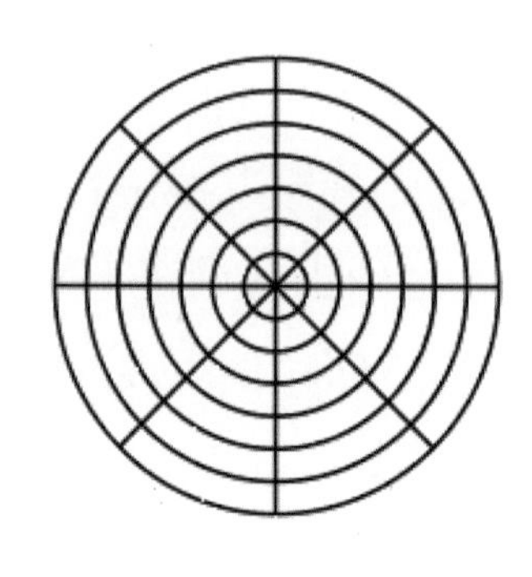

图 2-84

“默认大小”选区：用于设置极坐标网格整体的大小。其中，“宽度”文本框用于设置极坐标网格的宽度，“高度”文本框用于设置极坐标网格的高度。

“同心圆分隔线”选区：用于设置网格中的同心圆分隔线。其中，“数量”文本框用于设置同心圆分隔线的数量，“倾斜”选项组用于设置向内或向外偏移的数值，决定同心圆分隔线相对于网格内侧或外侧的偏移量。

“径向分隔线”选区：用于设置网格中的径向分隔线。其中，“数量”文本框用于设置径向分隔线的数量，“倾斜”选项组用于设置向下方或向上方偏移的数值，决定径向分隔线相对于网格顺时针或逆时针方向的偏移量。

“从椭圆形创建复合路径”复选框：勾选该复选框可以根据椭圆形建立复合路径，将同心圆转换为单独的复合路径，并且在复合路径中每间隔一个同心圆进行填色。

“填色网格”复选框：勾选该复选框可以使用当前的填充颜色来填充网格线。

随学随练

绘制飞镖盘图形，效果如图 2-85 所示。

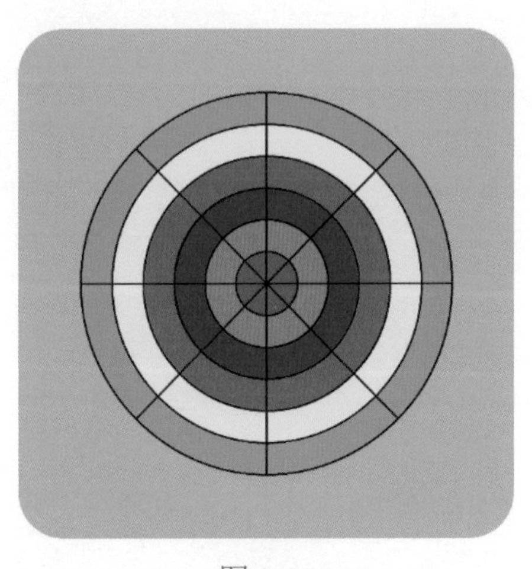

图 2-85

知识要点：“矩形”工具、“极坐标网格”工具。

操作步骤

（1）启动 Illustrator CC 2022，新建一个宽和高均为 200mm 的文件。选择“矩形”工具，绘制一个与页面大小相等的矩形，将填充颜色设置为 #8fc31f，并取消描边；拖曳矩形的边角构件，将矩形边角调整为圆角；在“对齐”控制面板中，单击“水平居中对齐”和“垂直居中对齐”按钮，使矩形在页面中居中对齐；按快捷键 Ctrl+2 进行锁定。

（2）选择“极坐标网格”工具，将描边颜色设置为黑色、描边粗细设置为 2pt；在页面中单击，弹出“极坐标网格工具选项”对话框，在该对话框中根据需要设置相应参数，设置完成后单击“确定”按钮。

（3）选中生成的极坐标网格，在“对齐”控制面板中单击“水平居中对齐”和“垂直居中对齐”按钮，使极坐标网格在页面中居中对齐，如图 2-86 所示。

（4）选择“编组选择”工具，单击极坐标网格中的圆形，将填充颜色设置为 # f39800。依次单击对应的圆形，分别设置不同的填充颜色，最终效果如图 2-87 所示。

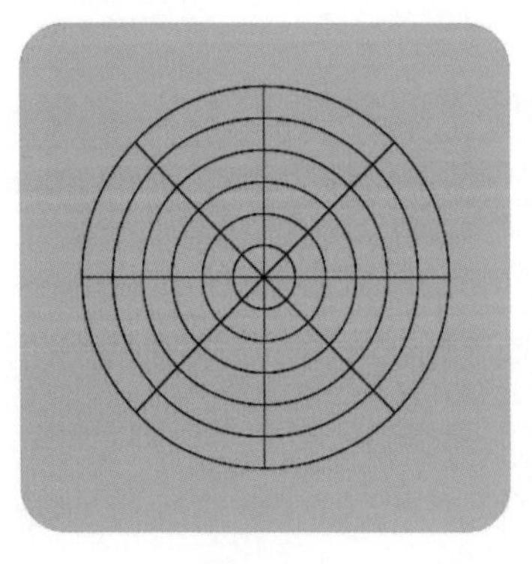

图 2-86

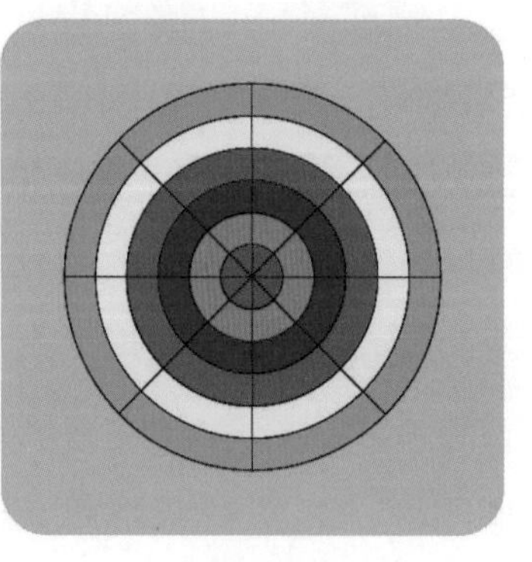

图 2-87

实训案例

绘制小猫图标，效果如图 2-88 所示。

图 2-88

知识要点：“矩形”工具、“椭圆”工具、“多边形”工具、“弧线”工具、重复命令。

操作步骤

（1）启动 Illustrator CC 2022，新建一个宽和高为 1000px×1000px，分辨率为 72ppi 的文件。选择“矩形”工具，绘制一个与页面大小相等的矩形，将填充颜色设置为 #f1946d；按快捷键 Ctrl+2 进行锁定。

（2）选择“椭圆”工具，按住 Shift 键，绘制一个正圆形。选择“直接选择”工具，选中相应锚点进行调整，以得到小猫的脸部轮廓，并将填充颜色设置为 #fef7e8，效果如图 2-89 所示。

（3）选中脸部轮廓图形，按快捷键 Ctrl+C 进行复制，按快捷键 Ctrl+B 原位在后

粘贴一个图形，按↓键向下移动图形，以适当调整图形的位置，并将填充颜色设置为#892827，效果如图 2-90 所示。选择“选择”工具，按住 Alt 键，同时按住鼠标左键并拖曳鼠标，向内调整图形的大小，效果如图 2-91 所示。

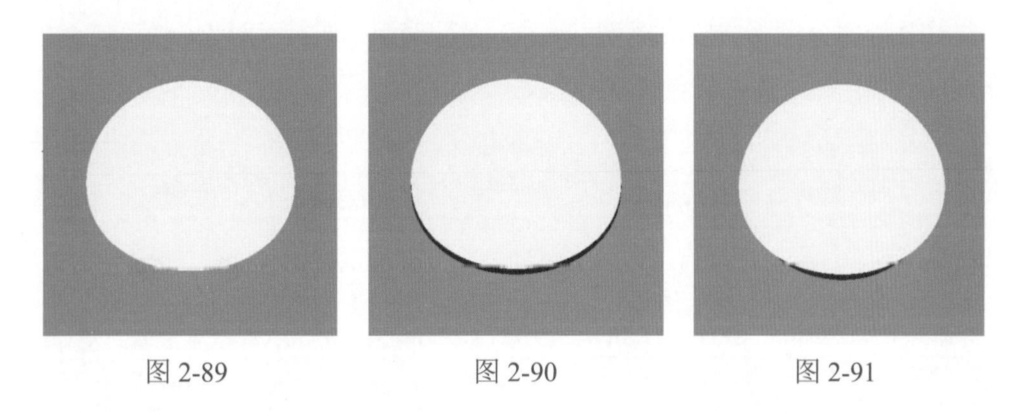

图 2-89　　图 2-90　　图 2-91

（4）选择“矩形”工具，绘制一个矩形，将填充颜色设置为 fef7e8，拖曳矩形的边角构件以适当调整矩形的圆角；单击“自由变换”工具中的下拉按钮，在打开的工具属性栏中选择“透视扭曲”工具，向内拖曳圆角矩形上方的锚点，以变换矩形。按快捷键 Ctrl+【，调整矩形图形的位置关系，并适当调整图形的大小，形成小猫的身体部分，效果如图 2-92 所示。

（5）选择“多边形”工具，绘制一个三角形，将填充颜色设置为 fef7e8；向内拖曳三角形的边角构件以调整圆角的大小，旋转三角形并将其移动到合适位置，适当调整三角形的大小，效果如图 2-93 所示。

（6）选中三角形，按快捷键 Ctrl+C 进行复制，按快捷键 Ctrl+F 原位在前粘贴一个图形；按快捷键 Shift+Alt 等比向内缩小图形，并将填充颜色设置为 #f0b197，调整圆角的大小和位置，形成小猫的耳朵，效果如图 2-94 所示。

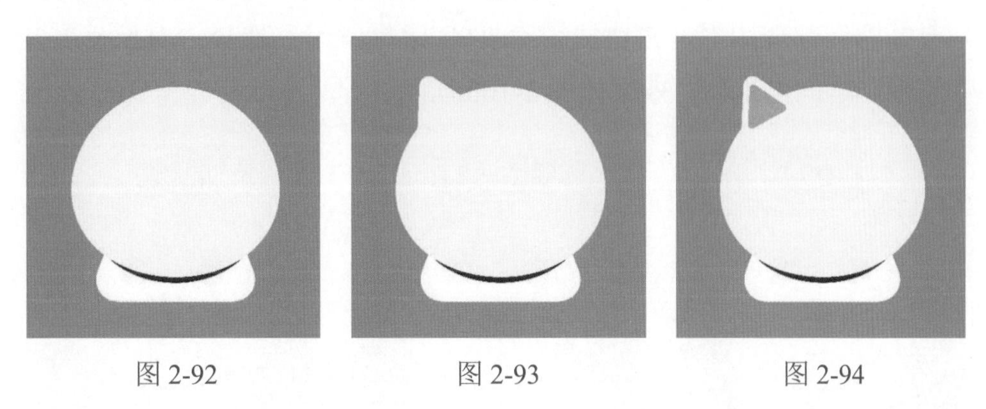

图 2-92　　图 2-93　　图 2-94

（7）选中耳朵部分图形，按快捷键 Ctrl+G 进行编组；选择“对象→重复→镜像”命令，并调整图形之间的距离，效果如图 2-95 所示。

（8）选择“椭圆”工具，绘制一个正圆形，将描边颜色设置为 # 804421，描边粗细设置为 3pt，填充颜色设置为无。按快捷键 Ctrl+C 进行复制，按快捷键 Ctrl+F 原位在前粘贴一个图形，按快捷键 Shift+Alt 等比向内缩小图形，将填充颜色设置为 # 804421，描边颜色设置为无。选择“椭圆”工具，绘制一个正圆形，将填充颜色设置为白色，描边颜色设置为无，并调整正圆形的位置，形成小猫的眼睛，效果如图 2-96 所示。

（9）选中眼睛部分图形，按快捷键 Ctrl+G 进行编组；选择“对象→重复→镜像”命令，并调整图形之间的距离，效果如图 2-97 所示。

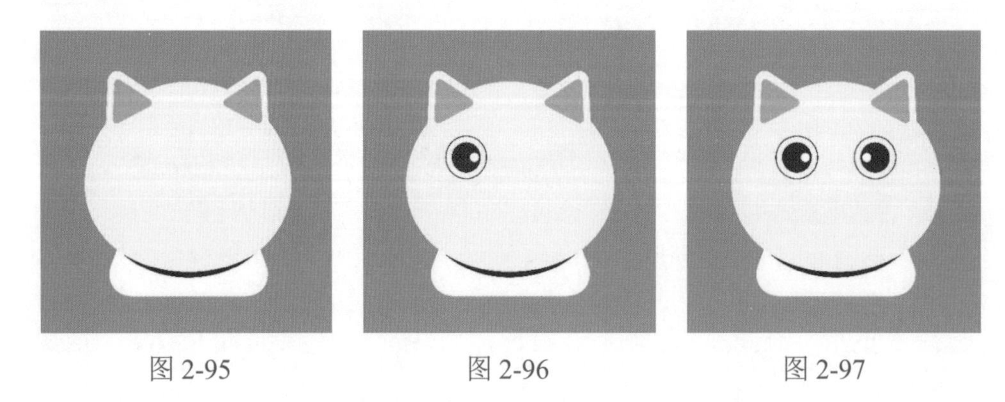

图 2-95　　图 2-96　　图 2-97

（10）选择“椭圆”工具，绘制一个椭圆形，将填充颜色设置为 # bc5f4f，描边颜色设置为无；选择“弧线”工具，按住鼠标左键并拖曳鼠标以绘制弧线，同时按↑键和↓键，调整弧线的弧度，将弧线调整至合适的弧度和大小后，松开鼠标左键。选中弧线，选择“对象→重复→镜像”命令，并调整图形之间的距离，效果如图 2-98 所示。

（11）选择“椭圆”工具，绘制一个椭圆形，将填充颜色设置为 # f7bfac，描边颜色设置为无；选择“矩形”工具，绘制一个矩形，将填充颜色设置为 # 5e2a20，描边颜色设置为无，拖曳矩形的边角构件以适当调整矩形的圆角，并将矩形旋转至一定的角度；按住 Alt 键，使用鼠标拖曳矩形，以复制一个矩形，并调整复制的矩形的大小和位置，形成小猫的腮红，效果如图 2-99 所示。

（12）选择腮红部分图形，按快捷键 Ctrl+G 进行编组；选择“对象→重复→镜像”命令，并调整图形之间的距离，效果如图 2-100 所示。

图 2-98　　图 2-99　　图 2-100

（13）选择“矩形”工具，绘制一个矩形；拖曳矩形的边角构件，将矩形边角调整为圆角，并将矩形旋转至一定的角度。选择“对象→重复→镜像”命令，并调整图形之间的距离，效果如图 2-101 所示。

（14）选择“椭圆”工具，绘制一个椭圆形，将填充颜色设置为 # be3231，描边颜色设置为无；选择“矩形”工具，绘制一个矩形，将填充颜色设置为白色，描边颜色设置为无，并调整两个图形的位置。继续绘制其他图形，效果如图 2-102 所示。

图 2-101

图 2-102

课后提升

一、知识回顾

1. 在绘制矩形或椭圆形时，按住 ________ 键可以绘制正方形或正圆形。
2. 在绘制直线时，按住 ________ 键可以绘制水平、垂直、呈 45° 的直线。
3. 在绘制星形或多边形时，按住 ________ 键可以绘制正星形或正多边形。
4. 在绘制图形时，按住 ________ 键可以绘制以单击点为中心的图形对象。
5. 在绘制图形时，按住 ________ 键可以移动正在绘制的图形的位置。

二、操作实践

绘制卡通人物，效果如图 2-103 所示。

图 2-103

模块三　图形上色与描边

模块概述

本模块主要介绍Illustrator CC 2022中填充颜色与描边工具和命令的使用方法及技巧。通过学习本模块中的内容，学生能够熟练掌握在实际绘制图形过程中，灵活选择填充颜色与描边工具和命令对图形对象进行上色和编辑，从而得到漂亮的图形对象。

学习目标

知识目标

- 熟练掌握对图形进行上色的方法。
- 掌握色板和拾色器工具的使用方法。
- 掌握图案填充的方法。
- 熟练掌握渐变工具、实时上色工具和网格工具的使用方法。
- 熟练掌握设置图形描边的方法。

能力目标

- 通过对图形上色的学习，能够为绘制的图形添加合适的填充颜色或描边颜色。
- 能够灵活运用工具绘制色彩绚丽的图形，让图形更加美观。

素养目标

- 通过对图形进行上色，提高学生的想象力和创造力，以及审美能力。
- 培养创新思维和探究能力，提高学生的动手操作能力和实践能力。
- 激发学生的合作意识，提升他们的协作精神和竞争意识。

思政目标

- 通过对图形进行精准上色，培养学生精益求精的工匠精神。
- 通过思政元素，增强学生对中华民族文化的自信，培养他们的爱国情怀。

思维导图

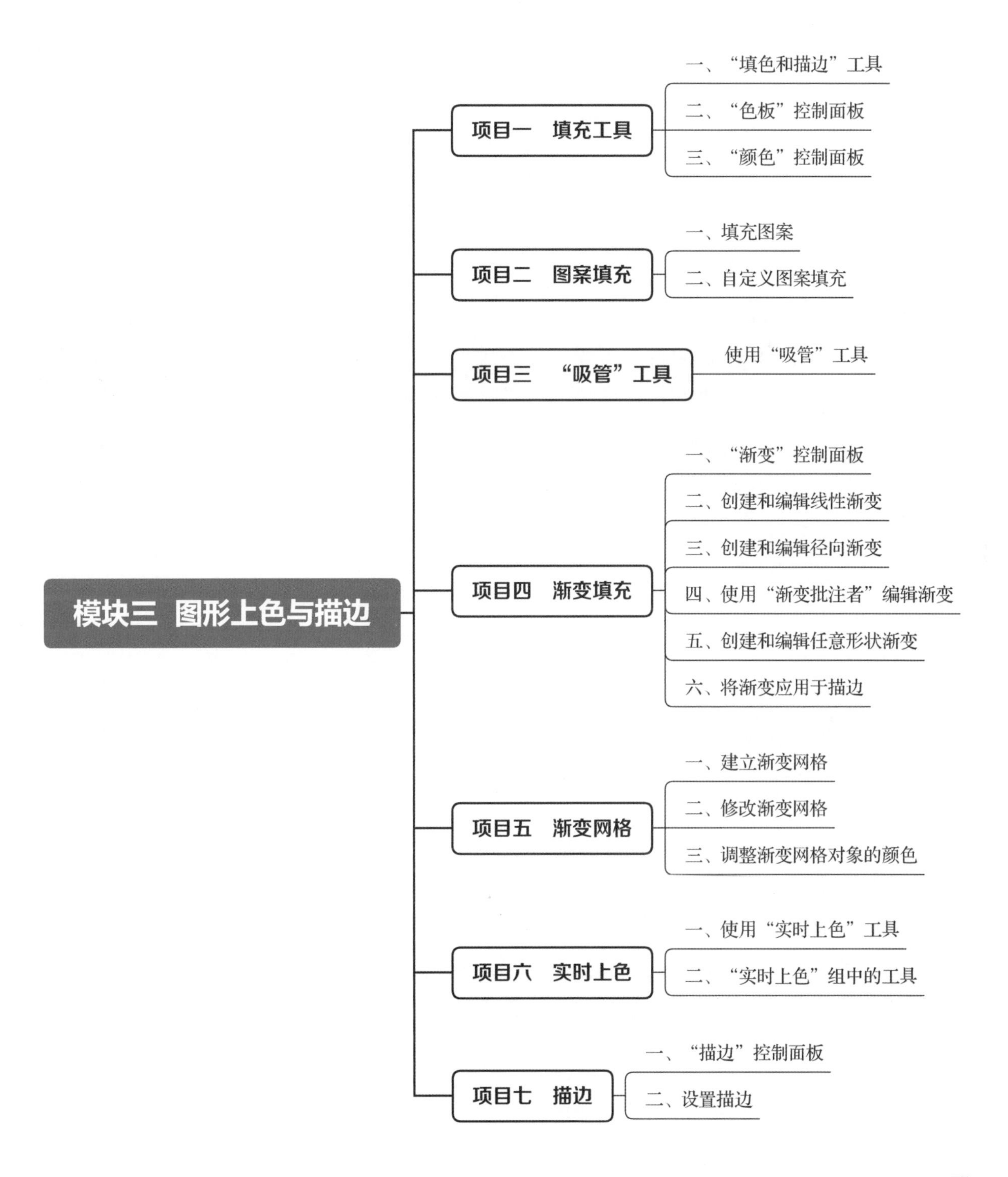

知识链接

项目一　填充工具

在 Illustrator CC 2022 中，颜色的填充可以使用工具箱中的“填色和描边”工具、“色板”控制面板、“颜色”控制面板来完成。

一、“填色和描边”工具

1.“填色”和“描边”按钮

通过工具箱下方的颜色设置区域的“填色和描边”工具（见图 3-1），可以快速设置对象的填充颜色和描边颜色。

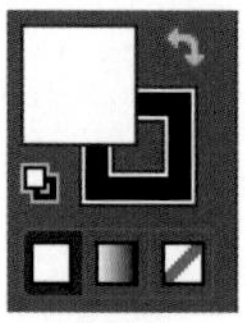

图 3-1

“填色”按钮：双击此按钮可以使用拾色器来选择填充颜色。

“描边”按钮：双击此按钮可以使用拾色器来选择描边颜色。

“切换填色和描边”按钮：单击此按钮可以互换填充颜色和描边颜色。

“默认填色和描边”按钮：单击此按钮可以恢复为默认的填充颜色和描边颜色（白色填充颜色和黑色描边颜色）。

“颜色”按钮：单击此按钮可以用上次选择的单色来更改被选中对象的填充颜色或描边颜色。

“渐变”按钮：单击此按钮可以用上次选择的渐变颜色来更改被选中对象的填充颜色或描边颜色。

“无”按钮：单击此按钮可以取消被选中对象的填充颜色或描边颜色。

2. 使用“填色”和“描边”按钮

选中图形对象，双击工具箱下方的颜色设置区域的“填色”或“描边”按钮，弹出“拾色器”对话框（见图 3-2）；在该对话框中，设置填充颜色或描边颜色，设置完成后单击“确定”按钮。填充颜色和描边颜色的各种效果如图 3-3 所示。

技巧：按 X 键可以切换填充颜色和描边颜色；按快捷键 Shift+X 可以切换被选中对象的填充颜色和描边颜色。

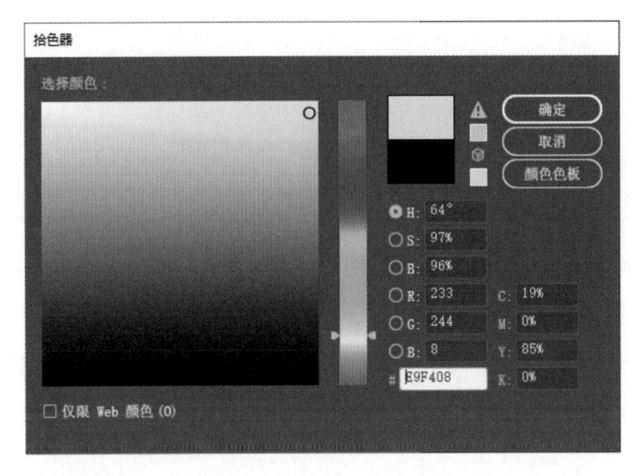

图 3-2

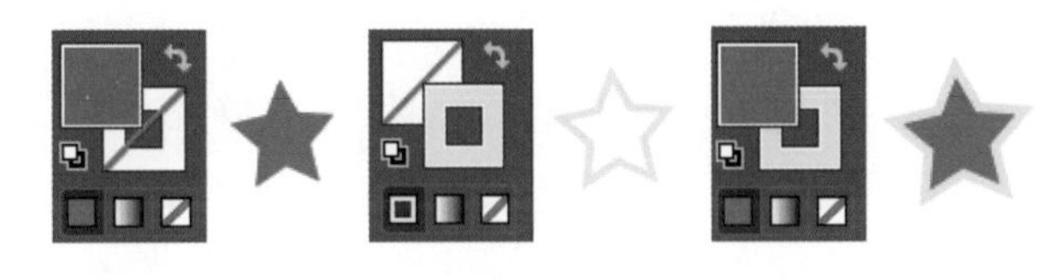

图 3-3

二、“色板”控制面板

在 Illustrator CC 2022 中，通过“色板”控制面板可以为选中的图形对象进行单色、图案或渐变上色。

1. 显示“色板”控制面板

选择“窗口→色板”命令，打开“色板”控制面板（见图 3-4），单击需要的颜色或图案，即可为选中的图形对象上色。

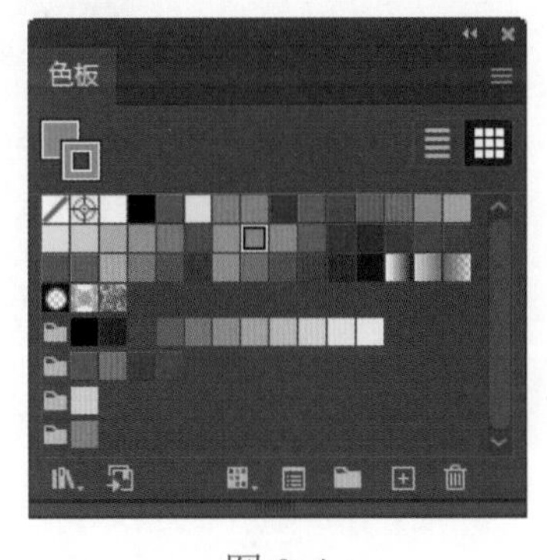

图 3-4

2. “色板”控制面板功能介绍

“色板”控制面板提供了多种预设颜色和图案，用户可以通过面板中的功能按钮进行操作。

“色板库”按钮：单击此按钮可以显示不同的颜色组和图案组。

“显示色板类型菜单”按钮：单击此按钮可以弹出显示色板类型下拉列表。

“色板选项”按钮：单击此按钮可以弹出“色板选项”对话框，在该对话框中可以设置颜色的相关属性。

“新建颜色组”按钮：单击此按钮可以弹出“新建颜色组”对话框。

“新建色板”按钮：单击此按钮可以弹出“新建色板”对话框，在该对话框中可以添加新的颜色到“色板”控制面板中。

“删除色板”：单击此按钮可以将选定的颜色从“色板”控制面板中删除。

“显示列表视图”按钮：单击此按钮可以显示颜色和图案的详细信息。

“显示缩览图视图”按钮：单击此按钮可以显示颜色和图案的缩览图。

“菜单”按钮：单击此按钮可以弹出下拉列表，在该下拉列表中可以选择需要的命令进行操作。

3. 使用“色板”控制面板

1）使用“色板”控制面板进行上色

绘制完图形后，可以按照设计需要对图形进行上色，使其符合要求。选中需要上色的图形对象，先单击“色板”控制面板中的“填色和描边”工具，启用填充颜色或描边颜色，再单击“色板”控制面板中的色块，对图形对象进行填色或描边。图形对象的填色和描边效果如图 3-5 所示。

2）删除“色板”控制面板中的颜色

在“色板”控制面板中选择需要删除的颜色或图案，单击“色板”控制面板下方的“删除色板”按钮，弹出“是否删除所选色板”对话框（见图 3-6），单击“是”按钮，即可删除所选的颜色或图案。

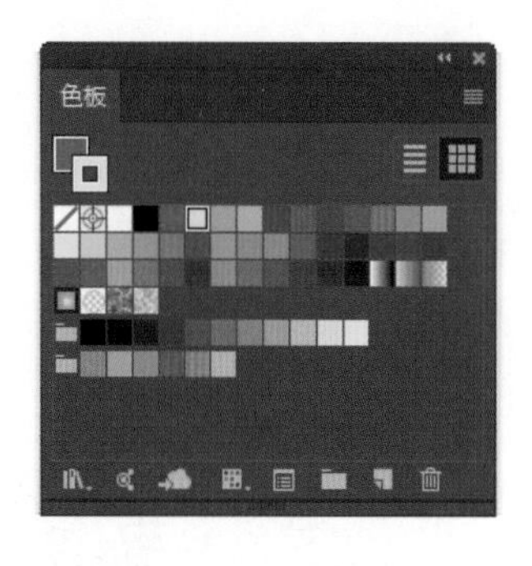

图 3-5

图 3-6

三、“颜色”控制面板

选择“窗口→颜色”命令，打开“颜色”控制面板，如图 3-7 所示。

单击“颜色”控制面板中右上方的“菜单”按钮（见图 3-8），在弹出的快捷菜单中可以选择当前取色时使用的颜色模式、显示选项或隐藏选项、更换“颜色”控制面板中的显示内容，如图 3-9 所示。

选择图形对象，在“颜色”控制面板中单击“填色”或“描边”按钮切换填充颜色和描边颜色，将鼠标指针移至颜色光谱条区域，当鼠标指针变为吸管形状时，单击该区域即可选取颜色，或者通过拖曳颜色滑块、在文本框中输入有效的数值来设置颜色，如图 3-10 所示。

图 3-7

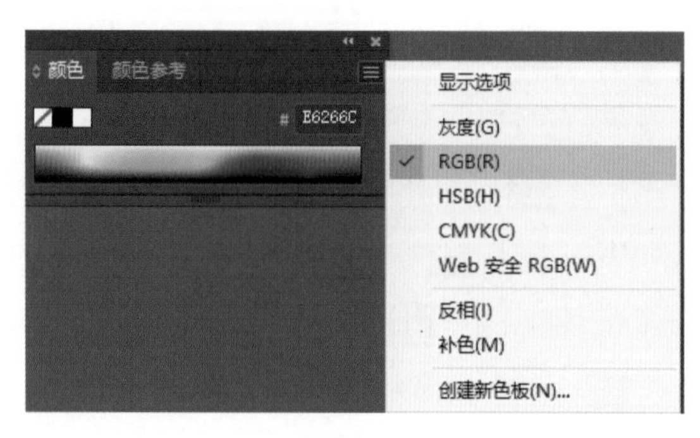

图 3-8

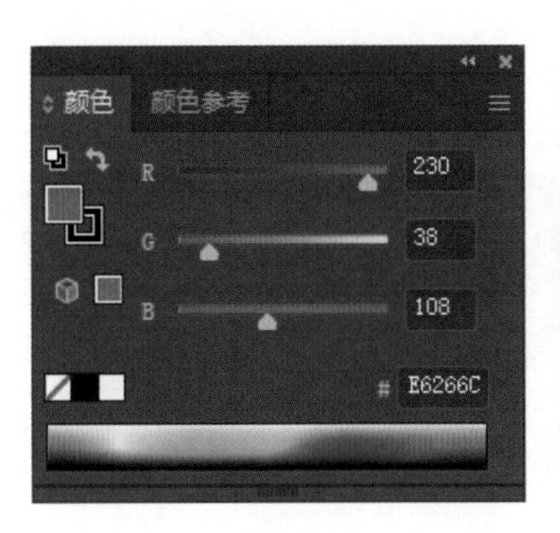

图 3-9

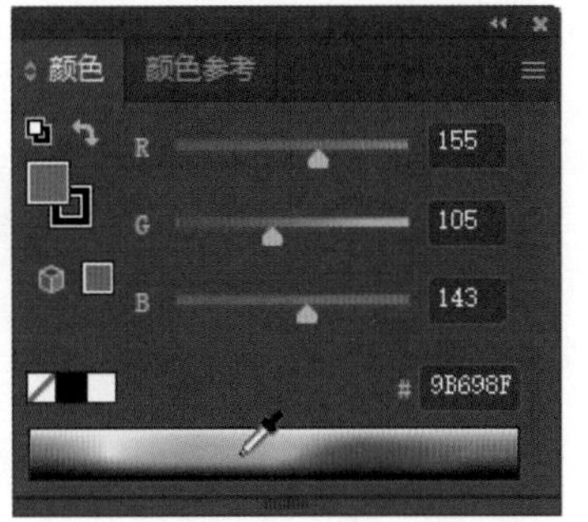

图 3-10

随学随练

打开“卡通铅笔上色素材”文件，使用填充工具对其进行上色，效果如图 3-11 所示。

知识要点：“色板”控制面板、“颜色”控制面板、“填色”按钮和“描边”按钮、“拾色器”对话框。

操作步骤

（1）打开“模块三 / 素材 / 卡通铅笔上色素材”文件。

（2）选择“选择”工具，按住 Shift 键并依次单击需要填充相同颜色的部分；选择“窗口→颜色”命令，打开“颜色”控制面板，单击右上方的“菜单”按钮，在弹出的快捷菜单中选择 RGB 色彩模式；将填充颜色设置为深蓝色（R：6、G：73、B：125），并取消描边，效果如图 3-12 所示。

（3）选择“选择”工具，按住 Shift 键并依次单击需要填充相同颜色的部分；将填充颜色设置为 R：2、G：30、B：76，并取消描边，效果如图 3-13 所示。

图 3-11　　　图 3-12　　　图 3-13

（4）选择“选择”工具，单击帽子的绳子部分，将描边颜色设置为 R：248、G：196、B：79，效果如图 3-14 所示。

（5）选择“选择”工具，框选帽子的帽穗部分，将填充颜色设置为 R：248、G：196、B：79，并取消描边，效果如图 3-15 所示。

（6）按照上述方法，依次选中未填色的图形对象并填充颜色，最终效果如图 3-16 所示。

图 3-14　　图 3-15　　图 3-16

项目二　图案填充

在 Illustrator CC 2022 中，不仅可以使用单色、渐变颜色来填充图形对象，还可以使用图案来填充图形对象，使图形对象更加美观。

一、填充图案

Illustrator CC 2022 的色板库预设了多种图案。单击“色板”控制面板下方的“色板库”按钮，在弹出的快捷菜单中先选择“图案”命令，再选择相应的图案库，即可打开相应图案控制面板，如图 3-17 所示。

选中需要填充图案的对象，在打开的相应图案控制面板中单击任意一个图案，即可将其填充到所选的对象中，如图 3-18 所示。

图 3-17

图 3-18

二、自定义图案填充

在 Illustrator CC 2022 中，可以将图形定义为图案，方便使用。选择需要自定义的图形，直接将其拖曳至“色板”控制面板中，即可定义图案，或者选择“对象→图案→建立”命令，弹出“新图案已添加到色板面板中”对话框，单击“确定”按钮，打开“图案选项”控制面板，在该对话框中设置图案的大小、拼贴类型、重叠等参数，单击“完成”按钮，即可定义图案，如图 3-19 所示。

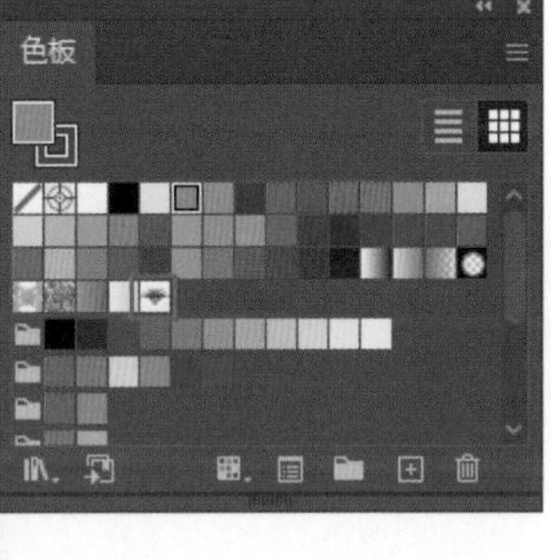

图 3-19

随学随练

绘制祥云纹理图案，效果如图 3-20 所示。

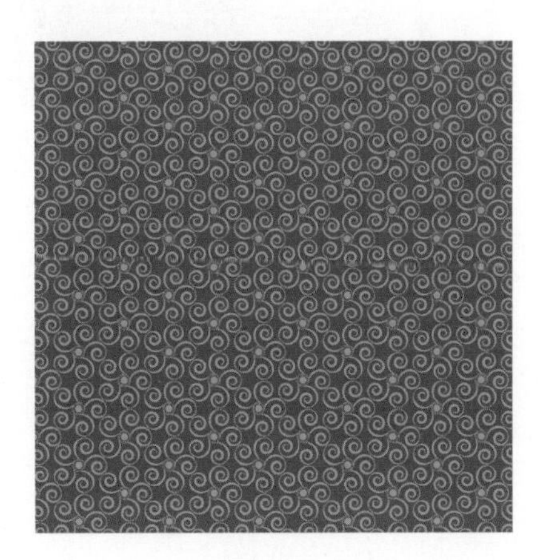

图 3-20

知识要点：“螺旋线”工具、“椭圆”工具、“矩形”工具、“旋转”工具、自定义图案、图案填充。

操作步骤

（1）启动 Illustrator CC 2022，新建一个宽和高均为 200mm 的文件。

（2）选择“螺旋线”工具，绘制一条螺旋线；在“描边”控制面板中，将描边颜色设置为 R：243、G：152、B：0，描边粗细设置为 10pt，“配置文件”设置为“宽度配置文件 2”。

（3）选择“椭圆”工具，绘制一个正圆形，将描边颜色设置为 R：243、G：152、B：0，描边粗细设置为 2pt，填充颜色设置为无。按快捷键 Ctrl+C 进行复制，按快捷键 Ctrl+F 原位在前粘贴正圆形，按快捷键 Shift+Alt，同时按住鼠标左键并拖曳鼠标，以缩小正圆形；按快捷键 Ctrl+C 进行复制，按快捷键 Ctrl+F 原位在前粘贴正圆形；按快捷键 Shift+X 切换描边颜色和填充颜色；按快捷键 Shift+Alt，同时按住鼠标左键并拖曳鼠标，以缩小正圆形；选中 3 个正圆形，按快捷键 Ctrl+G 进行编组；移动编组图形与螺旋线，并进行编组，效果如图 3-21 所示。

（4）选中螺旋线，选择“旋转”工具，按住 Alt 键并在页面中单击，以设置旋转中心点的位置，在弹出的“旋转”对话框中设置相应参数（见图 3-22），设置完成后单击“复制”按钮；按快捷键 Ctrl+D，重复执行旋转和复制螺旋线命令，形成最终的图案，如图 3-23 所示。

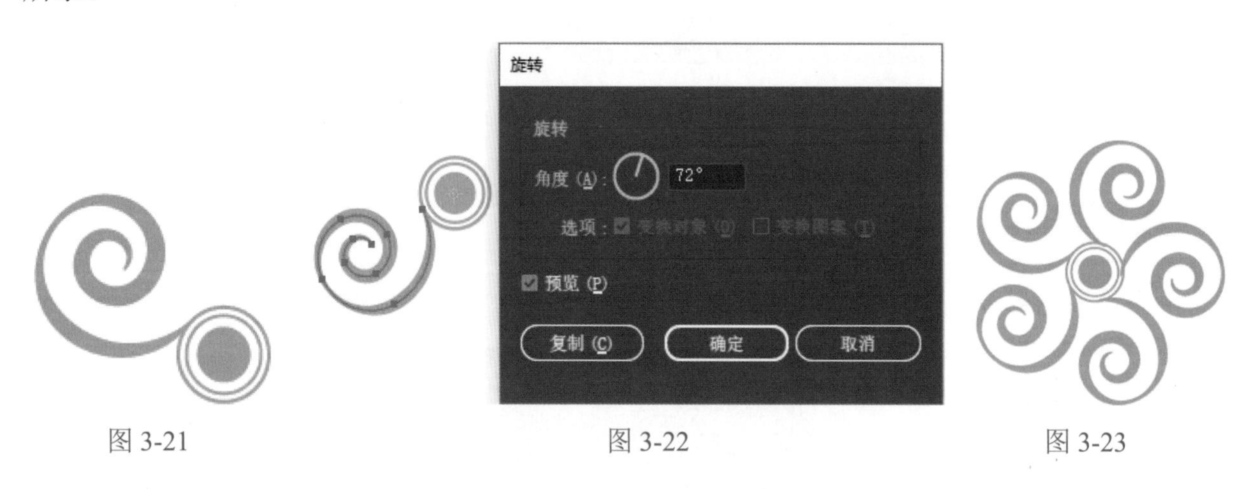

图 3-21　　图 3-22　　图 3-23

（5）选中所有图案，按快捷键 Ctrl+G 进行编组。按快捷键 Shift+Alt 对图案进行等比缩小；选择“窗口→色板”命令，打开“色板”控制面板，将图案拖曳到“色板”控制面板中。

（6）选择“矩形”工具，绘制一个与页面大小相等的矩形，并将填充颜色设置为 R：177、G：30、B：35，描边颜色设置为无。

（7）按快捷键 Ctrl+C 进行复制，按快捷键 Ctrl+F 原位在前粘贴矩形，双击“色板”控制面板中添加的图案，在打开的“图案选项”控制面板中根据需要设置相应参数（见图 3-24），设置完成后单击“完成”按钮，最终效果如图 3-25 所示。

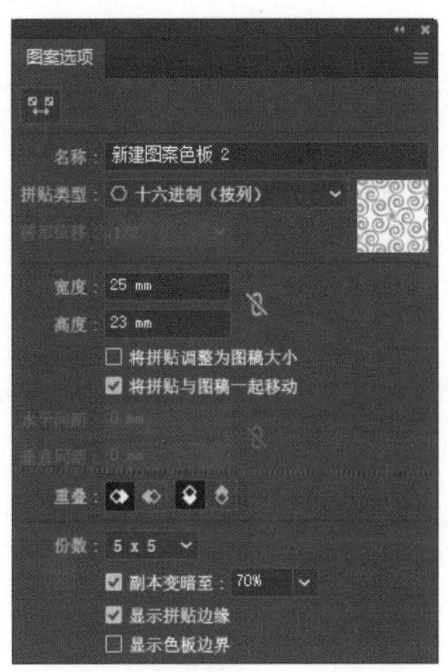

图 3-24

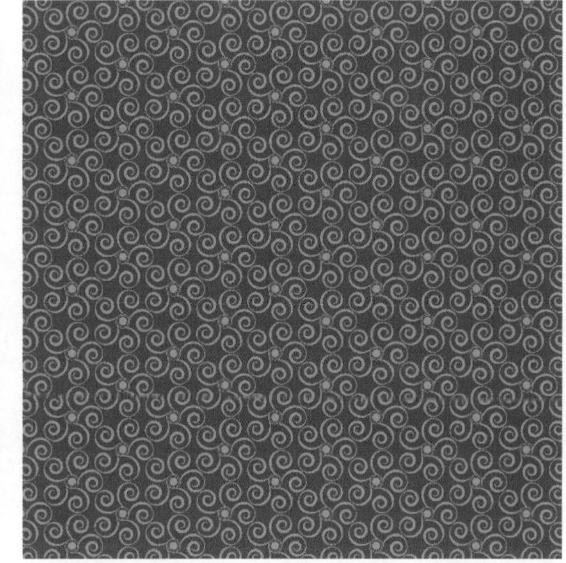

图 3-25

项目三　“吸管”工具

“吸管”工具可以复制其他对象的外观属性，包含文字对象的字符、段落、填充颜色和描边等属性，并将复制的属性应用到另一个对象上，从而快速实现对对象的上色。

使用“吸管”工具

1. 复制矢量对象的所有外观属性

选中想要更改属性的对象（见图 3-26），选择“吸管”工具（快捷键为 I），将“吸管”工具移动到被取样对象上（见图 3-27）并单击，此时被选中对象的所有属性将变为“吸管”工具吸取的被取样对象的所有属性，如图 3-28 所示。

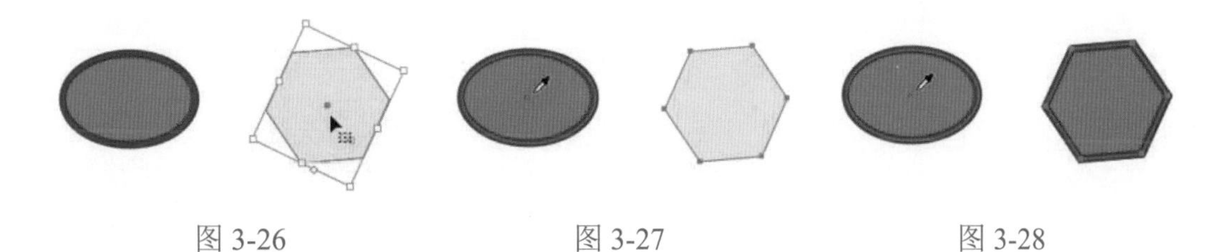

图 3-26　　图 3-27　　图 3-28

2. 只改变矢量对象的填充颜色

选中对象，启用填充颜色状态（见图 3-29），选择“吸管”工具，按住 Shift 键，将“吸管”工具移动到被取样对象上（见图 3-30）并单击，此时被选中对象的填充颜色将变为“吸管”工具吸取的被取样对象的颜色，如图 3-31 所示。

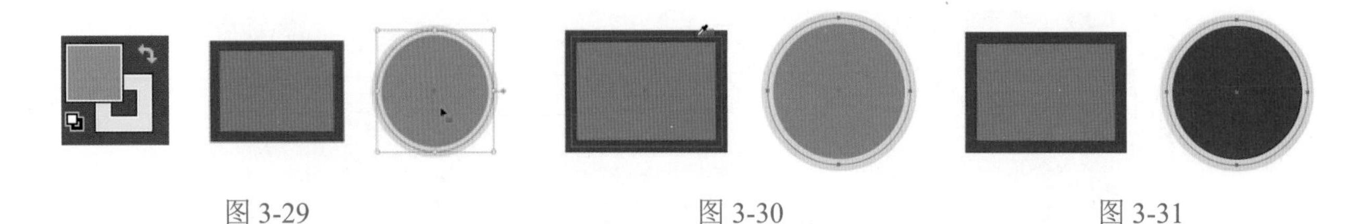

图 3-29　　图 3-30　　图 3-31

3. 只改变矢量对象的描边颜色

选中对象，启用描边颜色状态（见图 3-32），选择“吸管”工具，按住 Shift 键，将“吸管”工具移动到被取样对象上（见图 3-33）并单击，此时被选中对象的描边颜色将变为“吸管”工具吸取的被取样对象的颜色，如图 3-34 所示。

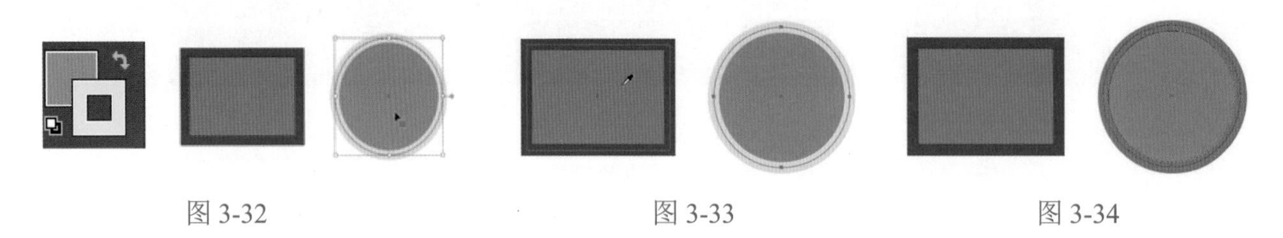

图 3-32　　图 3-33　　图 3-34

4. 反向吸取

“吸管”工具的反向吸取功能可以将某个图形对象的属性快速复制到其他对象上。

选择 “吸管” 工具，将 “吸管” 工具移动到被取样对象上（见图 3-35）并单击，以复制该对象的属性；按住 Alt 键，当鼠标指针变为形状（见图 3-36）时，将鼠标指针移动到需要复制属性的对象上并单击，如图 3-37 所示。

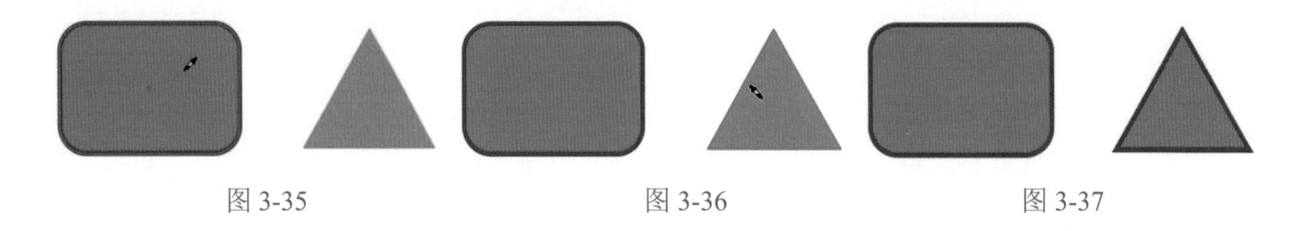

图 3-35　　图 3-36　　图 3-37

随学随练

绘制铅笔图形，并使用“吸管”工具对铅笔图形进行上色，效果如图 3-38 所示。

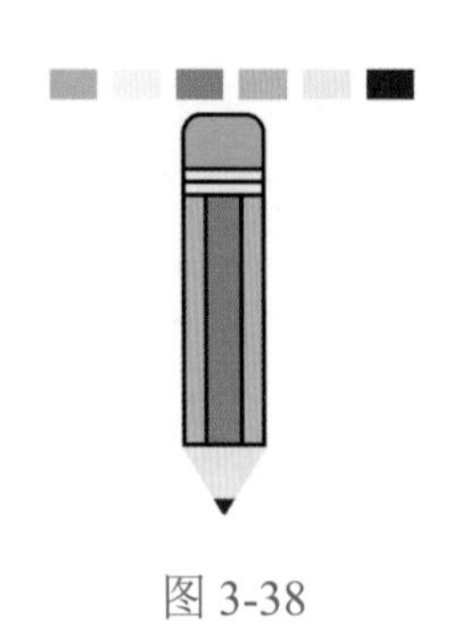

图 3-38

知识要点：“矩形”工具、“多边形”工具、“直接选择”工具、“吸管”工具。

操作步骤

（1）打开“模块三 / 素材 / 吸管工具练习素材”文件。选择“矩形”工具，绘制一个矩形，并将描边粗细设置为 5pt；选择“直接选择”工具，框选矩形上方的两个边角构件，按住鼠标左键并拖曳边角构件，以适当调整圆角的大小；选择“矩形”工具，绘制两个矩形，并调整其大小和位置，效果如图 3-39 所示。

（2）选择“矩形”工具，绘制一个矩形，并调整其大小和位置；按快捷键 Ctrl+C 进行复制，按快捷键 Ctrl+F 原位在前粘贴矩形；选择“选择”工具，按住 Alt 键，同时按住鼠标左键并向内拖曳鼠标，以调整矩形的大小，效果如图 3-40 所示。

（3）选择“选择”工具，选中铅笔头图形，选择“吸管”工具，单击“填色”按钮，按住 Shift 键，并使用“吸管”工具单击素材中的色块，更改填充颜色。单击“描边”按钮，按住 Shift 键，并使用“吸管”工具单击素材中的色块，更改描边颜色，效果如图 3-41 所示。

（4）按照上述方法，依次选中未上色的图形并对其进行上色，效果如图 3-42 所示。

（5）选择“多边形”工具，绘制一个三角形，调整其大小和位置，并对齐对象；选择“直接选择”工具，选中三角形最下面的锚点，拖曳锚点将三角形边角调整为圆角；选择“吸管”工具，单击素材中的色块，以更改三角形的填充颜色。按快捷键 Ctrl+C 进行复制，按快捷键 Ctrl+F 原位在前粘贴三角形；选中复制的三角形，调整其大小和位置，并使用“吸管”工具来更改其颜色，最终效果如图 3-43 所示。

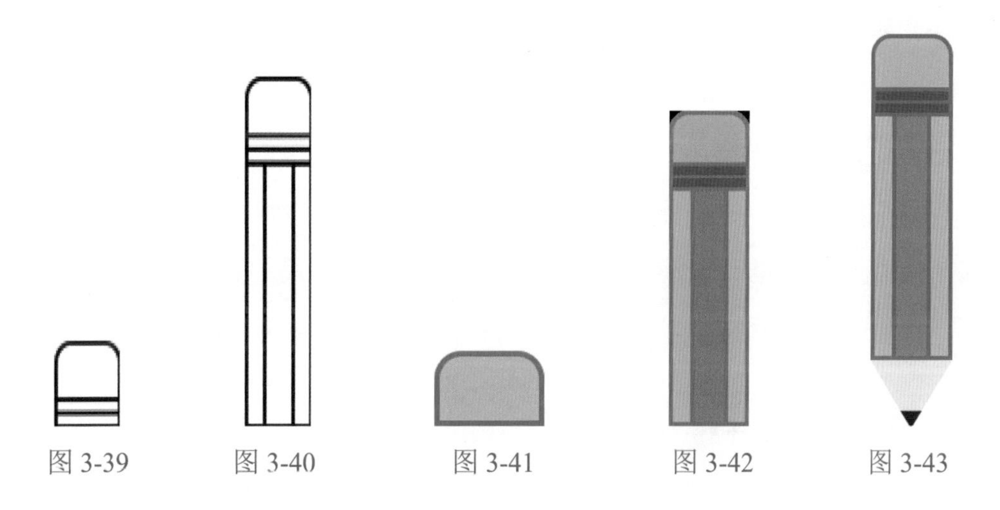

图 3-39　　图 3-40　　图 3-41　　图 3-42　　图 3-43

项目四　渐变填充

渐变是两种或多种颜色之间或同一种颜色不同色调之间的逐渐过渡。使用“渐变”控制面板、“渐变”工具可以设置渐变颜色。

一、“渐变”控制面板

双击“渐变”工具，或者选择“窗口→渐变”命令，打开“渐变”控制面板（见图3-44），在该面板中可以根据需要设置渐变的参数。

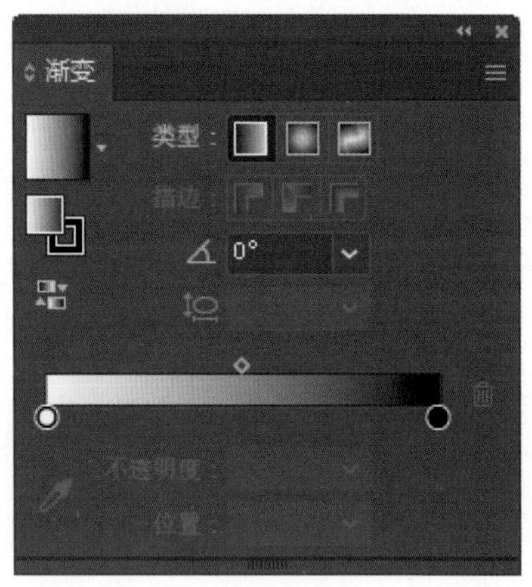

图 3-44

“渐变填色缩览框”按钮：显示当前设置的渐变颜色，单击此按钮即可将当前渐变颜色应用到被选择对象上，默认为黑白渐变。

“类型”选项组：单击此按钮可以设置渐变的类型，包括线性渐变、径向渐变和任意形状渐变。

“填色和描边”按钮：单击此按钮可以切换填充颜色和描边颜色。

“反向渐变”按钮：单击此按钮可以反转渐变两端的颜色。

“描边”选项组：可以对描边颜色进行渐变填充，默认激活“在描边中应用渐变”按钮，或者可以设置为“对沿描边应用渐变”或“跨描边应用渐变类型”。

“角度”选项：单击此选项中的下拉按钮，在弹出的下拉列表中选择相应的角度数值，或者在文本框中输入线性渐变的角度数值。

“长宽比”选项：当设置径向渐变时，在文本框中输入数值可以创建椭圆形渐变。

渐变色谱条：设置渐变的颜色和颜色位置等。

“删除色标”按钮：单击此按钮可以删除选中的颜色滑块。

“不透明度”下拉按钮：设置颜色的不透明度，调整颜色的透明效果。

“位置”下拉按钮：设置颜色滑块对应颜色在渐变中的位置。

二、创建和编辑线性渐变

线性渐变可以使颜色在两个点之间进行直线混合过渡。

1. 创建线性渐变

选中图形对象，在“渐变”控制面板中单击“填色”按钮切换到填充颜色状态，单击“类型”选项组中的“线性渐变”按钮，将对图形填充默认的从白色到黑色的线性渐变颜色，如图3-45所示。

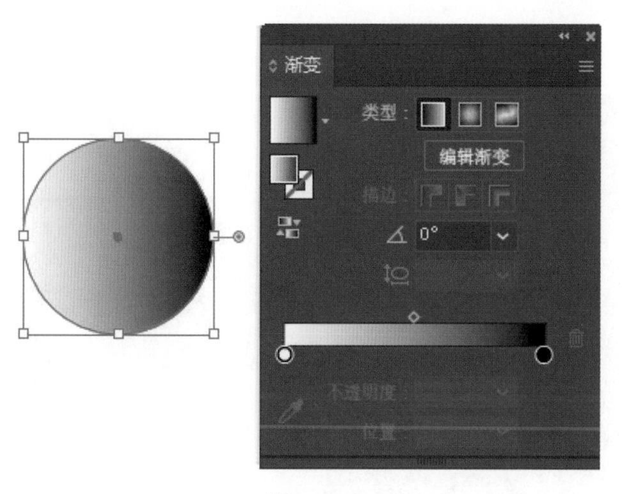

图 3-45

2. 编辑线性渐变

1）改变渐变颜色

在“渐变”控制面板中，双击渐变色谱条下方的颜色滑块，在打开的“颜色”控制面板中按照要求设置所需的颜色，如图 3-46 所示。

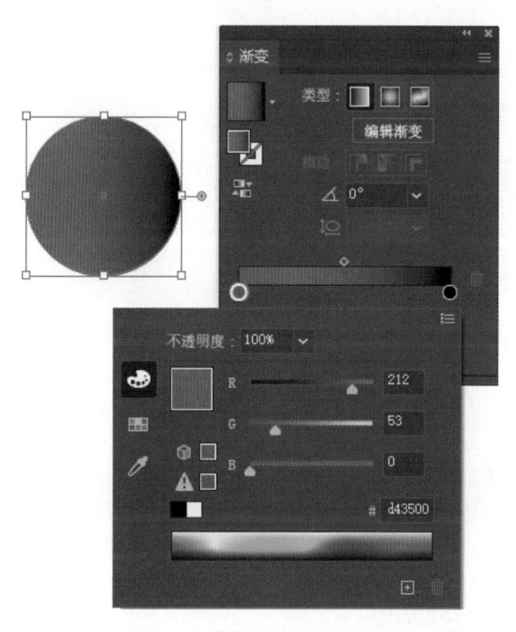

图 3-46

注意：若双击颜色滑块后打开的是黑白的界面，则单击界面右上角的“菜单”按钮，在弹出的下拉列表中选择 RGB、HSB、CMYK 中任意一种颜色模式，切换到对应的颜色模式下。

2）添加或删除渐变颜色

渐变色谱条中默认只有两种颜色，若需要增加渐变颜色，则将鼠标指针移动到渐变色谱条的下方，当鼠标指针变为形状时，单击即可添加一个颜色滑块，如图 3-47 所示；

双击颜色滑块即可修改其颜色，如图 3-48 所示。

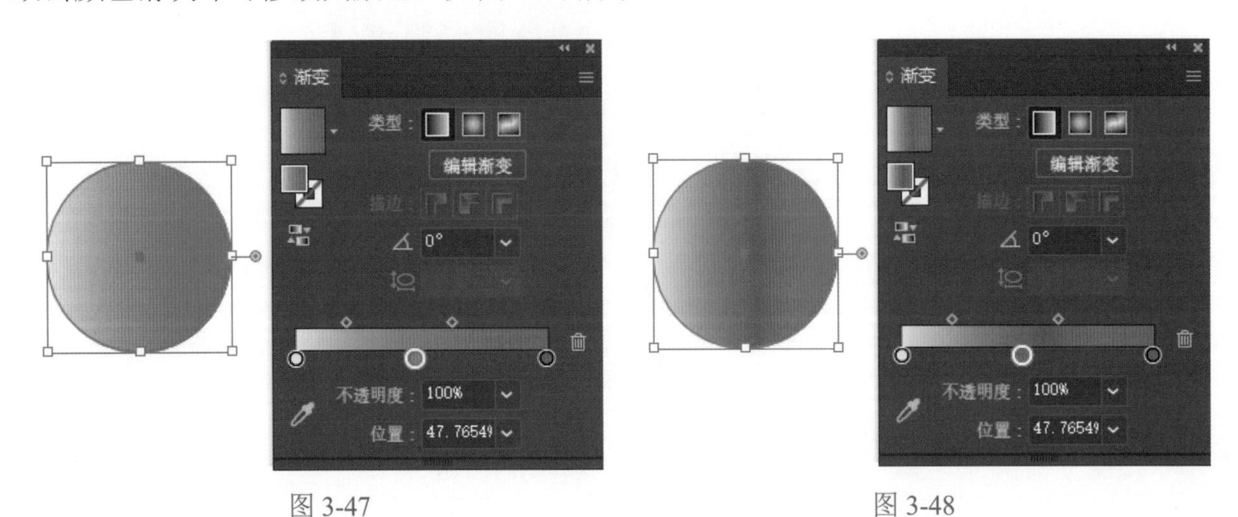

图 3-47　　　　图 3-48

将鼠标指针移动到渐变色谱条中需要删除的颜色滑块上，按住鼠标左键，将其拖曳到“渐变”控制面板外，即可删除该滑块，或者选中需要删除的颜色滑块，单击“删除色标”按钮，即可删除该滑块。

技巧：按住 Alt 键，使用鼠标拖曳需要复制的颜色滑块到渐变色谱条上的其他位置，可以复制渐变颜色。

3）调整渐变颜色的位置

在“渐变”控制面板中，单击渐变色谱条下方的颜色滑块，“位置”文本框中将显示该滑块在渐变颜色中的位置的百分比数值（见图 3-49），拖曳该滑块，可以改变其位置，即调整相邻颜色之间的距离，改变颜色变化的范围，如图 3-50 所示。

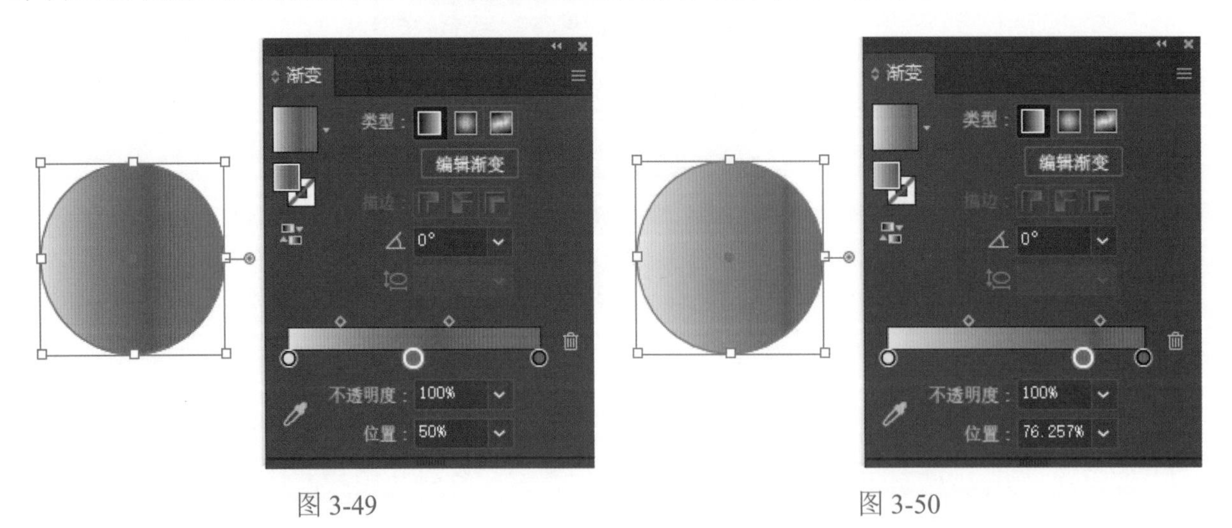

图 3-49　　　　图 3-50

4）调整渐变颜色的比例

调整渐变色谱条上方的菱形渐变滑块可以控制相邻两种颜色的范围，即颜色所占的

比例。

在“渐变”控制面板中，单击渐变色谱条上方的菱形渐变滑块，“位置”文本框中将显示相邻两个颜色在渐变颜色中所占的百分比（见图 3-51），拖曳该滑块，可以改变其位置，即调整相邻颜色变化的范围，如图 3-52 所示。

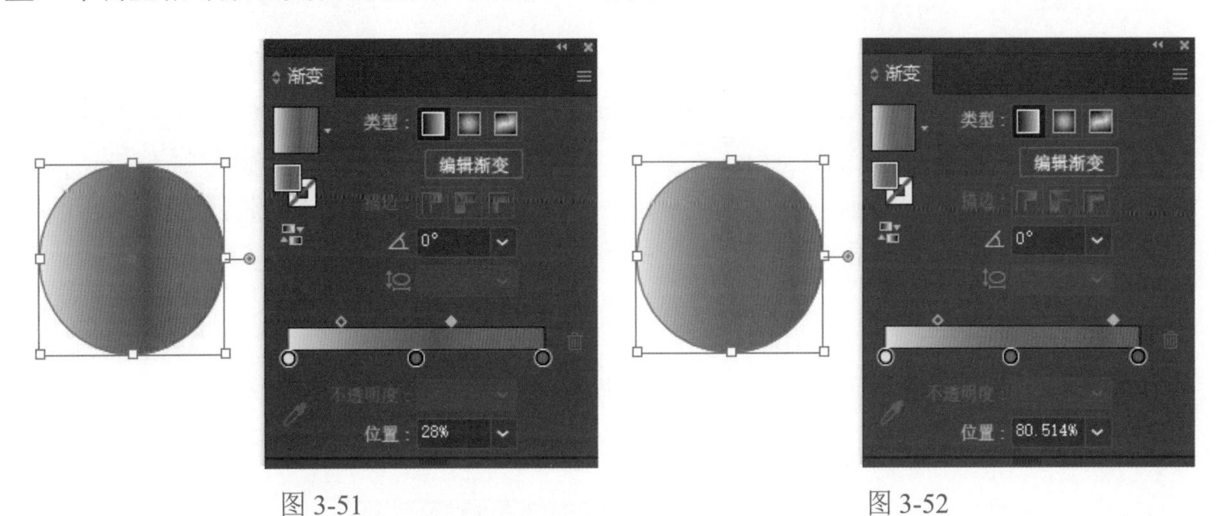

图 3-51　　图 3-52

5）调整渐变的方向

默认的渐变方向为水平方向，设计者可以根据需要调整渐变颜色的方向。在“渐变”控制面板中，单击“角度”下拉按钮，在弹出的下拉列表中选择相应的角度数值（见图 3-53），或者在“角度”文本框中输入角度数值，如图 3-54 所示。

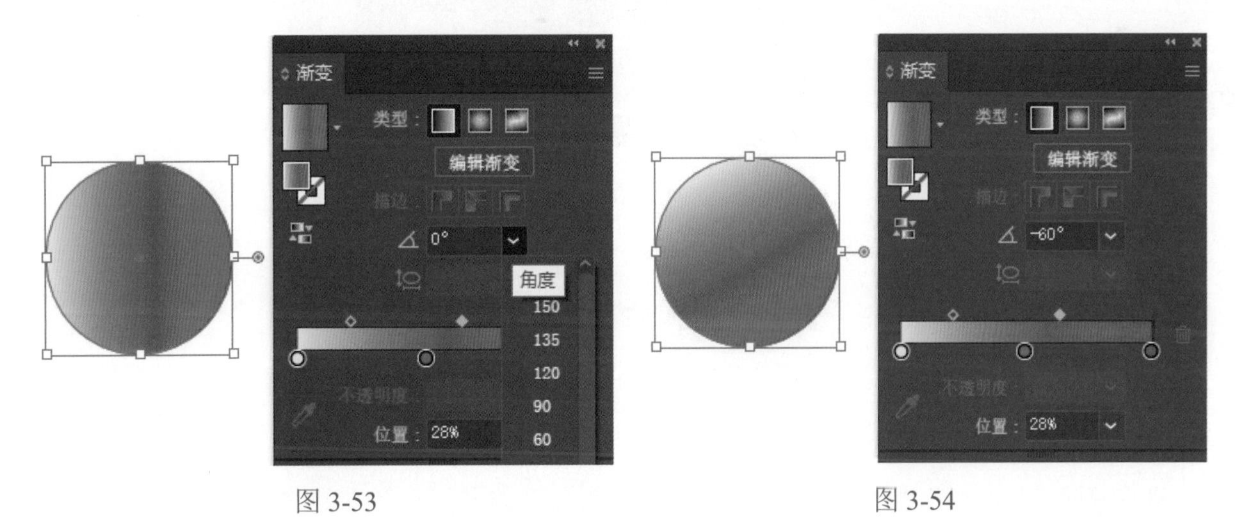

图 3-53　　图 3-54

6）调整颜色的不透明度

通过调整颜色的不透明度，可以实现颜色从无到有的过渡或从有到无的过渡。在“渐变”控制面板中，单击“不透明度”下拉按钮，在弹出的下拉列表中选择相应的不透明度数值（见图 3-55），或者在“不透明度”文本框中输入不透明度数值，效果如图 3-56 所示。

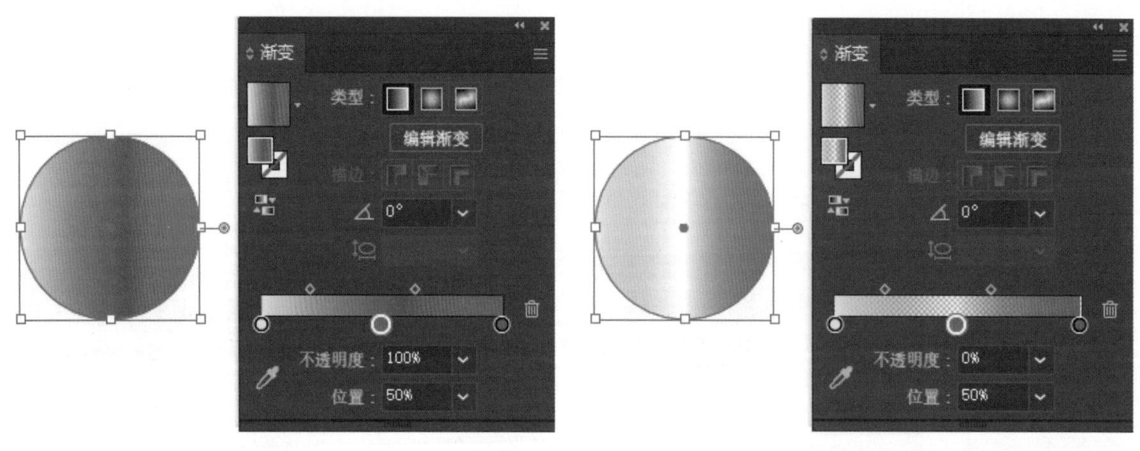

图 3-55　　图 3-56

7）互换渐变颜色

选中图形对象，在“渐变”控制面板中单击“类型”中的“反向渐变”按钮，将互换图形对象的渐变颜色的起始颜色和结束颜色，如图 3-57 所示。

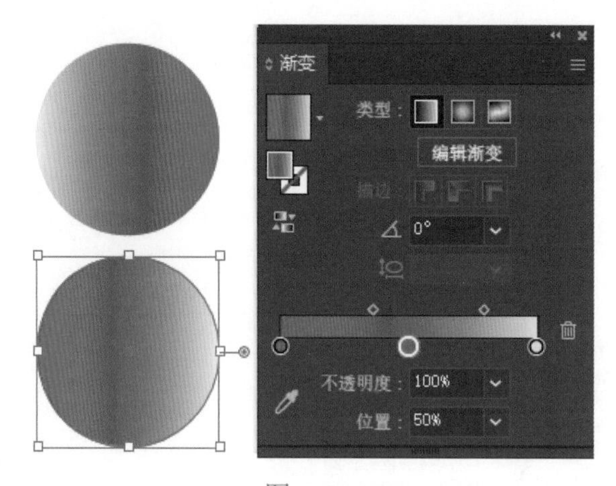

图 3-57

三、创建和编辑径向渐变

径向渐变可以使颜色在两个点之间进行环形混合过渡。

1. 创建径向渐变

选中图形对象，在“渐变”控制面板中，单击“类型”选项中的“径向渐变”按钮，图形将填充默认的从白色到黑色的径向渐变颜色，如图 3-58 所示。

2. 编辑径向渐变

编辑径向渐变的方法与编辑线性渐变的方法相似，此处不再赘述，读者可以阅读前面的内容。

调整径向渐变比例的方法如下。

默认的径向渐变是以同心正圆形的形式由内向外进行填充的。调整径向渐变的长宽比数值可以改变径向渐变的形式。

在“渐变”控制面板中，单击“长宽比”下拉按钮，在弹出的下拉列表中选择相应的长宽比数值，或者在“长宽比”文本框中直接输入长宽比数值，渐变颜色的效果将变成椭圆形，如图 3-59 所示。

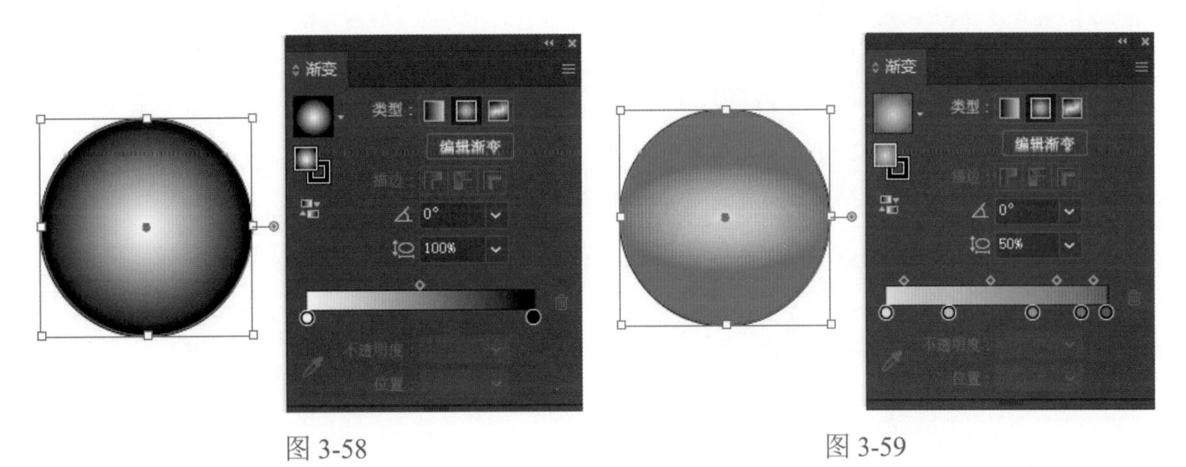

图 3-58　　图 3-59

四、使用“渐变批注者”编辑渐变

通过“渐变”控制面板设置完渐变颜色后，在后期制作过程中可以运用“渐变”工具和“渐变批注者”对渐变进行编辑。“渐变批注者”可以对渐变效果进行编辑，如添加色标，移动色标的位置、旋转渐变角度、扩大渐变范围等。

1. 渐变批注者

选中需要填充渐变颜色的对象，选择“渐变”工具，对象上会显示渐变批注者。线性渐变批注者符号的含义如图 3-60 所示，径向渐变批注者符号的含义如图 3-61 所示。

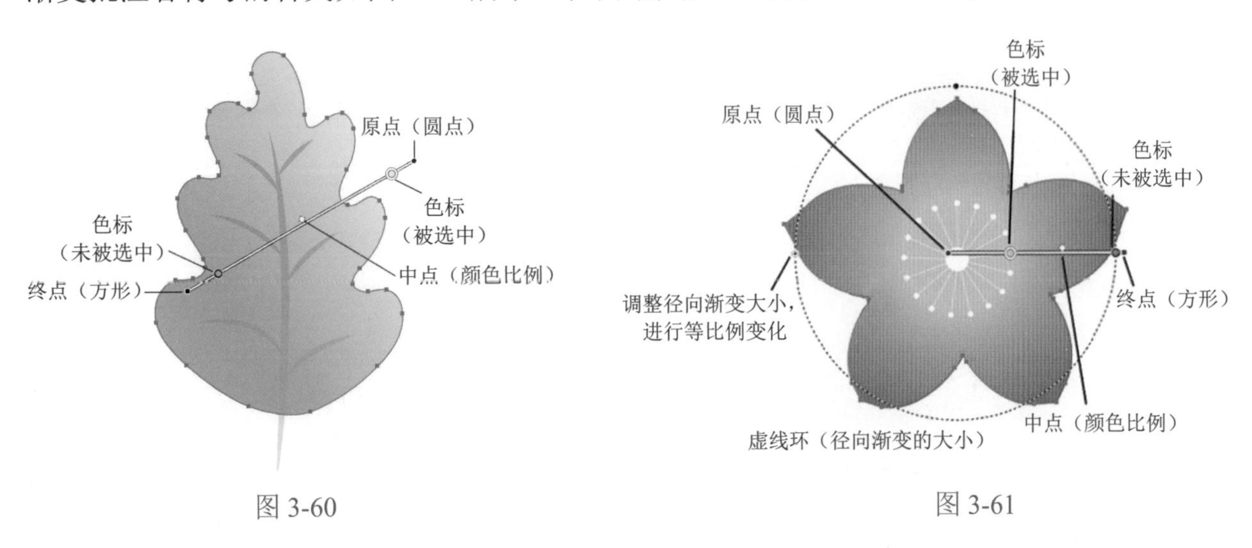

图 3-60　　图 3-61

技巧：通过选择“视图→显示渐变批注者”命令或“视图→隐藏渐变批注者”命令，

可以显示或隐藏渐变批注者。

1）调整渐变原点的位置

线性渐变：将鼠标指针移动到渐变批注者的原点或渐变批注者上，当鼠标指针变为黑色实心箭头（见图 3-62（a））时，按住鼠标左键，并拖曳渐变批注者的原点或渐变批注者至合适位置（见图 3-62（b）），松开鼠标左键，效果如图 3-62（c）所示。

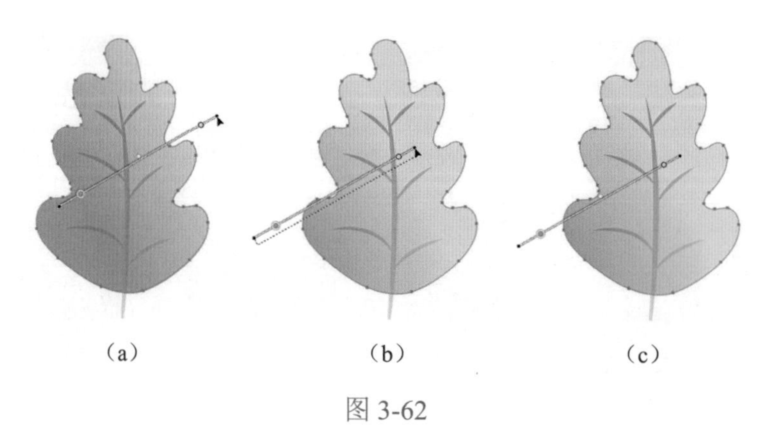

（a）（b）（c）

图 3-62

径向渐变：将鼠标指针移动到渐变批注者的原点上，当鼠标指针变为黑色实心箭头，并具有一个“×”符号（见图 3-63（a））时，按住鼠标左键，并拖曳渐变批注者的原点到合适位置（见图 3-63（b）），松开鼠标左键，效果如图 3-63（c）所示。

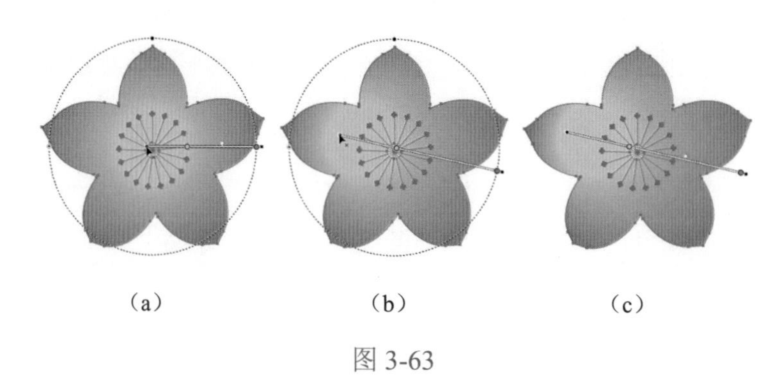

（a）（b）（c）

图 3-63

将鼠标指针移动到渐变批注者上，当鼠标指针变为黑色实心箭头（见图 3-64（a））时，按住鼠标左键，并拖曳渐变批注者至合适位置（见图 3-64（b）），松开鼠标左键，效果如图 3-64（c）所示。

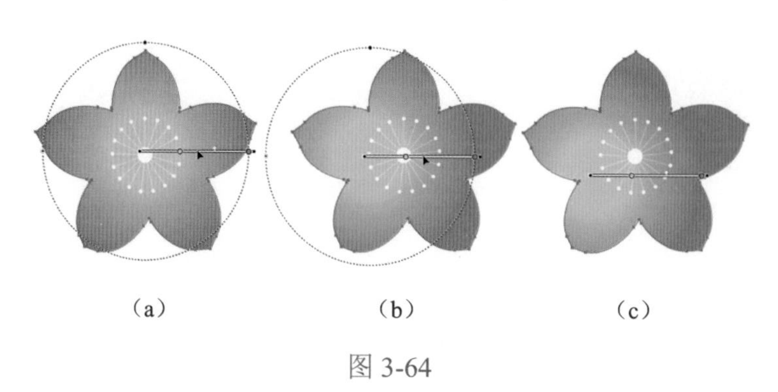

（a）（b）（c）

图 3-64

2）调整渐变大小

线性渐变：将鼠标指针移动到渐变批注者的终点上（见图 3-65（a）），按住鼠标左键，并拖曳渐变批注者的终点至合适位置（见图 3-65（b）），松开鼠标左键，效果如图 3-65（c）所示。

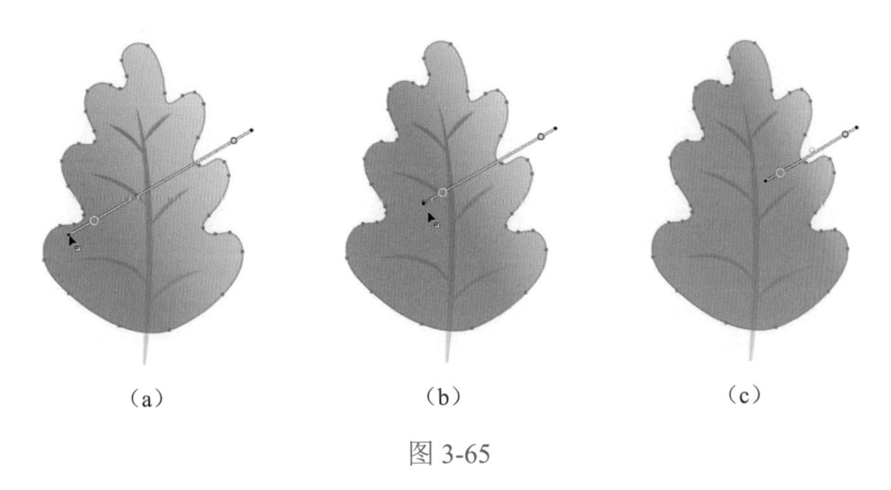

（a）　　（b）　　（c）

图 3-65

径向渐变：将鼠标指针移动到渐变批注者的终点上（见图 3-66（a）），按住鼠标左键，并拖曳渐变者批注的终点至合适位置，在拖曳过程中会出现一个虚线圆环，表示径向渐变的大小（见图 3-66（b）），松开鼠标左键，效果如图 3-66（c）所示。

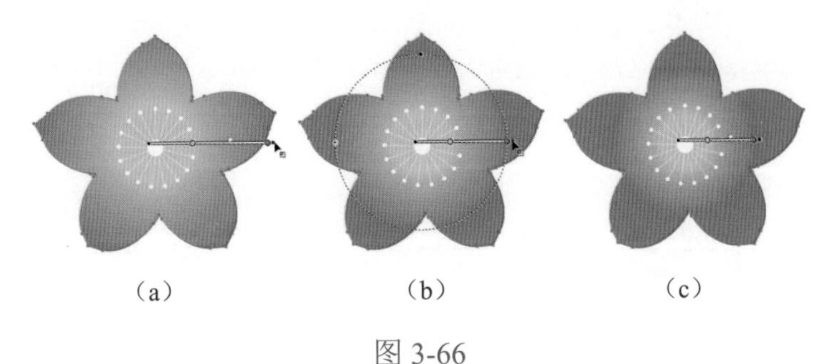

（a）　　（b）　　（c）

图 3-66

当将鼠标指针移至径向渐变的范围内时，会显示一个虚线圆环，该圆环上会显示两个点（调整径向渐变大小的点），将鼠标指针移动到调整径向渐变大小的点上（见图 3-67（a）），按住鼠标左键，并拖曳该点至合适位置（在拖曳过程中，虚线圆环会随着变化，如图 3-67（b）所示），松开鼠标左键，效果如图 3-67（c）所示。

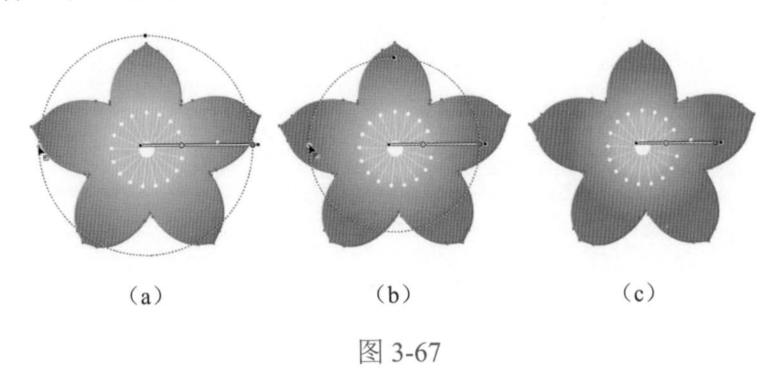

（a）　　（b）　　（c）

图 3-67

调整径向渐变的长宽比：径向渐变的默认渐变范围为一个正圆形，设计者可以调整渐变范围的形状。当将鼠标指针移至径向渐变的范围内时，会显示一个虚线圆环。该虚线圆环上会显示两个点，将鼠标指针移动到调整径向长宽比的点上（见图 3-68（a）），按住鼠标左键，并拖曳该点至合适位置（在拖曳过程中，虚线圆环会随着变化，表示调整后的渐变范围（见图 3-68（b）），松开鼠标左键，效果如图 3-68（c）所示。

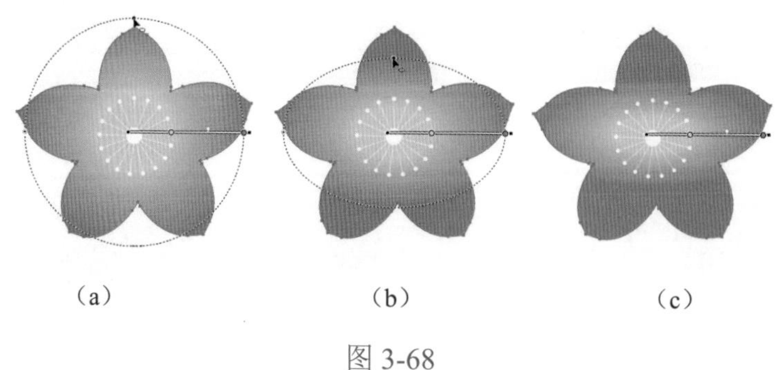

（a）　（b）　（c）

图 3-68

3）调整渐变的角度

线性渐变：将鼠标指针移动到渐变批注者的终点上（见图 3-69（a）），按住鼠标左键，并拖曳渐变批注者的终点进行旋转，对象上会显示一个虚线矩形来表示批注者的新位置（见图 3-69（b）），松开鼠标左键，效果如图 3-69（c）所示。

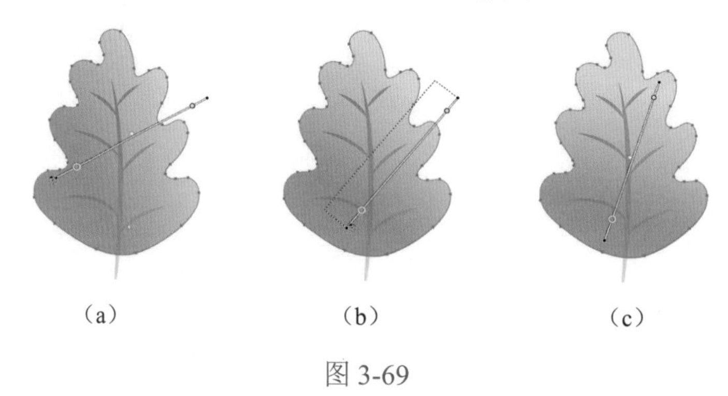

（a）　（b）　（c）

图 3-69

径向渐变：将鼠标指针移动到渐变批注者的终点或虚线圆环上（见图 3-70（a）），按住鼠标左键，并拖曳渐变批注者的终点进行旋转（见图 3-70（b）），松开鼠标左键，效果如图 3-70（c）所示。因为径向渐变是以同心圆的形式环形填充的，所以在旋转渐变批注者时，颜色的变化不明显。

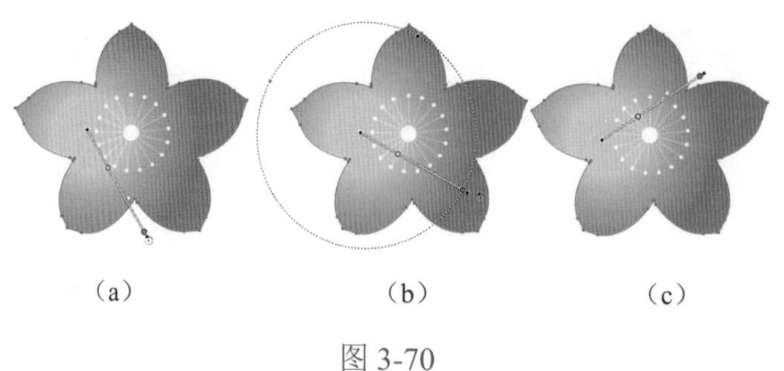

（a）　（b）　（c）

图 3-70

4）调整色标及中点的位置

将鼠标指针移动到渐变批注者的色标或中点上，当鼠标指针变为形状（见图 3-71（a））时，按住鼠标左键并拖曳渐变批注者的色标或中点（见图 3-71（b）），即可改变色标或中点的位置，拖曳色标或中点至合适位置后松开鼠标左键，效果如图 3-71（c）所示。

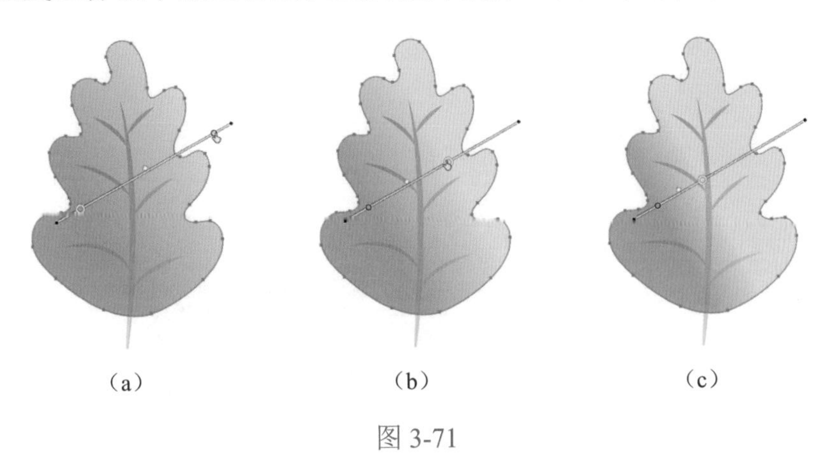

（a）　（b）　（c）

图 3-71

5）修改色标的颜色

双击渐变批注者中的某个色标，打开“颜色”控制面板，在该面板中选择想要应用的颜色，如图 3-72 所示。

6）添加和删除色标

添加色标：将鼠标指针移动到渐变批注者上，此时鼠标指针下方会出现“+”符号（见图 3-73（a）），单击渐变批注者即可，效果如图 3-73（b）所示。

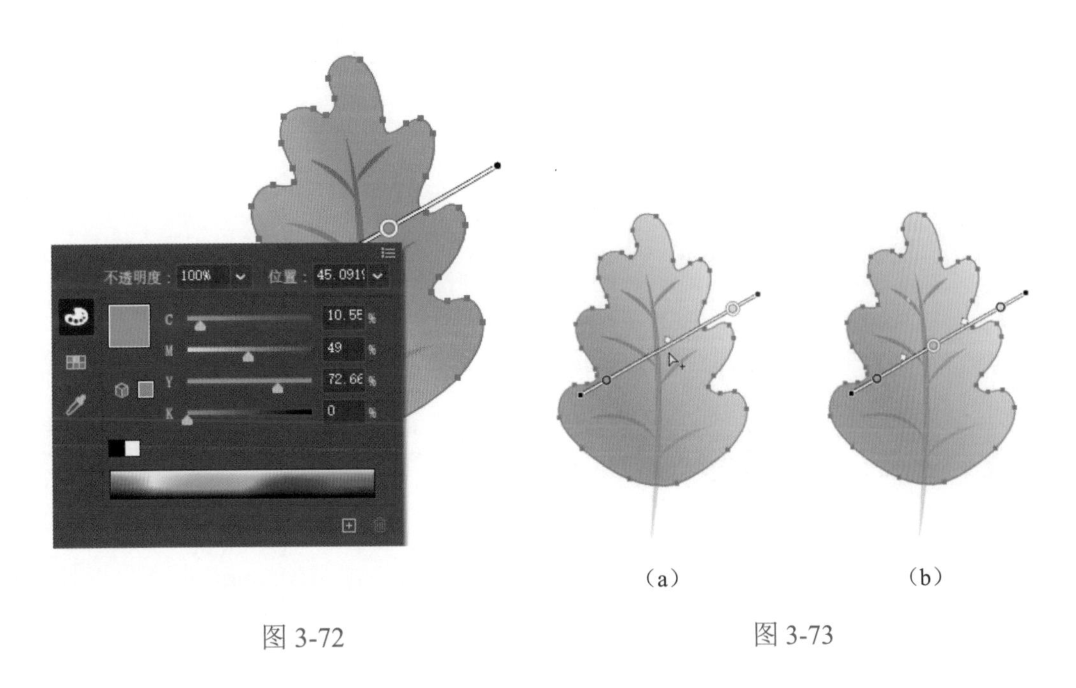

图 3-72

（a）　（b）

图 3-73

删除色标：在渐变批注者中选择想要删除的色标，按 Delete 键即可，或者将想要删除的色标拖曳到渐变批注者外。

五、创建和编辑任意形状渐变

任意形状渐变可以在某个形状内实现颜色的平滑过渡效果，类似于“网格”工具和“渐变”工具的结合。

1. 创建任意形状渐变

选中图形对象，在“渐变”控制面板中单击“类型”选项中的“任意形状渐变”按钮，在对象上应用任意形状渐变，如图 3-74 所示。

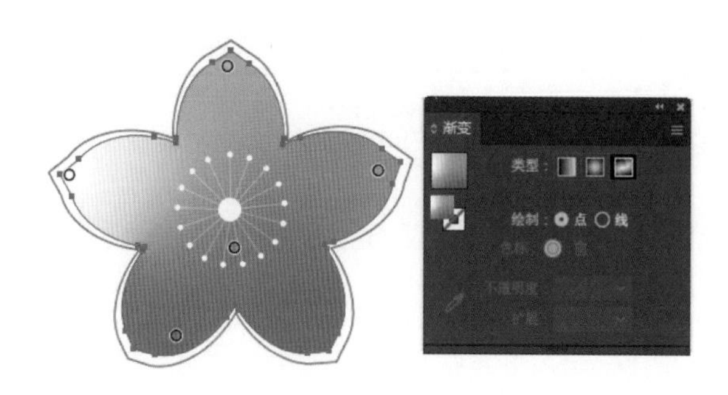

图 3-74

2. 在“点”模式下编辑任意形状渐变

“点”模式用于创建单独点形式的色标，在任意形状渐变中是默认的模式。

1）添加色标

将鼠标指针移至渐变区域，当鼠标指针变为形状（见图 3-75（a））时，单击该区域即可添加一个色标（见图 3-75（b）），多次单击可以添加多个色标。

2）移动色标

将鼠标指针移动到色标上，当鼠标指针变为形状（见图 3-76（a））时，按住鼠标左键，并拖曳色标至所需的位置（见图 3-76（b）），松开鼠标左键，即可移动色标的位置。

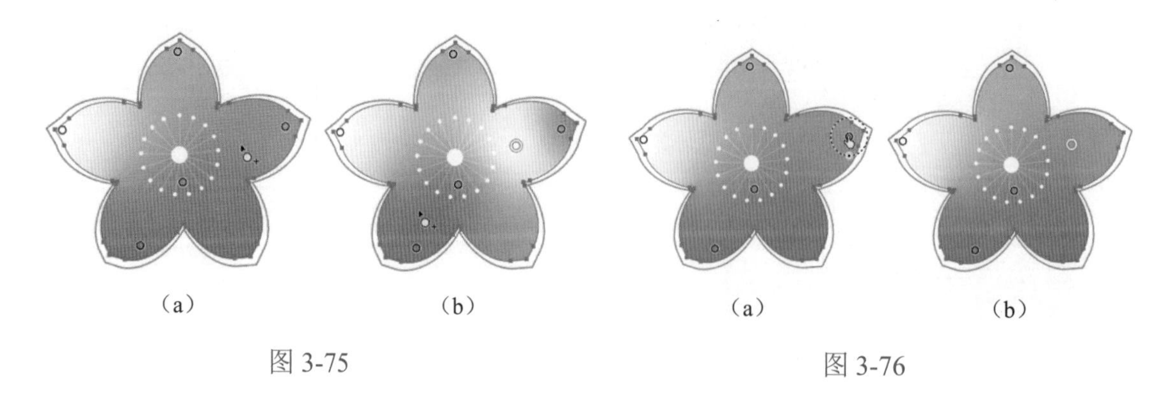

（a）（b）

图 3-75

（a）（b）

图 3-76

3）删除色标

将需要删除的色标拖曳到渐变区域外，或者单击“渐变”控制面板中的“删除”按钮（或按 Delete 键），即可删除色标。

4）修改色标的颜色

双击任意形状渐变中的某个色标，打开“颜色”控制面板，在该面板中设置想要应用的颜色，如图 3-77 所示。

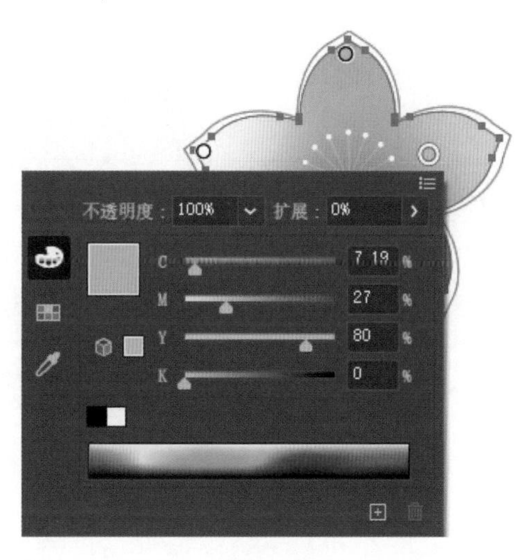

图 3-77

5）扩展

扩展是指在色标周围应用渐变效果的环形区域。当将鼠标指针移动到色标上时，色标的周围会显示一个虚线圆环，表示颜色的区域。在默认情况下，色标的扩展幅度为 0。

想要设置色标的扩展，可以单击色标后，在“渐变”控制面板的“扩展”选项中选择或输入一个数值，如图 3-78 所示。

将鼠标指针移动到色标上，色标的周围会显示一个虚线圆环，将鼠标指针移动到虚线圆环中调整大小的点上（见图 3-79（a）），拖曳此点以调整圆环的大小（见图 3-79（b）），随着圆环大小的变化，色标的颜色区域也会发生变化。

注意：色标的扩展幅度最大值为 100%。

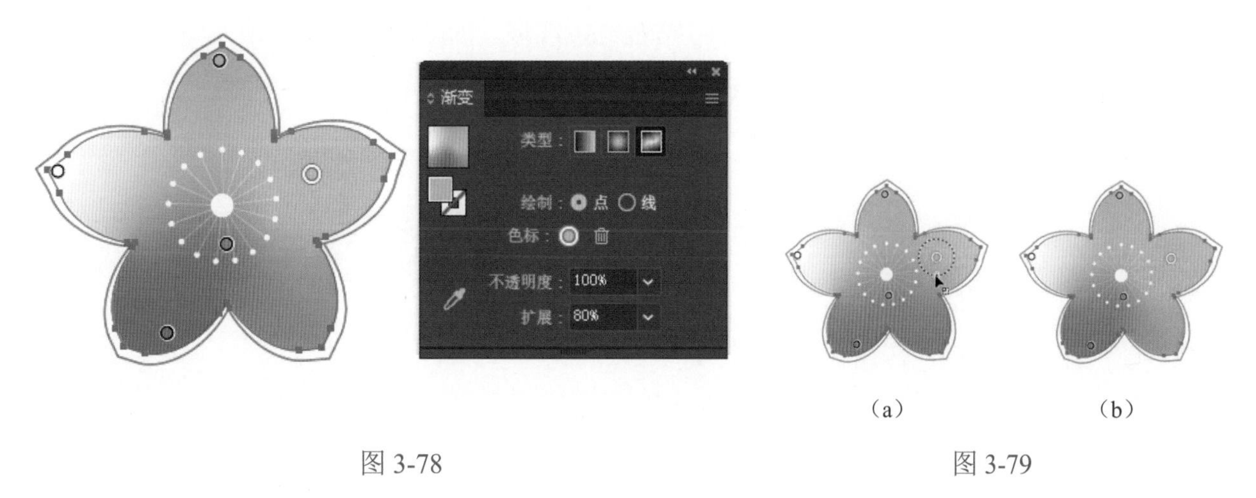

图 3-78　　图 3-79

3. 在“线”模式下编辑任意形状渐变

“线”模式用于创建线段形式的色标。

1）在“线”模式下创建任意形状渐变

选中图形对象，在“渐变”控制面板中单击“类型”选项中的“任意形状渐变”按钮，选中“绘制”选项中的“线”单选按钮，如图 3-80 所示。

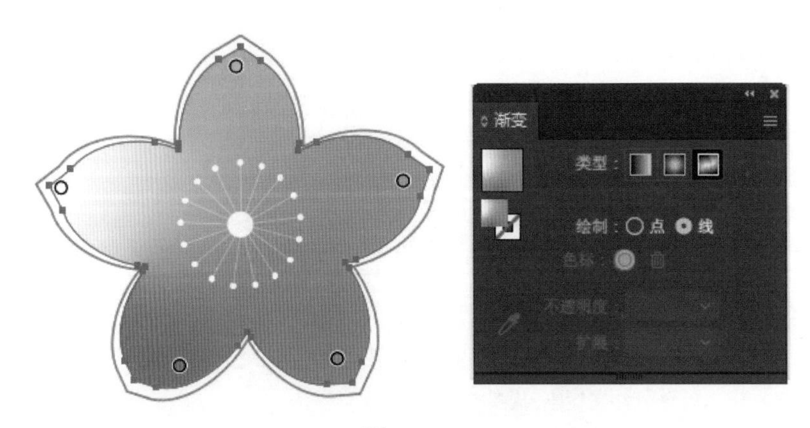

图 3-80

将鼠标指针移至渐变区域，当鼠标指针变为形状时，单击该区域即可创建第一个色标（见图 3-81（a）），这是直线的起点；将鼠标指针移至其他位置，单击该位置即可创建第二个色标，此时会添加一条连接第一个与第二个色标的直线（见图 3-81（b））；将鼠标指针移至其他位置，单击该位置即可创建第三个色标，这时直线会变为曲线（见图 3-81（c））。

技巧：在“线”模式下绘制线段的过程中，按 Esc 键可以中断绘制。

若需要在一个对象中创建多条单独的直线，则可以在创建好第一条直线的基础上，按 Esc 键中断绘制，再将鼠标指针移至对象的其他位置，单击该位置即可创建直线。注意：线段与线段之间不能有交叉。

若需要将独立的线段连接起来，则可以先将鼠标指针移动到某条线段端点的色标上，并单击该色标（见图 3-82（a）），再将鼠标指针移动到另一条线段端点的色标上，并单击该色标，即可连接这两条线段，使它们成为一条线段，如图 3-82（b）所示。

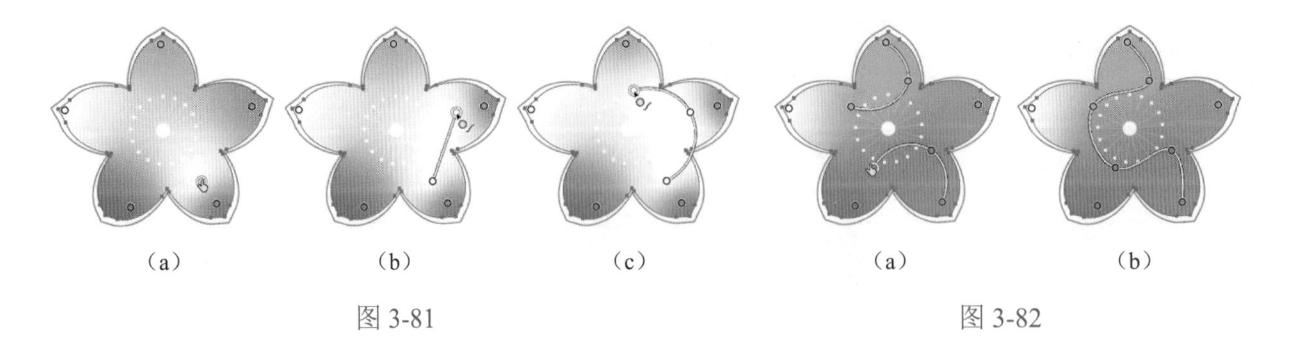

（a）　（b）　（c）　（a）　（b）

图 3-81　图 3-82

2）修改色标的颜色

双击线段中的某个色标，在打开的“颜色”控制面板中设置颜色（见图 3-83）。

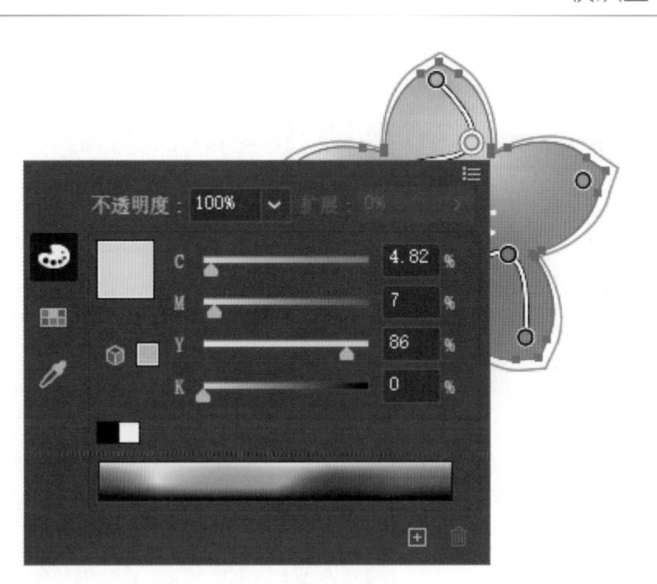

图 3-83

3）移动色标

将鼠标指针移动到线段的某个色标上，当鼠标指针变为形状（见图 3-84（a））时，按住鼠标左键，并拖曳该色标到所需的位置（见图 3-84（b）），松开鼠标左键，即可移动色标的位置，同时颜色效果会发生改变。

4）添加色标

将鼠标指针移动到线段中，当鼠标指针变为形状（见图 3-85（a））时，单击该线段即可添加一个色标（见图 3-85（b）），多次单击该线段可以添加多个色标。

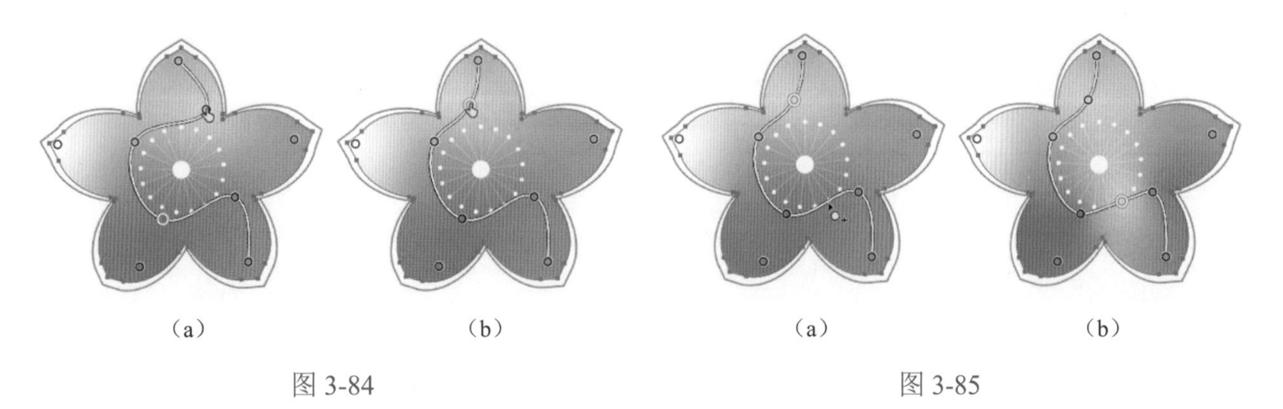

（a）　（b）

图 3-84

（a）　（b）

图 3-85

5）删除色标

将要删除的色标拖曳到渐变区域外，或者单击“渐变”控制面板中的“删除”按钮（或按 Delete 键），即可删除色标。

六、将渐变应用于描边

在 Illustrator CC 2022 中，可以将渐变应用到图形对象的描边上。选择图形对象，在“渐变”控制面板中单击“描边”按钮，在“类型”选项中单击“线性渐变”或“径向渐变”

按钮，在“描边”选项组中选择一种描边样式，如图 3-86 所示。

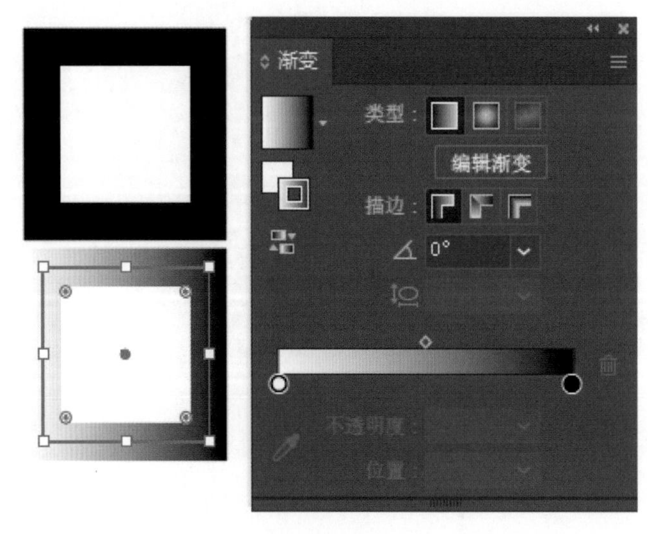

图 3-86

“线性渐变”和“径向渐变”描边样式的效果和区别如表 3-1 所示。

表 3-1

描边样式	渐变类型	
	线性渐变	径向渐变
在描边中应用渐变	渐变颜色从左边线条跨越到右边线条	渐变颜色从图形中间跨越到图形外侧
沿描边应用渐变	渐变颜色沿着描边线条首尾相接，类似于 Photoshop 中的角度渐变	渐变颜色沿着描边线条首首相接，尾尾相接，并且呈现对称的效果
跨描边应用渐变	渐变颜色从描边的一端到另一端	渐变颜色对描边进行对称渐变

随学随练

打开“鲜花朵朵”文件，对其进行上色，效果如图 3-87 所示。

图 3-87

知识要点：“渐变”工具、“颜色”控制面板。

操作步骤

（1）打开“模块三 / 素材 / 鲜花朵朵素材”文件。选择“选择”工具，选中花朵对象，打开“渐变”和“颜色”控制面板；在“渐变”控制面板中单击“填色”按钮，将“类型”设置为“径向渐变”，分别单击渐变色谱条中的颜色滑块，在“颜色”控制面板中将渐变颜色设置为白色和 R：234、G：80、B：47，并适当调整颜色滑块的位置；单击“描边”按钮，在“颜色”控制面板中将描边颜色设置为无，效果如图 3-88 所示。

（2）选择“选择”工具，选中花蕾部分，在“颜色”控制面板中单击“填色”按钮，将填充颜色设置为 R：249、G：239、B：40，单击“描边”按钮，单击“无”按钮，将描边颜色设置为无，效果如图 3-89 所示。

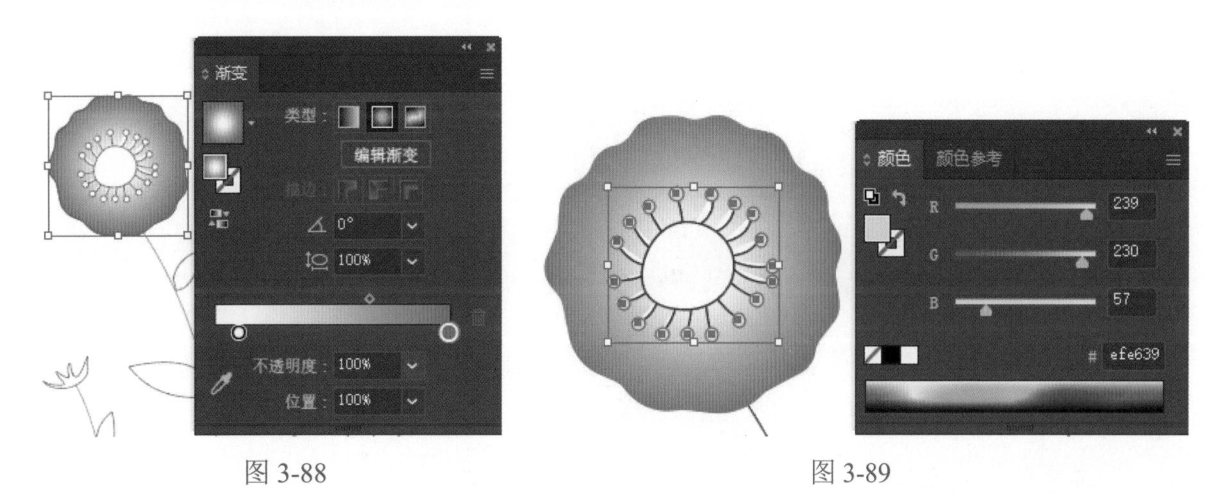

图 3-88　　图 3-89

（3）选中花丝部分，在“颜色”控制面板中单击“填色”按钮，单击“无”按钮，将填充颜色设置为无；单击“描边”按钮，单击“白色”按钮，将描边颜色设置为白色；在“属性”控制面板的“外观”选项组中，将描边粗细设置为 4pt，效果如图 3-90 所示。

（4）选中其他未上色的部分，使用“渐变”和“颜色”控制面板对其进行上色，最终效果如图 3-91 所示。

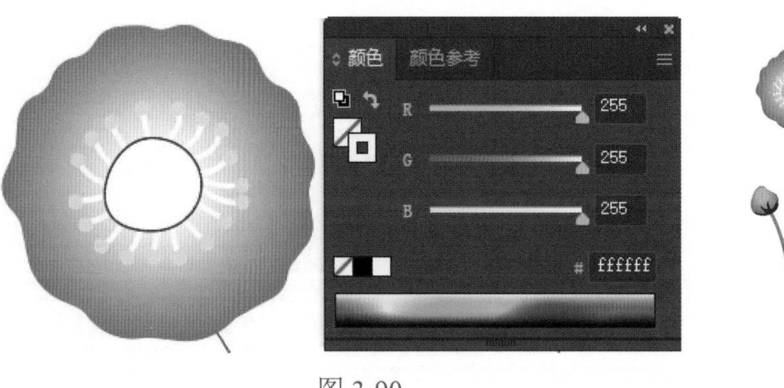

图 3-90

图 3-91

项目五　渐变网格

渐变网格功能可以在一个图形对象内创建多个渐变点，使图形对象具有在多个方向和多种颜色的渐变填充效果，使图形对象的颜色变化更加柔和自然。

一、建立渐变网格

1. 使用“网格”工具创建渐变网格

使用“网格”工具可以在图形中根据实际填色需要自由地建立网格。

选中图形对象，选择“网格”工具，将鼠标指针移动到图形对象中（见图 3-92（a））并单击该对象，将以单击点为交叉点，形成由水平线和垂直线交叉组成的网格（见图 3-92（b））；继续在图形对象中单击，可以创建新的网格，最终效果如图 3-92（c）所示。

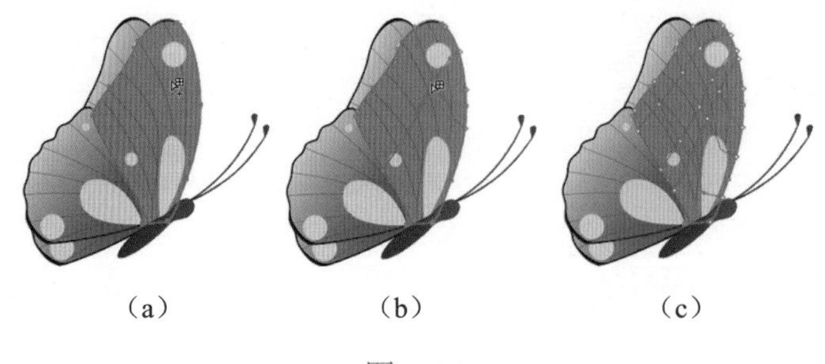

（a）　　（b）　　（c）

图 3-92

一个渐变网格对象是由网格点和网格线组成的，网格点可以围成一个网格片。

2. 使用“创建渐变网格”命令创建渐变网格

使用“创建渐变网格”命令可以指定相应参数，从而建立一个规则的渐变网格。

选中图形对象，选择“对象→创建渐变网格”命令，弹出“创建渐变网格”对话框（见图 3-93）。在该对话框中根据需要设置相应参数，设置完成后单击“确定”按钮，即可为选中的对象创建渐变网格，如图 3-94 所示。

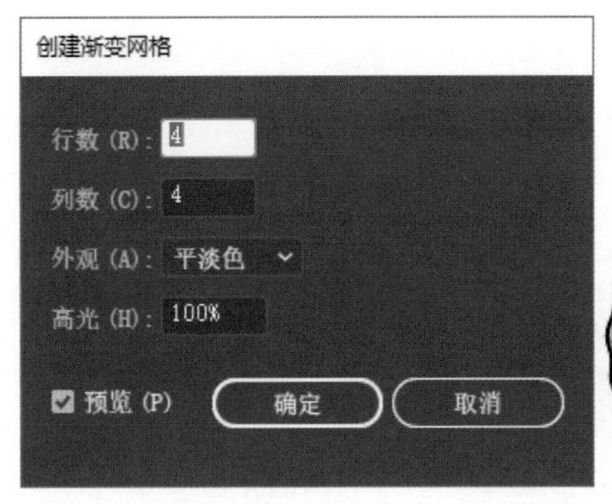

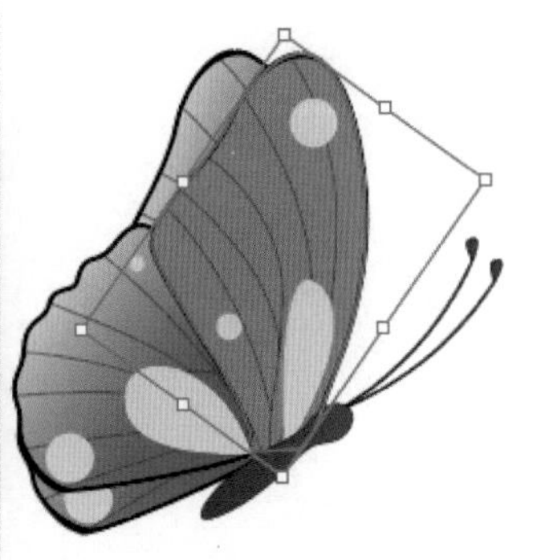

图 3-93

图 3-94

“行数”文本框：可以设置水平网格线的数目。

“列数”文本框：可以设置垂直网格线的数目。

“外观”下拉按钮：可以设置创建渐变网格后图形对象的高光效果，具体选项如下。

- “平淡色”选项：将图形对象的原始颜色均匀的应用于表面，没有高光效果。
- “至中心”选项：创建一个位于图形对象中心的高光。
- “至边缘”选项：创建一个位于图形对象边缘的高光。

“高光”文本框：可以设置高光的亮度，默认值是 100%，即白色。当数值为 0 时，渐变网格效果没有高光点，颜色均匀填充。

二、修改渐变网格

创建完渐变网格后，在使用过程中，我们可以根据需要对渐变网格做进一步调整和修改。

1. 加大和减小网格的密度

选择“网格”工具，将鼠标指针移动到图形对象中（见图 3-95（a）），单击该对象，即可添加网格点及与网格点相连的网格线（见图 3-95（b））；继续在图形对象中单击，可以添加网格点。

选择“网格”工具，按住 Alt 键，将鼠标指针移动到网格线或网格点上（见图 3-96（a）），单击网络线或网络点，即可删除网格线或与该网格点相连的网格线，如图 3-96（b）所示。

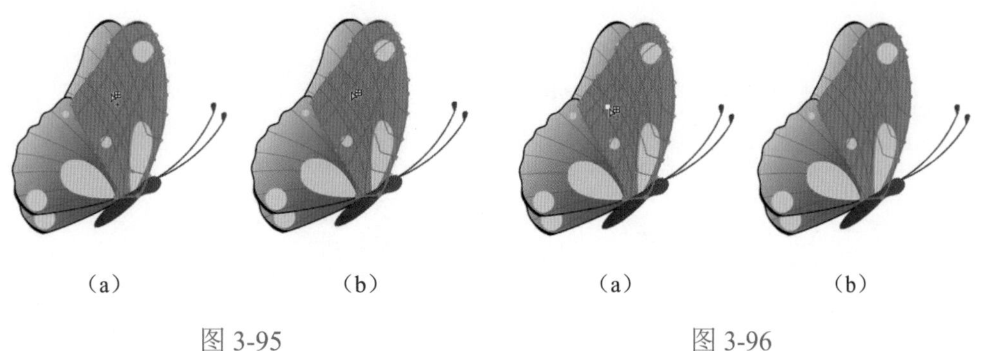

（a）　（b）　（a）　（b）

图 3-95　图 3-96

2. 编辑网格点和网格线

使用“网格”工具、“直接选择”工具可以对网格进行调整。

选择“网格”工具，将鼠标指针移动到网格点上（见图 3-97（a）），按住鼠标左键并拖曳网格点，即可改变网格点的位置（见图 3-97（b））。“网格”工具一次只能操作一个网格点。若需要同时对多个网格点进行操作，则可以使用“直接选择”工具。

选择“直接选择”工具，将鼠标指针移动到网格点上并单击，即可选中某个网格点，按住 Shift 键可以选中多个网格点，或者单击网格片可选中该网格片上的网格点，按住鼠标左键并拖曳网格点或网格片，即可改变网格点的位置。

使用“网格”工具或“直接选择”工具选中某个网格点后，网格点上会出现网格点的调节手柄，如图 3-98（a）所示。使用鼠标拖曳网格点的调节手柄可以调节曲线的形状，从而改变颜色的渐变效果，如图 3-98（b）所示。

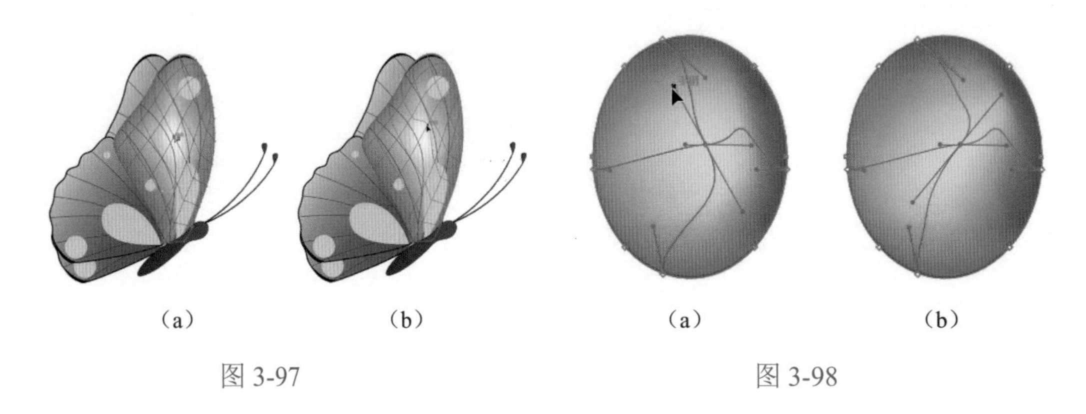

（a）（b）（a）（b）

图 3-97　图 3-98

三、调整渐变网格对象的颜色

使用“网格”工具或“直接选择”工具选中要调整颜色的网格点或网格片（见图 3-99（a））；将鼠标指针移至“颜色”控制面板取色区域，当鼠标指针变为吸管形状时，单击该区域即可选取颜色，并将颜色应用到网格点或网格片上（见图 3-99（b））；或者单击“颜色”控制面板右上角的“菜单”按钮，在弹出的下拉列表中选择调色模式（CMYK、RGB、HSB），拖曳颜色滑块或在文本框中输入有效数值，以设置颜色。

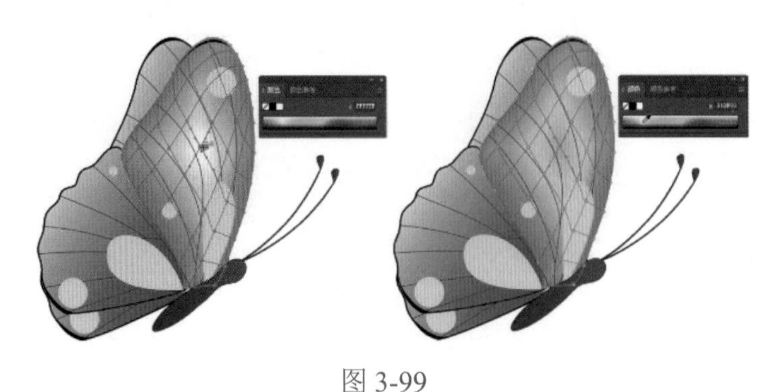

图 3-99

随学随练

绘制鸡蛋图形，效果如图 3-100 所示。

知识要点：“椭圆”工具、“直接选择”工具、“网格”工具。

图 3-100

操作步骤

（1）启动 Illustrator CC 2022，新建一个宽为 270mm、高为 290mm 的文件。

（2）选择“椭圆”工具，绘制一个椭圆形；选择“直接选择”工具，框选椭圆形中间的两个锚点，按↓键向下移动锚点以调整形状；将填充颜色设置为 R：245、G：142、B：67，描边颜色设置为无，效果如图 3-101 所示。

（3）选择“网格”工具，在鸡蛋的高光面单击以添加一个网格点，并将填充颜色设置为 R：246、G：194、B：134，效果如图 3-102 所示。

（4）选择“网格”工具，在鸡蛋的暗面分别单击以添加两个网格点，并将填充颜色设置为 R：200、G：106、B：51，效果如图 3-103 所示。

（5）按照上述方法，根据需要继续使用“网格”工具添加网格点，并设置相应的填充颜色，最终效果如图 3-104 所示。

图 3-101

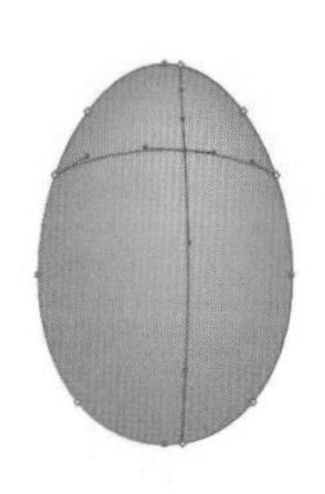

图 3-102

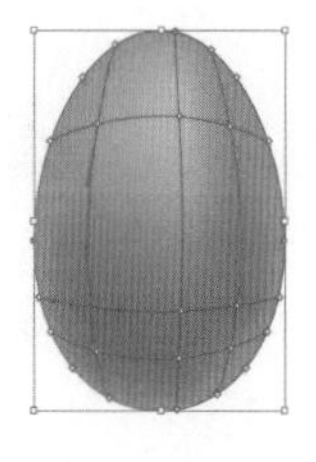

图 3-103

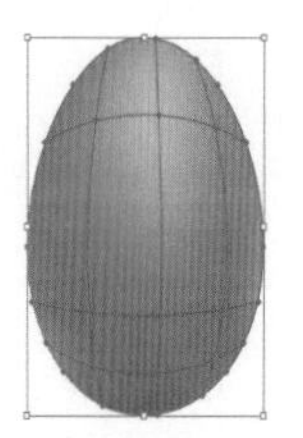

图 3-104

项目六　实时上色

实时上色是一种给图形上色的直观方法。采用这种方法，可以任意对图形进行上色，也可以使用不同的颜色为每条路径进行描边，还可以使用不同的单色、图案或渐变填充每条封闭路径。

一、使用“实时上色”工具

通过“实时上色”工具，可以使用当前填充和描边属性为“实时上色”组的表面和边缘进行上色。

若对一个图形进行实时上色，则先根据上色需求绘制路径，以划分上色区域，如图3-105所示。

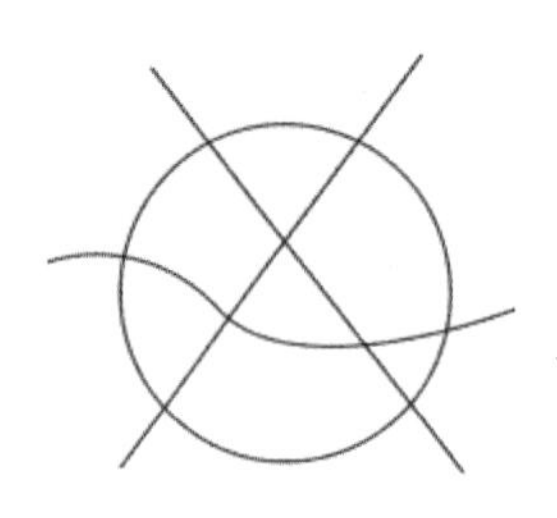

图 3-105

1. 对表面进行上色

选中所有路径和图形对象，选择“实时上色”工具（快捷键为K），设置填充颜色，将鼠标指针移至需要上色的表面，当鼠标指针变为油漆桶和具有向右箭头的形状时，鼠标指针上方会显示“单击以建立‘实时上色’组”文字提示（见图3-106（a））；单击需要上色的表面，对其进行上色，同时将选中的所有对象变为“实时上色”组（见图3-106（b））；再次修改填充颜色，将鼠标指针移至不同的表面，该表面会突出显示填充内侧周围的线条，表示填色的区域，如图3-106（c）所示。

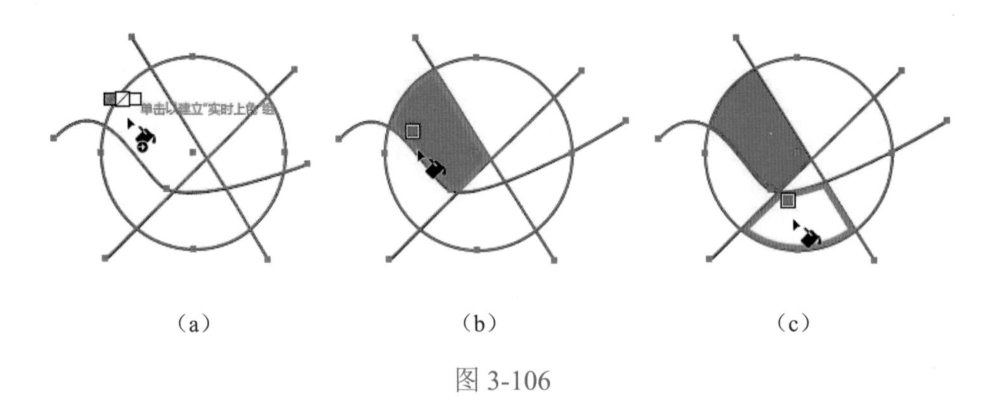

（a）　（b）　（c）

图 3-106

2. 对边缘进行上色

想要对边缘进行上色，可以双击“实时上色”工具并单击“描边上色”按钮，或者按Shift键，临时切换为“描边上色”功能。

选中所有路径和图形对象，选择“实时上色”工具，设置描边颜色，将鼠标指针移动到图形对象边缘上，鼠标指针会变为上色画笔，并且突出显示边缘（见图 3-107（a））；单击该边缘，对其进行描边，效果如图 3-107（b）所示。重复上述操作，可以对不同的边缘进行上色。

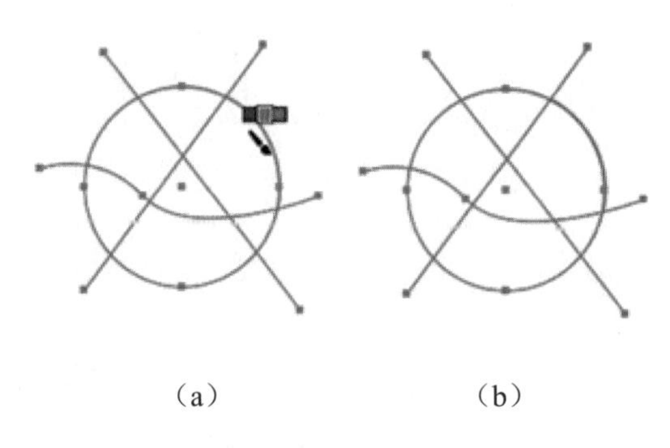

（a）　　　　（b）

图 3-107

技巧：选中需要实时上色的所有对象，选择“对象→实时上色→建立”命令，生成“实时上色”组，结合“吸管”工具和“实时上色”工具，可以实现快速取色和上色操作。

二、“实时上色”组中的工具

“实时上色选择”工具用于选择“实时上色”组中的各个表面和边缘。

“选择”工具用于选择整个“实时上色”组。

“直接选择”工具用于选择“实时上色”组中的路径。

选择“实时上色选择”工具后，可以执行以下操作。

- 若选择单个表面或边缘，则单击该表面或边缘。
- 若选择具有相同填充颜色或描边颜色的表面或边缘，则 3 击某个表面或边缘。
- 若选择多个表面或边缘，则按住 Shift 键，同时依次单击其他表面或边缘。

随学随练

绘制五角星图案，并进行上色，效果如图 3-108 所示。

知识要点：“星形”工具、“直线段”工具、“实时上色”工具。

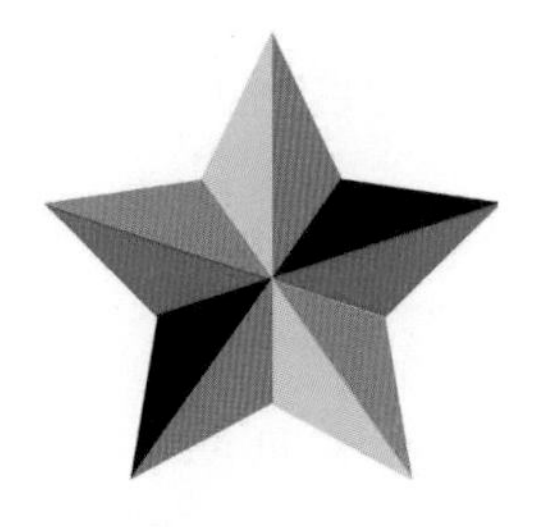

图 3-108

操作步骤

（1）启动 Illustrator CC 2022，新建一个宽和高均为 150mm 的文件。

（2）选择“星形”工具，按住 Shift 键，绘制一个正五角形；选择“直线段”工具，绘制直线，以分割区域，效果如图 3-109 所示。

（3）选择所有直线和五角形图形对象，选择“实时上色”工具，在“色板”控制面板中选择填充颜色，在实时上色图形对象对应的区域中单击进行上色。单击工具箱中的“描边”按钮，单击“无”按钮，取消描边，最终效果如图 3-110 所示。

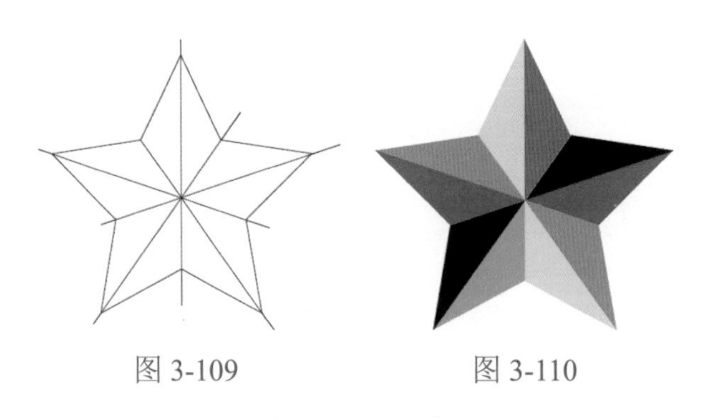

图 3-109　　　图 3-110

项目七　描边

描边是指图形对象的可见轮廓。在 Illustrator CC 2022 中，可以设置描边的粗细和颜色，也可以使用虚线来描边，还可以使用画笔来创建风格各异的描边。

一、“描边”控制面板

选择“窗口→描边”命令，打开“描边”控制面板（见图 3-111），在该面板中可以设置图形对象的描边属性。

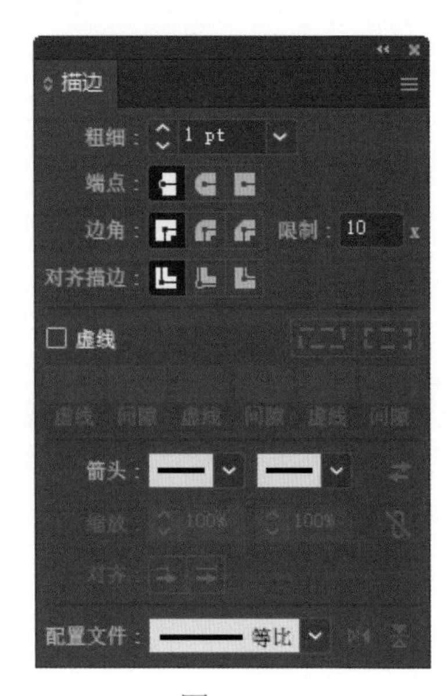

图 3-111

“粗细”选项组：设置描边的宽度。

“端点”选项：设置描边线段首端和尾端的形状样式。

“边角”选项：设置描边的拐角形状。

“限制”文本框：设置斜角的长度，决定描边沿路径改变方向时伸展的长度。

“对齐描边”选项：设置描边与路径的对齐方式。

“虚线”复选框：设置描边线段的虚线效果。

“箭头”下拉按钮：设置线段的左、右箭头的形状。

“配置文件”下拉按钮：设置描边线段的形状。

二、设置描边

1. 设置描边的粗细

选中要设置描边的图形对象，在“描边”控制面板的“粗细”下拉列表中选择需要的描边粗细数值，或者在文本框中输入数值，将改变对象的描边粗细，如图 3-112 所示。

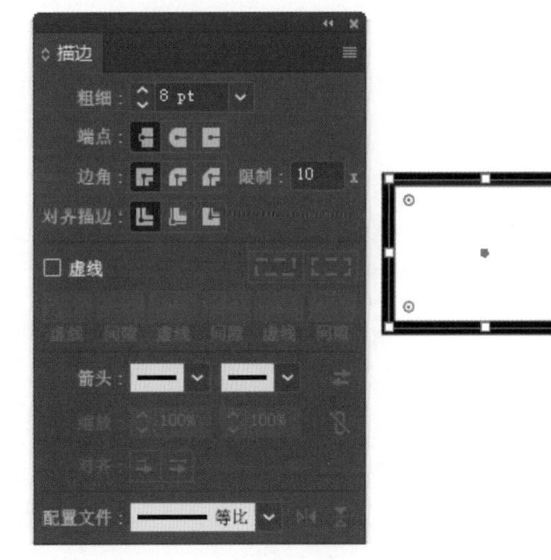

图 3-112

2. 设置描边的端点和边角

端点是指某条路径的首端和尾端，端点形状可以设置为不同的样式。

“平头端点”按钮：创建具有方形端点的描边。

“圆头端点”按钮：创建具有半圆形端点的描边。

“方头端点”按钮：创建具有方形端点，并且在线段端点之外延伸出线条宽度的一半的描边。

选择某条开放的路径，单击“描边”控制面板中的端点样式按钮，选定的端点样式会应用到该路径的两端，如图 3-113 所示。

平头端点　　圆头端点　　方头端点

图 3-113

边角是指多边形对象路径的拐角，边角样式是指多边形对象路径拐角处的形状。

“斜接连接”按钮：创建具有点式拐角的描边。

“圆角连接”按钮：创建具有圆形拐角的描边。

“斜角连接”按钮：创建具有方形拐角的描边。

绘制一个三角形，单击“描边”控制面板中的边角样式按钮，选定的边角样式会应用到该三角形的边角上，如图 3-114 所示。

图 3-114

3. 设置虚线

在“描边”控制面板中，勾选“虚线”复选框，可以激活各“虚线”和“间隙”文本框，根据需求输入各项数值。

“虚线”文本框：设置虚线段的长度。

“间隙”文本框：设置虚线段之间的距离。不同虚线和间隙参数的描边效果如图 3-115 所示。

图 3-115

按钮：保留虚线和间隙的精确长度，效果如图 3-116（a）所示。

按钮：使虚线与边角和路径终端对齐，并调整到适合长度，效果如图 3-116（b）所示。

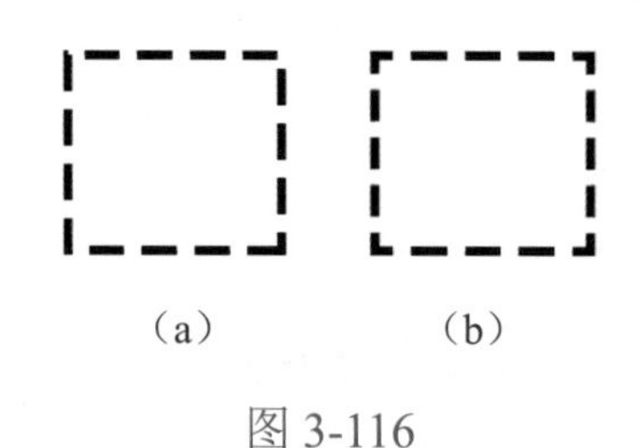

（a）　　（b）

图 3-116

4. 设置描边的形状

在“配置文件”下拉列表中选择不同的宽度配置文件，可以改变路径的形状。选中需要改变形状的路径，在“描边”控制面板中单击“配置文件”下拉按钮，在弹出的下拉列表中选择一个宽度配置文件，即可改变路径的形状，如图 3-117 所示。

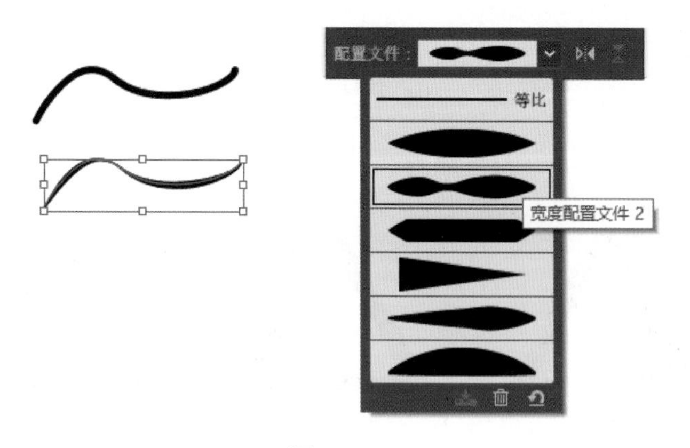

图 3-117

随学随练

绘制放射状图案，效果如图 3-118 所示。

知识要点：“矩形”工具、“直线段”工具、“描边”控制面板、“旋转”工具、“渐变”工具。

图 3-118

操作步骤

（1）启动 Illustrator CC 2022，新建一个宽和高均为 1000px 的文件。

（2）选择“矩形”工具，绘制一个与页面大小相等的矩形，并将填充颜色设置为 R：23、G：28、B：97，描边颜色设置为无；按快捷键 Ctrl+2 锁定矩形。

（3）选择“直线段”工具，按住 Shift 键，绘制一条垂直线。在“渐变”控制面板中单击“描边”按钮，单击“渐变填色缩览框”右侧的下拉按钮，在弹出的预设渐变下拉列表中选择“橙色，黄色”渐变颜色，将“类型”设置为“径向渐变”（见图 3-119）；在“描边”控制面板中将“粗细”设置为 10pt，勾选“虚线”复选框，设置虚线参数，将“配置文件”设置为“宽度配置文件 2”（见图 3-120（a）），效果如图 3-120（b）所示。

图 3-119

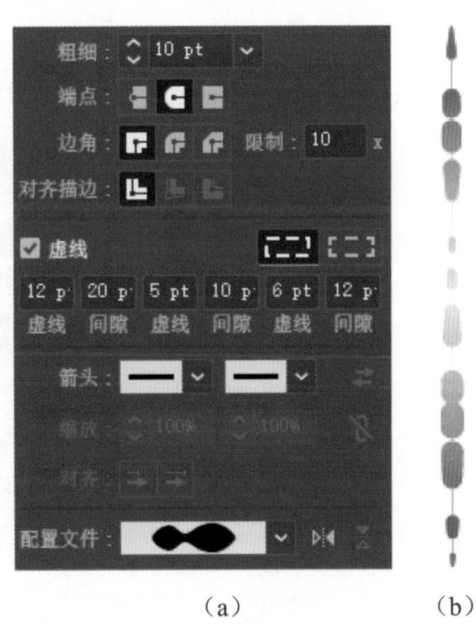

（a）　（b）

图 3-120

（4）选中直线，选择“旋转”工具，按住 Alt 键并在页面中单击，以设置旋转中心点，在弹出的“旋转”对话框中将“角度”设置为 20°，单击“复制”按钮，如图 3-121 所示。按快捷键 Ctrl+D，重复执行旋转和复制命令，效果如图 3-122 所示。

（5）选中所有直线，按快捷键 Ctrl+G 进行编组。按快捷键 Ctrl+C 进行复制，按快捷键 Ctrl+F 原位在前粘贴图形，按快捷键 Shift+Alt，同时按住鼠标左键，并拖曳鼠标以放大图形，适当旋转图形。在“描边”控制面板中将“粗细”设置为 5pt，“配置文件”设置为“宽度配置文件 4”。在“渐变”控制面板中单击“反向渐变”按钮，以调换渐变颜色，效果如图 3-123 所示。

（6）选中图形，按快捷键 Ctrl+C 进行复制，按快捷键 Ctrl+F 原位在前粘贴图形，按快捷键 Shift+Alt，同时按住鼠标左键，并向内拖曳鼠标以缩小图形，适当旋转图形，最终效果如图 3-124 所示。

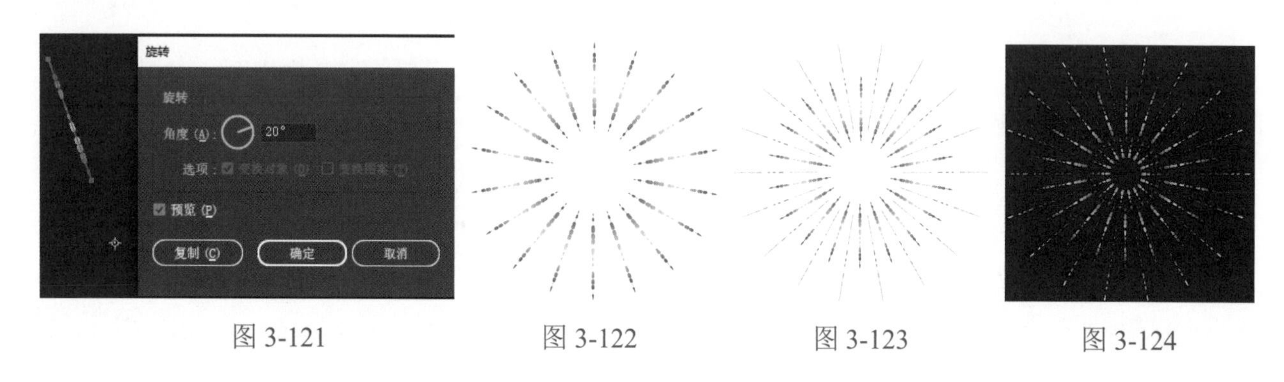

图 3-121　图 3-122　图 3-123　图 3-124

实训案例

参考效果图 3-125，为“风景插画素材”线稿图进行上色。

图 3-125

知识要点：“渐变”工具、“颜色”控制面板、“实时上色”工具、“直线段”工具。

操作步骤

（1）打开“模块三 / 素材 / 风景插画素材”文件，选中天空对象，在“渐变”控制面板中单击“填色”按钮，将“类型”设置为“线性渐变”，在渐变色谱条中将渐变颜色分别设置为R：83、G：183、B：233；R：128、G：204、B：238（位置为20%）；R：242、G：242、B：242（位置为70%）；将“角度”设置为-90°，如图3-126所示。

（2）选中太阳的光芒对象，在“颜色”控制面板中单击“填色”按钮，将填充颜色设置为R：255、G：224、B：6。选中太阳对象，在“渐变”控制面板中单击“填色”按钮，将“类型”设置为“径向渐变”，在渐变色谱条中将渐变颜色分别设置为R：219、G：0、B：49（位置为20%）；R：255、G：141、B：14（位置为90%），如图3-127所示。

图3-126　　　　图3-127

（3）按照上述方法，使用“颜色”控制面板、“渐变”控制面板继续为其他对象进行上色，效果如图3-128所示。

（4）选择“直线段”工具，绘制一条贯穿树冠的直线，效果如图3-129所示。选中直线和树冠对象，选择“实时上色”工具，在“颜色”控制面板中将填充颜色设置为R：38、G：114、B：7，单击需要填充颜色的区域，以填充颜色。单击工具箱中的“描边”按钮，单击“无”按钮，将描边颜色设置为无，效果如图3-130所示。

（5）按照上述方法，使用“实时上色”工具为其他区域设置填充颜色，最终效果如图3-131所示。

图3-128　　　　图3-129　　　　图3-130　　　　图3-131

课后提升

一、知识回顾

1. 按 ________ 键，可以切换填充颜色和描边颜色。按快捷键 ________ ，可以快速切换选中对象的填充颜色与描边颜色。

2. 在使用“吸管”工具时，若只想更改填充颜色或描边颜色，则可以按住 ________ 键，同时使用“吸管”工具吸取相应的颜色。按住 ________ 键，可以将吸取的属性快速复制到其他对象上。

3. 渐变类型包括 __________、____________ 和 _______________。

4. 对渐变效果进行编辑可以使用 ______________ 和 ___________________。

5. 选择“吸管”工具的快捷键是 __________，选择“实时上色”工具的快捷键是 ________。

二、操作实践

参考图 3-132，为图形进行上色。

图 3-132

模块四　高级绘图

模块概述

本模块主要介绍如何使用 Illustrator CC 2022 中的曲线绘制工具绘制图形，以及如何运用命令对图形对象进行变形。曲线绘制工具是图形绘制中较难掌握的工具，需要在实际操作中反复练习，以掌握其具体操作的要领。通过学习本模块中的内容，学生能够熟练运用工具和命令绘制出需要的图形。

学习目标

知识目标

- 理解路径和锚点。
- 掌握绘制直线、曲线路径的方法。
- 掌握各种蒙版的制作和编辑方法。
- 掌握建立封套扭曲的方法。
- 掌握符号的应用方法。
- 掌握透视网格的使用方法。

能力目标

- 提升学生的图形创意设计能力。
- 提升学生绘制复杂图形的能力。
- 培养学生正确选择和使用蒙版的能力。

素养目标

- 提升学生的信息素养。
- 培养学生良好的团队合作精神和表达能力。

思政目标

- 通过“抟扶摇而上者九万里”案例实施培养学生钻研技能、开拓进取的精神。
- 培养学生实践创新、精益求精的工匠精神，追求卓越的职业精神。

思维导图

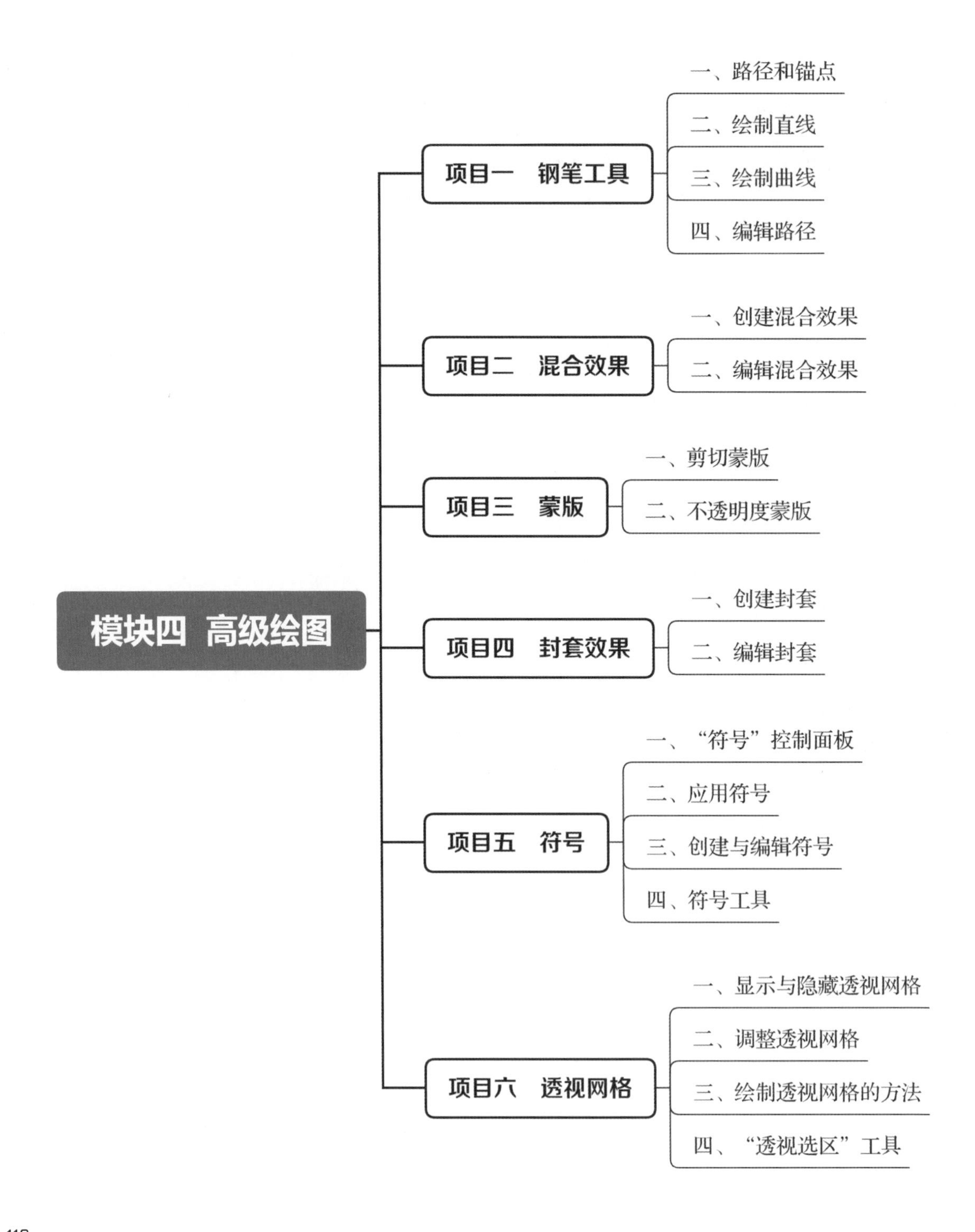

知识链接

项目一　钢笔工具

Illustrator CC 2022 中的钢笔工具是较为重要的绘图工具，其可以绘制直线和任意曲线，从而绘制出图形。

一、路径和锚点

在 Illustrator CC 2022 中绘制的图形是由路径和锚点组成的。

1. 路径

路径是使用绘图工具绘制的直线或曲线，可以构成图形对象。Illustrator CC 2022 中提供了多种绘制路径的工具，如“矩形”工具、“椭圆”工具、“钢笔”工具等。路径可以是开放的，也可以是封闭的。

2. 路径的组成

路径是由锚点和线段（见图 4-1）组成的，调整路径上的锚点或线段可以改变路径的形状。在曲线路径上，每个锚点都有一条或两条控制线，曲线中间的锚点有两条控制线，曲线端点的锚点有一条控制线。控制线与曲线上的锚点所在的圆相切，控制线呈现的角度和长度决定了曲线的形状。控制线的端点为控制点，通过调整控制点可以调整曲线路径。

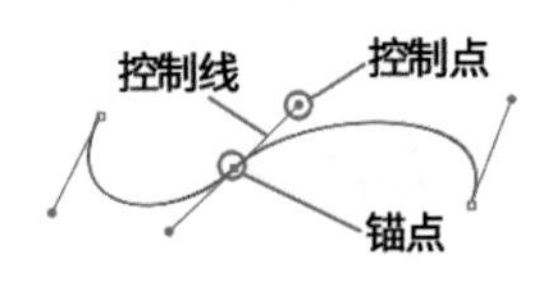

图 4-1

3. 锚点

锚点是构成路径的基本元素。通过“钢笔”工具可以在路径上添加或删除锚点，调整锚点可以改变路径的形状。通过“转换点”工具可以转换锚点。

锚点可以分为平滑点、直角点、曲线角点、复合角点。

- 平滑点：连接两条曲线，调整其中一侧的控制线，另一侧的曲线会发生相应变化，如图 4-2 所示。
- 直角点：没有控制线，通常是由两条直线相交形成的锚点，如图 4-3 所示。

- 曲线角点：两侧有控制线，但它们是相互独立的，调整一侧的控制线，另一侧的曲线不会发生变化，如图 4-4 所示。
- 复合角点：只有一侧有控制线，通常是由一条直线和一条曲线相交形成的锚点，如图 4-5 所示。

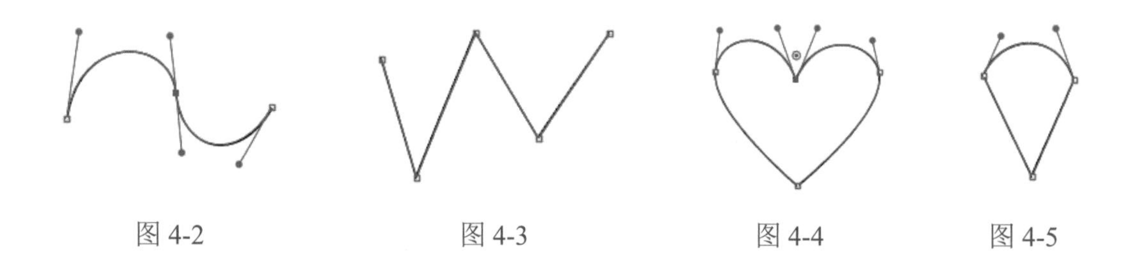

图 4-2　　图 4-3　　图 4-4　　图 4-5

二、绘制直线

选择"钢笔"工具（快捷键为 P），在页面合适位置单击，确定直线的一个锚点，将鼠标指针移动到所需位置，单击确定直线的另一个锚点，两个锚点之间将形成一条直线（见图 4-6）；移动鼠标指针并连续单击确定直线的其他锚点，即可得到如图 4-7 所示的由直线构成的折线。

若需要结束绘制路径，则可以按住 Ctrl 键，单击图形外的空白处，或者单击工具箱中的其他工具。

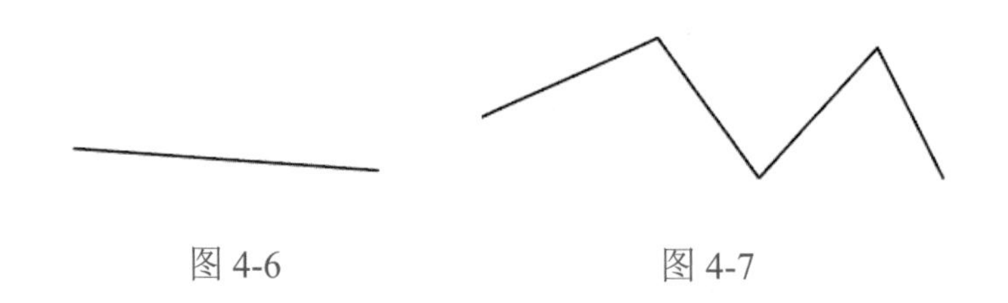

图 4-6　　图 4-7

技巧：在绘制直线时，按住 Shift 键可以绘制水平、垂直或呈 45° 的直线。先单击确定一个锚点，再按住鼠标左键和空格键，可以移动锚点的位置。

若需要绘制封闭的直线图形，则将鼠标指针移动到直线开始的锚点上，当鼠标指针变为形状时单击该直线即可。

三、绘制曲线

选择"钢笔"工具，在页面合适位置单击，以确定曲线的一个锚点，此时锚点上会出现两条控制线（见图 4-8（a））；将鼠标指针移动到所需位置，单击并拖曳鼠标，此时两个锚点之间会出现一条曲线（见图 4-8（b））；在所需位置连续单击并拖曳鼠标，即可绘制一条连续的平滑曲线（见图 4-8（c））。

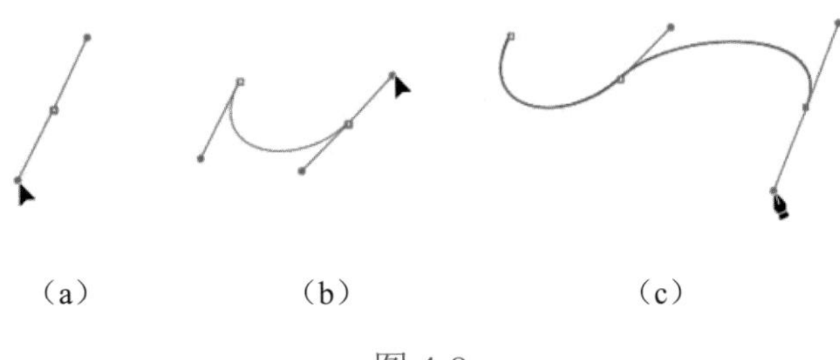

（a）　　（b）　　（c）

图 4-8

技巧：在绘制路径时，按住 Alt 键可以打断一侧的控制线并调整控制线的方向（见图 4-9（a）），松开 Alt 键可以继续绘制路径（见图 4-9（b））；按住 Ctrl 键，并拖曳锚点可以移动锚点的位置（见图 4-10（a）），拖曳控制线可以调整路径的形状（见图 4-10（b））。

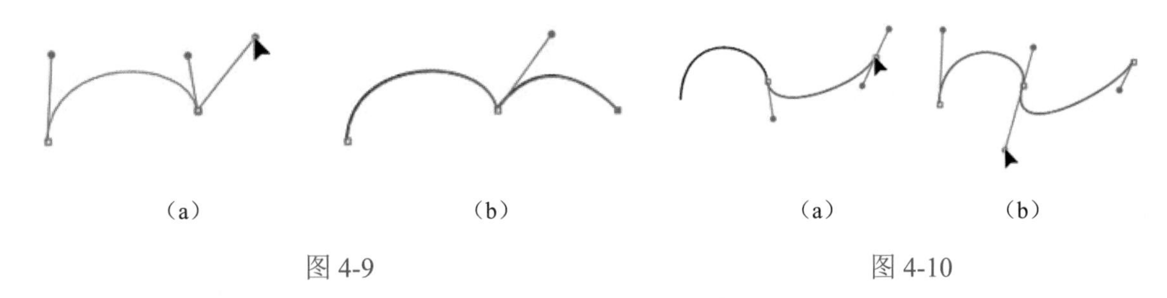

（a）　　（b）　　（a）　　（b）

图 4-9　　图 4-10

四、编辑路径

绘制完路径或图形对象后，可以使用编辑工具修改该路径或图形对象。

1. 调整路径

使用“直接选择”工具可以调整路径的位置和形状。使用“直接选择”工具选择需要调整的锚点（见图 4-11（a）），按住鼠标左键并拖曳锚点，即可调整锚点的位置，从而改变路径的形状（见图 4-11（b））。

选中锚点后，锚点上会出现控制线和控制点，控制线可以控制线段的弧度，控制点可以控制线段的长短和形状。使用“直接选择”工具选择需要调整的锚点，将鼠标指针移动到控制点上（见图 4-12（a）），按住鼠标左键并拖曳控制点，即可调整路径的长短和形状（见图 4-12（b））。

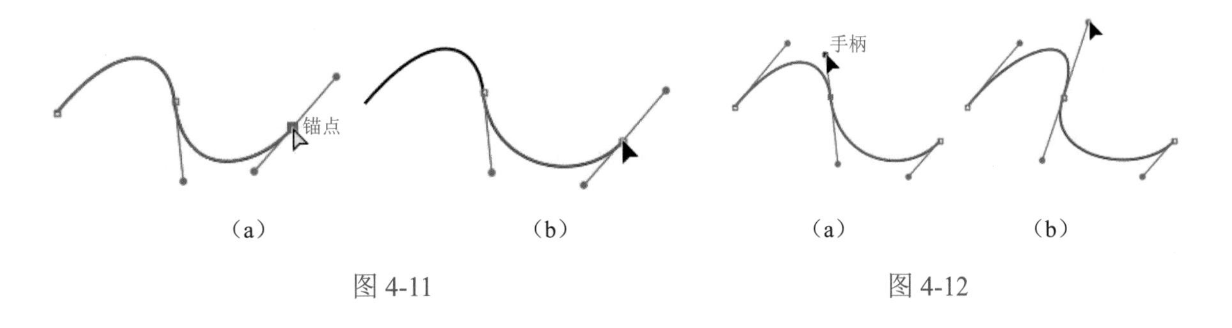

（a）　　（b）　　（a）　　（b）

图 4-11　　图 4-12

当控制线变短时，曲线路径的弧度会变小；当控制线变长时，曲线路径的弧度会变大；当旋转控制点时，控制线将以锚点为中心进行旋转，从而改变路径的形状。

选择需要调整的锚点，选择“锚点”工具，将鼠标指针移动到控制点上（见图 4-13（a）），按住鼠标左键并拖曳鼠标，即可单方向改变曲线路径的弧度和形状（见图 4-13（b））。

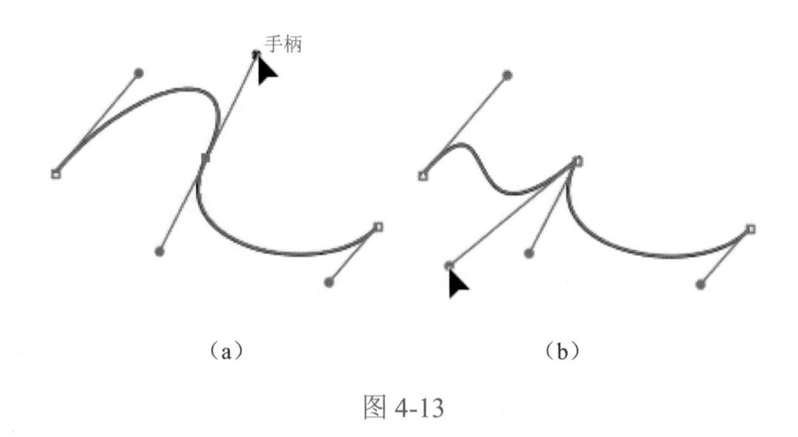

（a）　（b）

图 4-13

2. 添加锚点

选中路径或图形对象，选择“钢笔”工具或“添加锚点”工具（快捷键为 +），将鼠标指针移至路径上需要添加锚点的位置，当鼠标指针变为形状（见图 4-14（a））时，单击该位置即可在路径上添加一个锚点（见图 4-14（b））。

3. 删除锚点

选中路径或图形对象，选择“钢笔”工具或“删除锚点”工具（快捷键为 -），将鼠标指针移至路径上需要删除的锚点，当鼠标指针变为形状（见图 4-15（a））时，单击该锚点即可删除锚点（见图 4-15（b））。

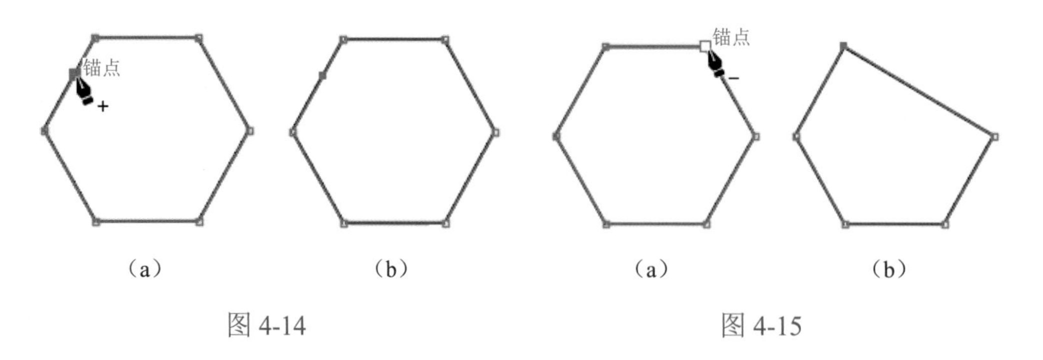

（a）　（b）　（a）　（b）

图 4-14　图 4-15

另外，使用“直接选择”工具选中需要删除的锚点，单击“属性”控制面板中“锚点”选项组的“删除所选锚点”按钮，即可删除所选锚点。

注意：在删除某个锚点时，若按 Delete 键，则删除的是与这个锚点相连的路径（见图 4-16）。

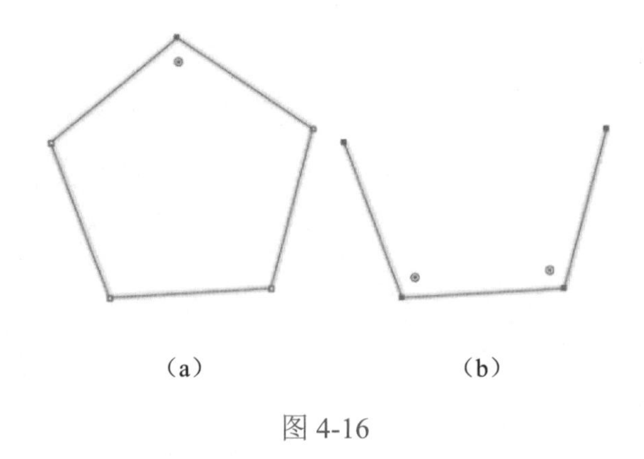

图 4-16

4. 转换锚点

绘制完路径后，可以根据需要转换锚点，使路径的形状符合要求。使用“锚点”工具可以转换路径上锚点的类型，使锚点在平滑点和角点之间相互转换。

选择“锚点”工具（快捷键为 Shift+C），将鼠标指针移动到需要转换的锚点上（见图 4-17（a）），单击该锚点，即可将平滑点转换为角点（见图 4-17（b））；依次单击其他锚点，转换效果如图 4-17（c）所示。

选择“锚点”工具，将鼠标指针移动到需要转换的锚点上（见图 4-18（a）），按住鼠标左键并拖曳锚点，即可将该锚点转换为平滑点（见图 4-18（b））；依次拖曳其他锚点，转换效果如图 4-18（c）所示。

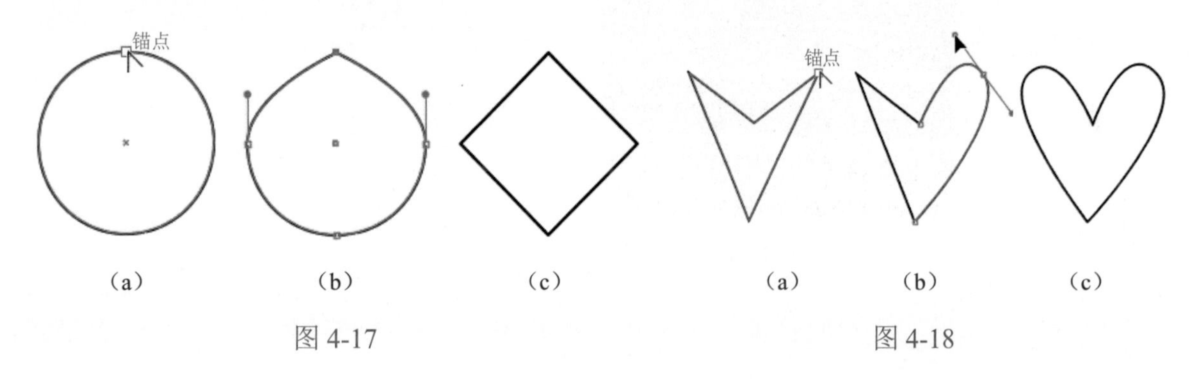

图 4-17　　图 4-18

技巧：选择“钢笔”工具，按住 Alt 键，单击或拖曳锚点可以转换锚点。

5. 分割路径

使用“剪刀”工具 和“美工刀”工具可以对路径进行分割操作，但这两个工具的分割效果不同。

单击“剪刀”工具，单击路径上需要分割的位置，路径将从单击的位置断开（见图 4-19（a）），单击“选择”工具，单击其中一条路径，即可移动该路径的位置，效果如图 4-19（b）所示。

使用“剪刀”工具可以把路径断开。若需要从某个锚点处断开路径，则可以选择“直接选择”工具，选中某个锚点，单击“属性”控制面板中“锚点”选项组的“在所选锚点处剪切路径”按钮，即可在所选锚点处断开路径。

选中路径，选择“美工刀”工具，在需要分割的位置单击，同时按住鼠标左键并拖曳鼠标（见图 4-20（a）），松开鼠标左键，即可将图形分割成两个部分（见图 4-20（b））。使用“选择”工具拖曳图形的任意部分，即可移动分割开的路径，效果如图 4-20（c）所示。

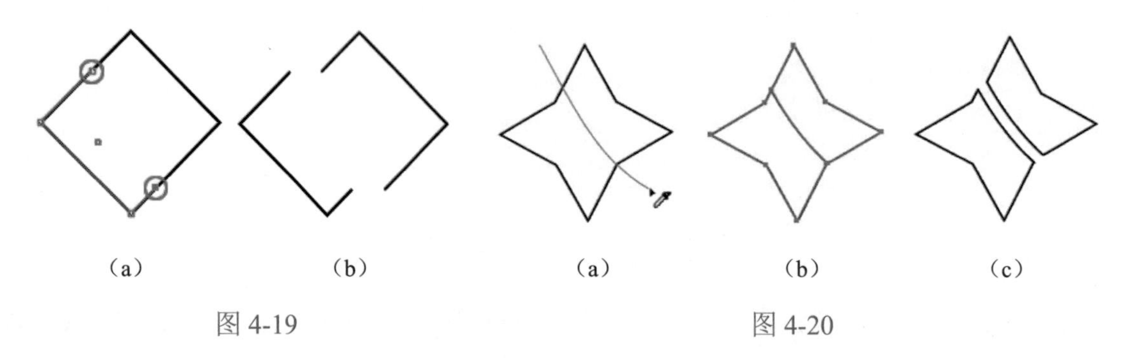

（a）（b）
图 4-19

（a）（b）（c）
图 4-20

使用“美工刀”工具分割开的路径是闭合的。

6. 偏移路径

在绘制图形的过程中，有时需要对图形路径进行放大或缩小。选中路径，选择“对象→路径→偏移路径”命令，弹出“偏移路径”对话框（见图 4-21）；在该对话框中按要求设置相应参数，设置完成后单击“确定”按钮，效果如图 4-22 所示。

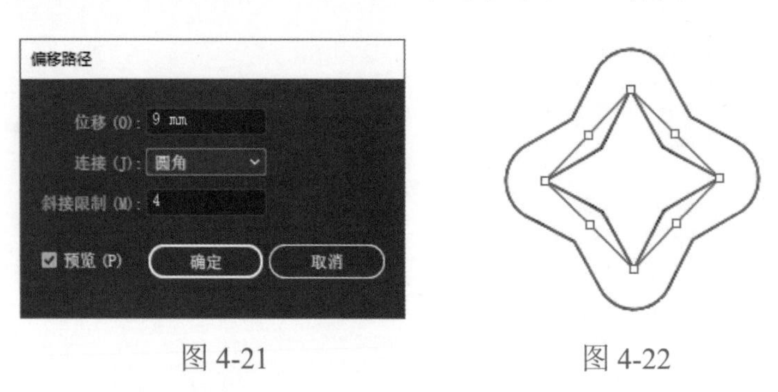

图 4-21　　图 4-22

“位移”文本框：设置路径偏移的距离。正数表示新路径向外扩展；负数值表示新路径向内收缩。

“连接”下拉按钮：设置偏移后新路径拐角处的连接方式，包括“斜接”、“圆角”和“斜角”3 种选项。

“斜接限制”文本框：设置影响连接区域的大小。

随学随练

绘制卡通兔图形，效果如图 4-23 所示。

知识要点：“矩形”工具、“椭圆”工具、“钢笔”工具、“直接选择”工具。

图 4-23

操作步骤

（1）启动 Illustrator CC 2022，新建一个宽和高均为 260mm 的文件。

（2）选择“矩形”工具，绘制一个与页面大小相等的矩形。使用鼠标拖曳边角构件，适当调整矩形的圆角，将填充颜色设置为 R：31、G：158、B：52，并取消描边；单击“对齐”控制面板中的“水平居中对齐”和“垂直居中对齐”按钮，使矩形在页面中居中对齐，并按快捷键 Ctrl+2 进行锁定。

（3）选择“椭圆”工具，绘制一个正圆形；选择“直接选择”工具，选中相应锚点以调整锚点位置，形成兔子的脸型，并将填充颜色设置为白色，描边颜色设置为黑色，描边粗细设置为 5pt，效果如图 4-24 所示。

（4）选择“椭圆”工具，绘制一个正圆形，形成兔子的一只眼睛，并将填充颜色设置为黑色，取消描边；按住 Alt 键，使用鼠标拖曳刚才绘制的正圆形，以复制图形，作为兔子的另一只眼睛，并调整其位置；选择“钢笔”工具，勾画兔子的鼻子部分，并将填充颜色设置为 R：242、G：157、B：158，描边颜色设置为黑色，描边粗细设置为 5pt，效果如图 4-25 所示。

（5）选择“钢笔”工具，绘制兔子耳朵的外轮廓和内轮廓，结合“直接选择”工具进行调整，并分别将填充颜色设置为白色和 R：239、G：138、B：141，描边颜色设置为黑色，描边粗细设置为 5pt。分别选中兔子的所有耳朵对象，按快捷键 Ctrl+G 进行编组；将耳朵对象移动到对应的位置并旋转到适合的角度，调整图层的前后关系，效果如图 4-26 所示。

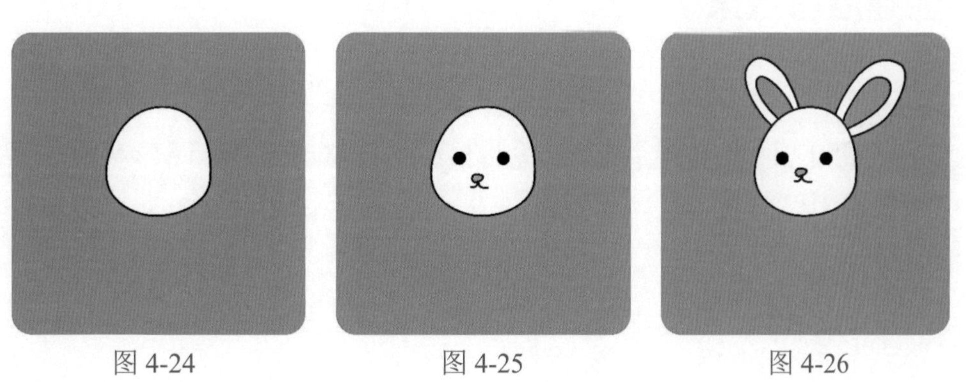

图 4-24　　图 4-25　　图 4-26

（6）选择“钢笔”工具绘制兔子的身体部分，并分别将填充颜色设置为R：239、G：138、B：140；R：236、G：107、B：109，描边颜色设置为黑色，描边粗细设置为5pt，效果如图4-27所示。

（7）选择“钢笔”工具绘制心形图案，结合“直接选择”工具调整形状，并将填充颜色设置为R：236、G：114、B：115，取消描边。使用“钢笔”工具绘制一条曲线，将描边颜色设置为R：236、G：114、B：115，取消填充颜色，将“配置”文件设置为“宽度配置文件4”，效果如图4-28所示。

（8）选中心形图案和曲线，按住Alt键，使用鼠标拖曳选中的心形图案和曲线，以复制一组心形图案和曲线；右击复制的心形图案和曲线，选择“变换→镜像”命令，在弹出的“镜像”对话框中选中“垂直”单选按钮；将镜像的心形图案和曲线的颜色设置为R：243、G：152、B：0，并适当调整其位置和旋转角度，最终效果如图4-29所示。

图4-27　　图4-28　　图4-29

项目二　混合效果

图形的混合操作是指在两个或两个以上的图形路径之间创建混合效果，使图形的形状、颜色等形成一种平滑的过渡效果。

一、创建混合效果

1. 使用“混合”工具创建混合效果

选择“混合”工具（快捷键为W），先将鼠标指针移动到开始图形对象（或路径锚点）上，当鼠标指针变为形状（见图4-30（a））时，单击该图形对象，再将鼠标指针移动到结束图形对象（或路径锚点）上，当鼠标指针变为形状（见图4-30（b））时，单击该图形对象，即可在这两个图形对象之间创建混合效果，如图4-30（c）所示。

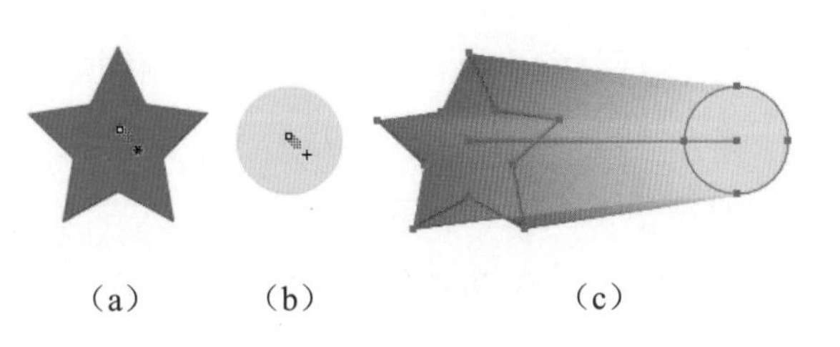
（a）　　（b）　　（c）

图 4-30

注意：使用“混合”工具创建的混合效果在开始图形和结束图形中单击的位置不同，所产生的混合效果也不同。

2. 使用“混合”命令创建混合效果

选中需要创建混合效果的对象（见图 4-31（a）），选择“对象→混合→建立”命令（快捷键为 Ctrl+Alt+B），即可创建混合效果，如图 4-31（b）所示。

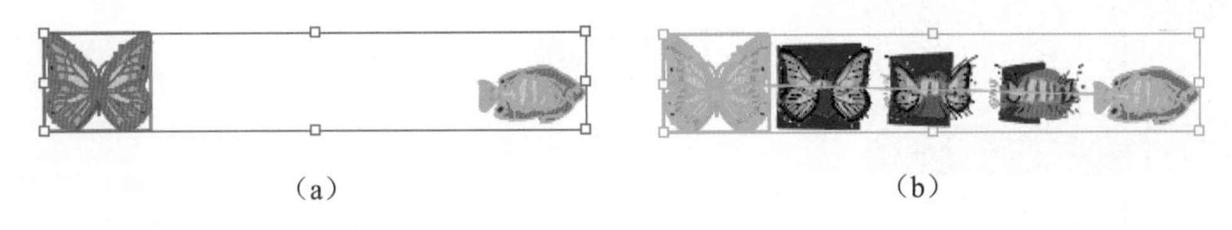
（a）　　（b）

图 4-31

二、编辑混合效果

在使用上述方法创建混合对象时，所产生的效果都是以软件默认参数生成的，若对所创建的混合效果不满意，则可以对其进行编辑。

1. 编辑图形对象

图形对象创建了混合后，软件会对最终效果进行编组，若需要对混合图形进行编辑，则可以使用“选择”工具双击混合图形，进入混合编组；或者使用“直接选择”工具直接选择混合图形上需要编辑的图形（见图 4-32（a）），选中图形后，可以对图形进行颜色修改、移动、旋转或缩放等操作，如图 4-32（b）所示。

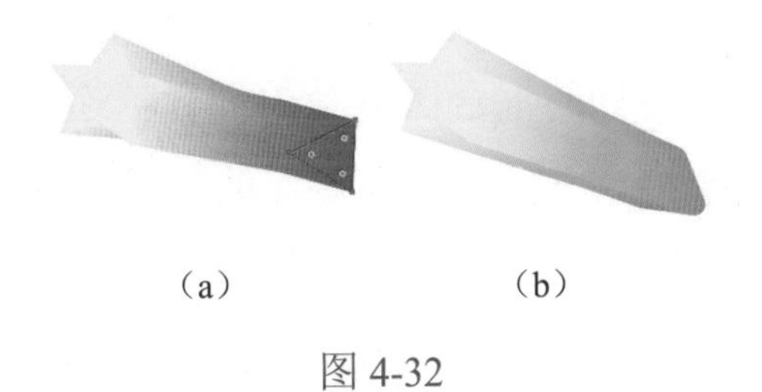
（a）　　（b）

图 4-32

2. 通过“混合选项”对话框设置混合效果

通过设置“混合选项”对话框中的参数可以制作出不同效果的混合图形。选中混合图形，双击“混合”工具或选择“对象→混合→混合选项”命令，弹出“混合选项”对话框（见

图 4-33），在该对话框中根据设计要求设置相应参数，设置完成后单击“确定”按钮。

“混合选项”对话框中参数的含义如下。

- “间距”下拉按钮：设置混合过渡的方式。
    - » “平滑颜色”选项：根据混合图形的颜色和形状自动确定混合步数，默认选项，效果如图 4-34（a）所示。
    - » “指定的步数”选项：设置混合图形产生的步数，步数为“3”时的效果如图 4-34（b）所示。步数数值越大，混合效果越平滑。
    - » “指定的距离”选项：设置混合图形之间的距离，距离为“20pt”时的效果如图 4-34（c）所示。距离数值越小，混合效果越平滑。

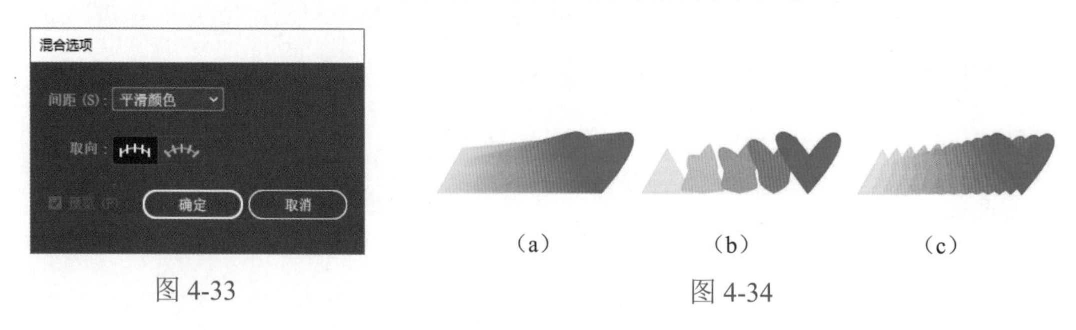

图 4-33　　图 4-34

- “取向”选项：设置混合图形的方向。
    - » “对齐页面”按钮：设置混合对象中每个对象垂直于 X 轴的方向，效果如图 4-35 所示。
    - » “对齐路径”按钮：设置混合对象中每个对象垂直于路径的方向，效果如图 4-36 所示。

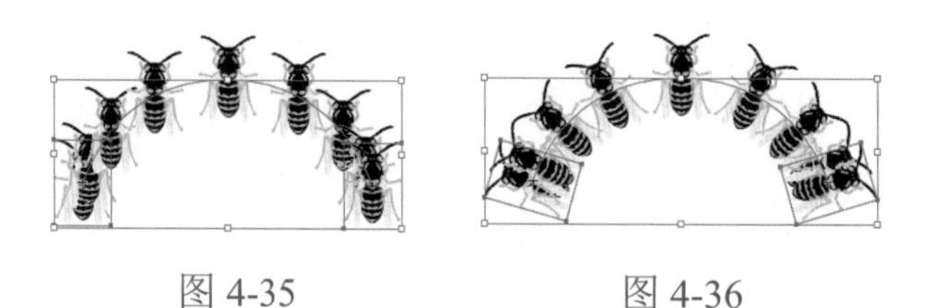

图 4-35　　图 4-36

3. 编辑混合路径

对图形进行混合操作后，得到的混合图形是由混合轴连接的，默认是直线，如图 4-37 所示。通过路径工具可以编辑混合轴、添加锚点、调整路径的形状，如图 4-38 所示。

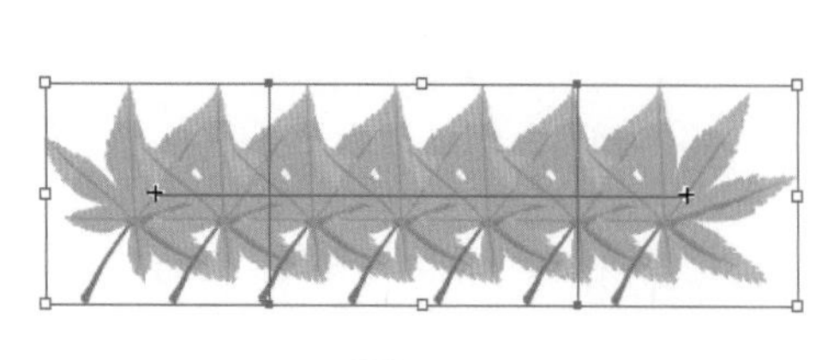

图 4-37

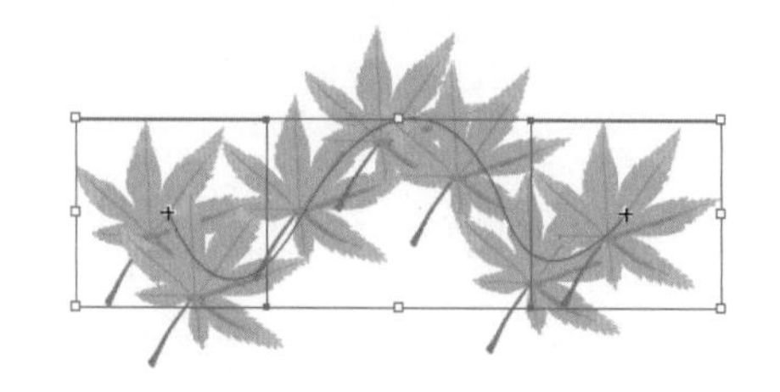

图 4-38

将绘制好的路径与混合图形进行结合，可以产生特殊的混合图形。首先利用图形对象创建混合图形（见图 4-39），根据需要绘制一条路径（见图 4-40），同时选中混合图形和路径，选择“对象→混合→替换混合轴”命令，即可使用当前绘制的路径来替换原有的混合轴，从而得到新的混合效果，如图 4-41 所示。

图 4-39　　图 4-40　　图 4-41

4. 编辑对象的层次

在 Illustrator CC 2022 中绘制的图形对象存在层次关系，在创建混合图形时会根据层次关系产生堆叠现象。若需要改变混合对象的层次关系，则可以选择创建好的混合对象（见图 4-42（a）），选择“对象→混合→反向堆叠”命令，即可调整混合对象的层次关系，如图 4-42（b）所示。

5. 编辑混合方向

选择创建好的混合对象，选择“对象→混合→反向混合轴”命令，即可改变混合对象的方向，如图 4-43 所示。

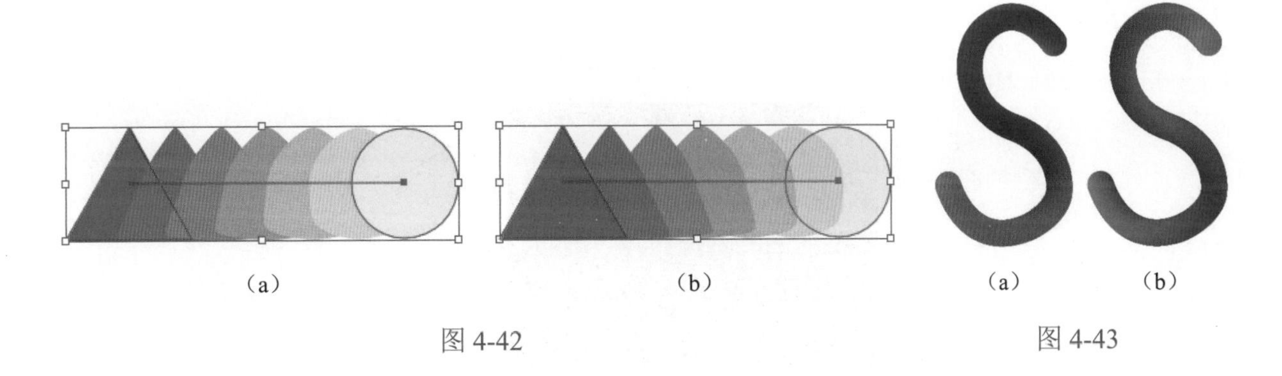

（a）　（b）

图 4-42

（a）　（b）

图 4-43

6. 释放混合效果

若需要释放混合效果，则可以选择创建好的混合对象，选择“对象→混合→释放”命令，即可将混合对象恢复到混合之前的状态。

注意：在释放混合对象时，会显示一条无填充颜色、无描边的混合轴。

随学随练

制作多彩数字图形，效果如图 4-44 所示。

图 4-44

知识要点："椭圆"工具、"直线段"工具、"实时上色"工具、"钢笔"工具、"剪刀"工具、"混合"工具。

操作步骤

（1）启动 Illustrator CC 2022，新建一个宽为 200mm、高为 220mm 的文件。

（2）选择"椭圆"工具，绘制一个正圆形；选择"直线段"工具，绘制一条直线，贯穿整个正圆形；单击"对齐"控制面板中的"水平居中对齐"和"垂直居中对齐"按钮，效果如图 4-45 所示。

（3）选中直线，双击"旋转"工具，弹出"旋转"对话框，在该对话框中设置相应参数（见图 4-46），单击"复制"按钮；按快捷键 Ctrl+D，重复执行旋转和复制命令，效果如图 4-47 所示。

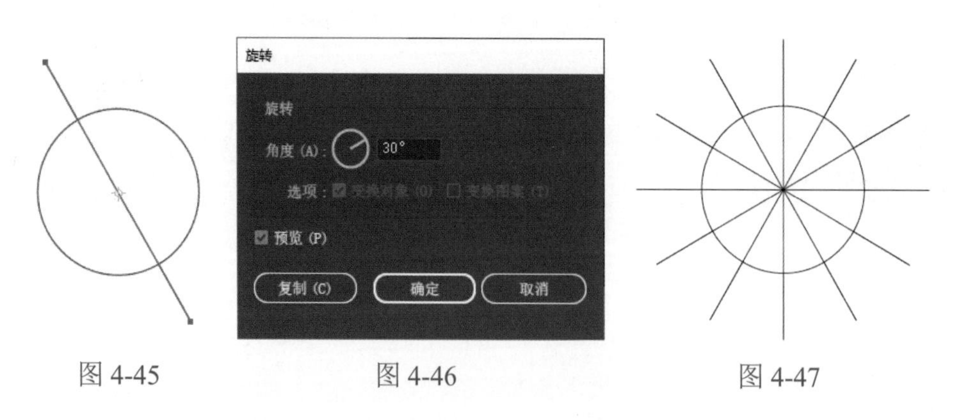

图 4-45　　图 4-46　　图 4-47

（4）选中所有图形，选择"实时上色"工具，通过"色板"或"颜色"控制面板等设置填充颜色，对相应的区域进行上色；设置完成后单击"描边"按钮，切换到描边状态，单击"无"按钮，取消描边；选择"对象→扩展"命令，弹出"扩展"对话框，在该对话框中设置相应参数，设置完成后单击"确定"按钮，效果如图 4-48 所示。

（5）选中图形，按快捷键Shift+Alt对图形进行等比缩放，缩放至合适大小后按住Alt键，同时按住鼠标左键，并拖曳图形以复制图形。此处可以多复制几个图形，作为备用。

（6）选中两个图形，双击“混合”工具，弹出“混合选项”对话框，在该对话框中设置相应参数（见图4-49），单击“确定”按钮；选择“对象→混合→建立”命令，生成混合图形（见图4-50）；按住Alt键，同时按住鼠标左键，并拖曳混合图形以复制图形。此处可以多复制几个混合图形，作为备用。

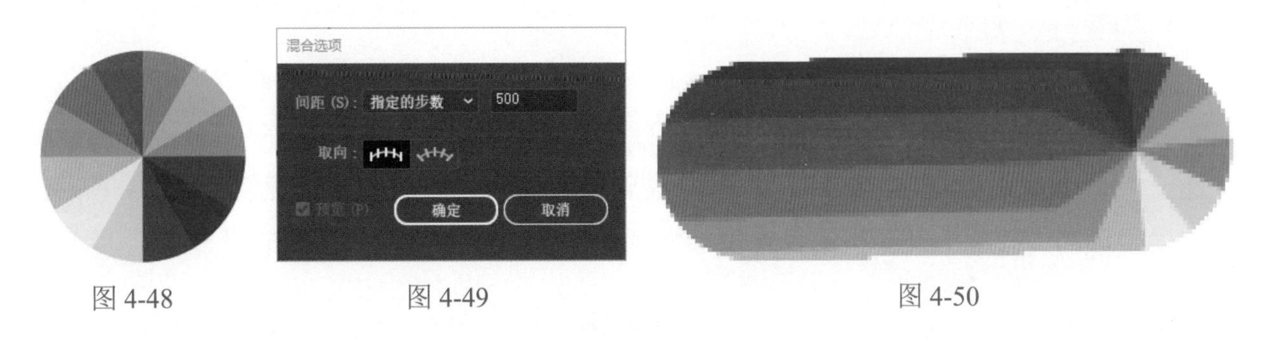

图4-48 图4-49 图4-50

（7）选择“椭圆”工具，绘制一个正圆形；选择“剪刀”工具，在正圆形的路径上需要断开的位置单击，以添加锚点，选中需要删除的路径，按Delete键将其删除，如图4-51所示。

（8）选择“钢笔”工具，将鼠标指针移动到正圆形下方的锚点上，单击该锚点使其与正圆形下方的锚点相连，将鼠标指针移至页面合适位置并单击，以绘制路径，按住Ctrl键，并单击页面空白处，即可结束绘制路径，效果如图4-52所示。

（9）同时选中混合图形和路径，选择“对象→混合→替换混合轴”命令，效果如图4-53所示。

（10）按照上述方法，继续制作其他部分，最终效果如图4-54所示。

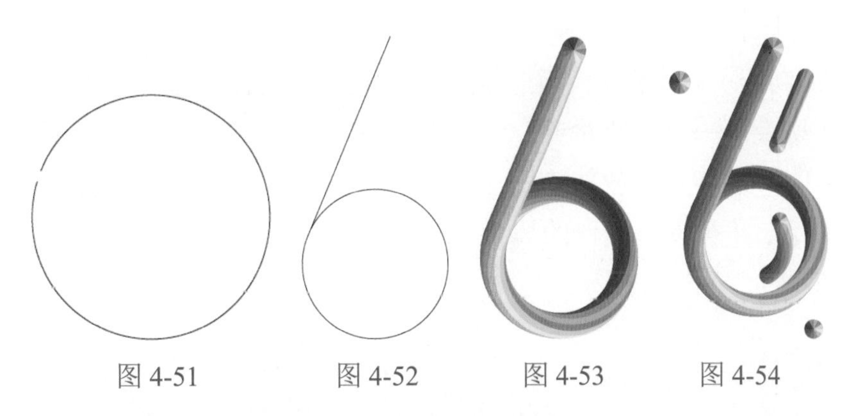

图4-51 图4-52 图4-53 图4-54

项目三 蒙版

蒙版可以对图形对象进行区域的遮罩，使对象在规定区域显示或呈现透明效果。

Illustrator CC 2022 可以创建剪切蒙版和不透明度蒙版。剪切蒙版主要用于控制图形对象的显示区域，不透明度蒙版用于控制图形对象显示的透明度。

一、剪切蒙版

剪切蒙版通过某个形状来遮盖其他对象，从而显示形状区域内的对象，隐藏形状区域外的对象。

1. 创建剪切蒙版

在文件中置入任意一个图形文件，选择“椭圆”工具，在图像上绘制一个椭圆形（见图 4-55（a））作为蒙版；选中图形和椭圆形（见图 4-55（b）），选择“对象→剪切蒙版→建立”命令（快捷键为 Ctrl+7），将隐藏椭圆形蒙版外面的图形（见图 4-55（c）），或者选中椭圆形和图形并右击，在弹出的快捷菜单中选择“建立剪切蒙版”命令。

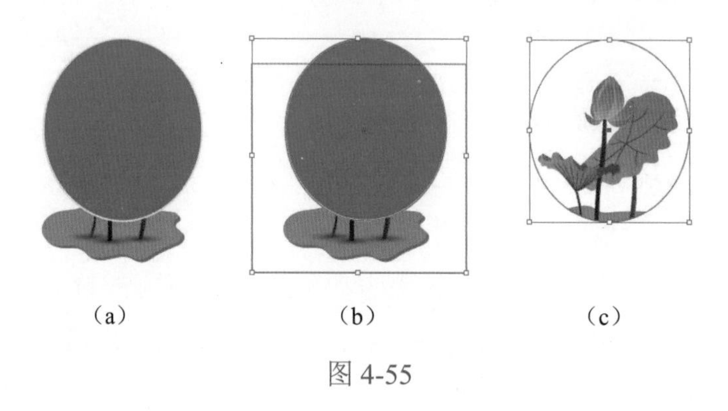

（a）（b）（c）

图 4-55

提示：在 Illustrator 中创建剪切蒙版时，作为蒙版的形状必须在蒙版对象的上方，简称“上形下图”。蒙版的形状可以是路径、复合路径和文本对象等，但位图不能作为蒙版的形状。

2. 释放剪切蒙版

释放剪切蒙版功能可以将剪切蒙版遮盖的对象重新显示出来。选中蒙版对象（见图 4-56(a)），选择“对象→剪切蒙版→释放”命令（快捷键为 Ctrl+Alt+7）或者选中蒙版对象并右击，在弹出的快捷菜单中选择“释放剪切蒙版”命令，将显示蒙版中的对象，但作为蒙版的形状对象将变为路径，并且没有任何的属性（见图 4-56（b））。

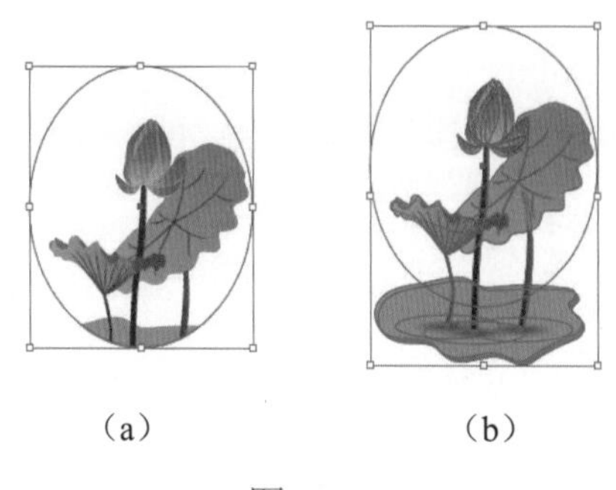

（a）（b）

图 4-56

二、不透明度蒙版

不透明度蒙版通过改变对象的不透明度，使对象产生透明的效果。不透明度蒙版中的白色区域会完全显示下面的对象，灰色区域会根据灰色程度显示不同程度的透明效果，黑色区域会完全遮盖下面的对象。

1. “透明度”控制面板

在 Illustrator CC 2022 中，使用“透明度”控制面板可以创建不透明度蒙版。选择“窗口 ›透明度”命令（快捷键为 Shift+Ctrl+F10），可以打开“透明度”控制面板，如图 4-57 所示。

图 4-57

“透明度”控制面板中各参数的含义如下。

- 混合模式选项：在下拉列表中选择混合模式选项，可以使互相重叠的对象之间产生混合效果。
- “不透明度”选项：在文本框中输入数值，或者单击下拉按钮，在弹出的下拉列表中选择相应选项，可以为选中的对象设置不透明度。
- “制作蒙版”按钮：单击该按钮，可以为对象创建剪切蒙版。单击后，该按钮变为“释放” 释放 按钮，并且激活“剪切”和“反向蒙版”复选框。
- “剪切”复选框：勾选该复选框可以创建一个具有黑色背景的剪切蒙版。
- “反相蒙版”复选框：勾选该复选框可以反向处理剪切蒙版，即原来透明的区域变成不透明的区域。
- “隔离混合”复选框：勾选该复选框可以隔离混合模式与已经定位的图层或组，使它们下方的对象不受影响。
- “挖空组”复选框：勾选该复选框可以使编组对象中单独对象相互重叠的部分不能透过彼此显示；不勾选该复选框可以使编组对象中单独对象相互重叠的部分能透过彼此显示。
- “不透明度和蒙版用来定义挖空形状”复选框：勾选该复选框可以创建与对象不透明度成比例的挖空效果。在接近 100% 不透明度的蒙版区域中，挖空效果较强；在不透明度较低的蒙版区域中，挖空效果较弱。

2. 创建不透明度蒙版

在创建不透明度蒙版时，蒙版对象应在被遮盖对象的上方，其中蒙版对象决定了透明区域和透明度。

下面以制作一个天鹅在水中的倒影效果，讲解不透明蒙版的使用方法。

选择“矩形”工具，在天鹅倒影区域绘制一个矩形，并将填充颜色设置为黑白线性渐变，同时选择矩形和天鹅的倒影对象（见图 4-58），单击“透明度”控制面板中的“制作蒙版”

按钮，即可创建不透明度蒙版，同时该按钮变为“释放”按钮，如图 4-59 所示。

为对象创建不透明度蒙版后，若需要释放蒙版，则可以选择蒙版对象，单击“透明度”控制面板中的“释放”按钮，即可将对象恢复到创建不透明度蒙版前的状态。

图 4-58

图 4-59

3. 编辑不透明度蒙版

创建完不透明度蒙版后，“透明度”控制面板中会出现两个缩览图，左侧的是被遮盖的对象缩览图，右侧的是蒙版缩览图，如图 4-60 所示。若对创建的不透明度蒙版效果不满意，则可以通过编辑蒙版对象来更改蒙版的形状、位置或不透明度，从而得到满意的蒙版效果。

在“透明度”控制面板中，单击对象缩览图可以编辑对象，如调整对象的位置、大小等；单击蒙版缩览图可以编辑不透明度蒙版，如使用渐变工具来调整渐变，如图 4-61 所示。

图 4-60

图 4-61

技巧：按住 Alt 键并单击蒙版缩览图，页面中会显示蒙版对象（见图 4-62），可以使用渐变工具来调整渐变，编辑完成后单击对象缩览图，将显示不透明度蒙版效果。按住 Shift 键并单击蒙版缩览图，可以暂停使用不透明度蒙版，并且蒙版缩览图上会出现一个红色的“×”符号，如图 4-63 所示。若需要启用不透明度蒙版，则可以按住 Shift 键并单击蒙版缩览图。

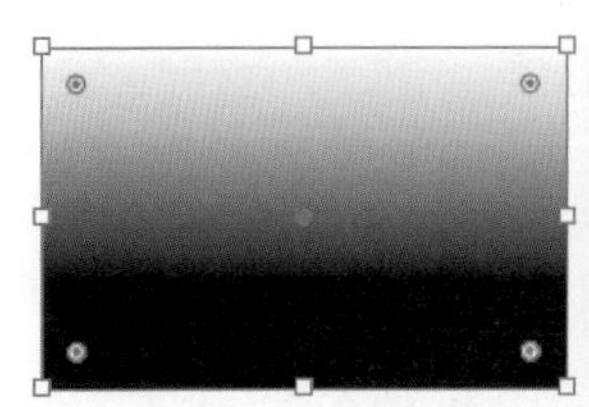

图 4-62

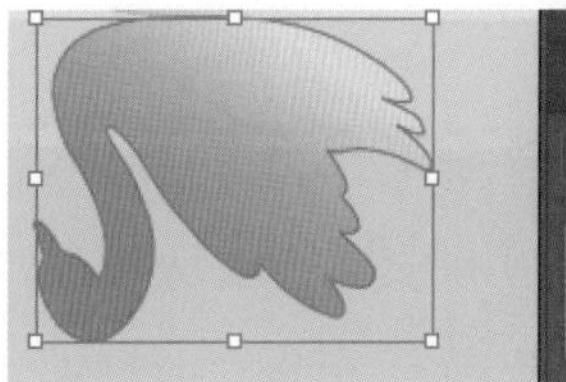

图 4-63

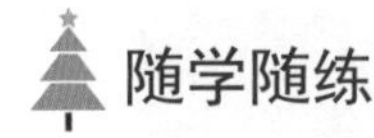

随学随练

制作“不忘初心党建”海报，效果如图 4-64 所示。

知识要点：“文字”工具、“星形”工具、剪切蒙版、复合路径。

图 4-64

操作步骤

（1）启动 Illustrator CC 2022 软件，新建一个宽为 423mm、高为 238mm 的文件。

（2）选择“文件→置入”命令，弹出“置入”对话框，在该对话框中选择“模块四 / 素材 / 海报背景”文件，单击“置入”按钮，在页面中单击以置入图片；单击“属性”控制面板中的“嵌入”按钮，嵌入图片；选中图片，单击“对齐”控制面板中的“水平居中对齐”和“垂直居中对齐”按钮，使图片在页面中居中对齐，并按快捷键 Ctrl+2 进行锁定，效果如图 4-65 所示。

（3）选择“文字”工具，参考图 4-64，在页面中输入文字内容，在“属性”控制面板中设置字体、字号等；选中所有文字内容，单击“对齐”控制面板中的“水平居中对齐”按钮，使文字水平居中对齐；通过 ↑ 和 ↓ 键调整文字之间的距离，效果如图 4-66 所示。

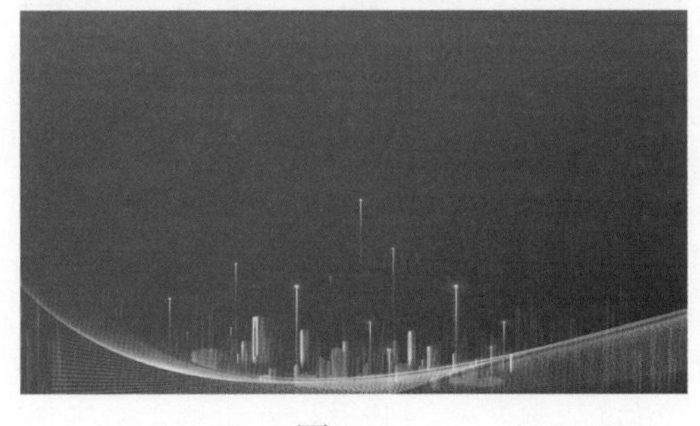

图 4-65

图 4-66

（4）选择“星形”工具，绘制一个正五角星形，并调整正五角星形的大小和位置；按照上述方法，绘制另外两个正五角星形，形成如图 4-67 所示效果。

（5）选中三个正五角星形，按快捷键 Ctrl+G 进行编组；右击正五角星形编组，在弹出的快捷菜单中选择“变换→镜像”命令，弹出“镜像”对话框；在该对话框中设置相应参数，单击“复制”按钮；调整复制图形的位置，如图 4-68 所示。

图 4-67

图 4-68

（6）选中“不忘初心 牢记使命”文字，按住 Alt 键，同时使用鼠标拖曳该文字以复制文字，将复制的文字放在画板外备用。

（7）选中所有文字并右击，在弹出的快捷菜单中选择“创建轮廓”命令（快捷键为 Ctrl+Shift+O），将文字转换为图形。按住 Shift 键，单击正五角星形，选中所有图形，选择“对象→复合路径→建立”命令（快捷键为 Ctrl+8），建立复合路径。

（8）选择“文件→置入”命令，弹出“置入”对话框，在该对话框中选择“模块四 / 素材 / 纹理”文件，单击“置入”按钮，在页面中单击以置入纹理图片；单击“属性”控制面板中的“嵌入”按钮，嵌入纹理图片；选中纹理图片，调整图片的大小和位置；右击纹理图片，在弹出的快捷菜单中选择“排列→后移一层”命令，调整图片的排列顺序，如图 4-69 所示。

（9）选中复合路径和纹理图片并右击，在弹出的快捷菜单中选择“建立剪切蒙版”命令（快捷键为 Ctrl+7），效果如图 4-70 所示。

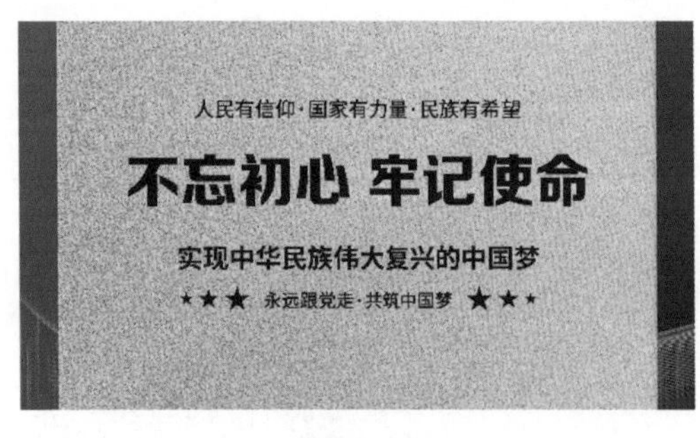

图 4-69

图 4-70

（10）选中备用的文字，在“属性”控制面板中将文字的描边颜色设置为白色，描边粗细设置为 2pt，填充颜色设置为无，并调整文字的位置，效果如图 4-71 所示。

图 4-71

项目四　封套效果

Illustrator CC 2022 提供了不同的封套类型，利用不同的封套类型可以改变选定对象的形状。封套不仅可以应用于选定的图形，还可以应用于文本对象、路径、网格或位图等。当对象应用了封套效果后，对象会发生相应的变化，并且可以对其进行修改、删除等操作。

一、创建封套

在使用封套改变对象的形状时，可以使用菜单命令中预设的封套样式，也可以使用网格工具进行调整，还可以使用绘制的图形创建封套效果。

1. 使用菜单命令创建封套

选中对象，选择“对象→封套扭曲→用变形建立”命令（快捷键为 Shift+Ctrl+Alt+W），弹出“变形选项”对话框（见图 4-72）；在该对话框中选择封套样式，根据设计需要调整相应参数，即可对对象进行封套操作。设置了“旗帜”封套样式图形的效果如图 4-73 所示。

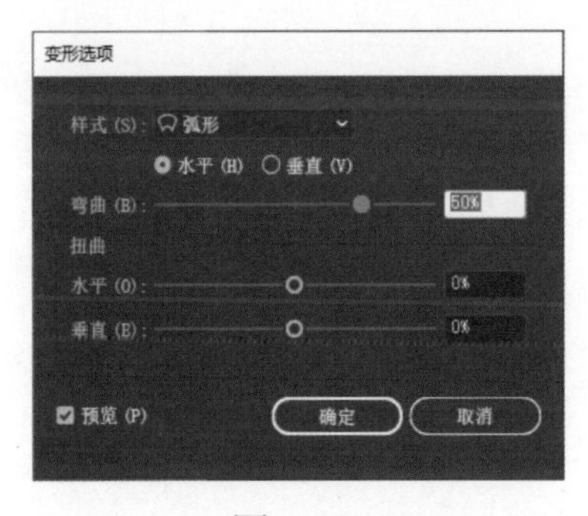

图 4-72

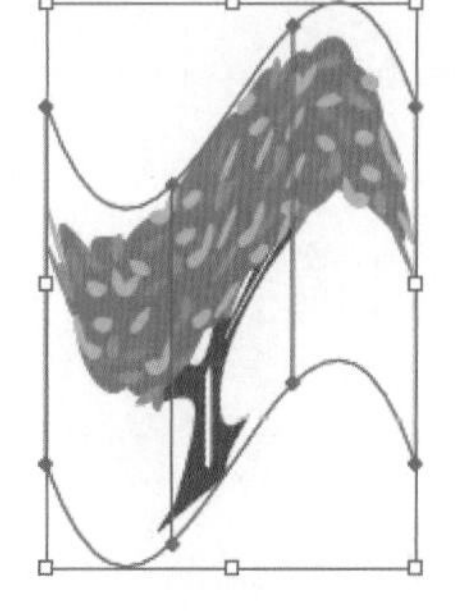

图 4-73

“变形选项”对话框中参数的含义如下。

- “样式”下拉按钮：设置封套扭曲的样式。软件提供了 15 种封套样式。
- “水平”“垂直”单选按钮：选中其中某个单选按钮，可以设置对象的封套扭曲效果是水平方向还是垂直方向的。

- “弯曲”选项：设置扭曲程度，数值越大，扭曲程度越强。
- “扭曲”选区：设置对象在弯曲时是否扭曲，包括“水平”和“垂直”两个选项。
- “水平”选项：设置水平方向扭曲的比例。
- “垂直”选项：设置垂直方向扭曲的比例。

2. 使用网格创建封套

使用网格创建封套扭曲效果是指先在对象上创建网格，再通过调整网格点来扭曲对象。选中对象，选择“对象→封套扭曲→用网格建立”命令（快捷键为Ctrl+Alt+M），弹出“封套网格”对话框（见图 4-74）；在该对话框中设置网格线的行数和列数，单击“确定”按钮，即可创建封套网格，如图 4-75 所示。

技巧：选择“网格”工具，单击网格封套对象，可以增加对象上的网格数。按住 Alt 键，同时单击对象上的网格点或网格线，可以减少网格封套的行数和列数。

3. 使用路径创建封套

使用自定义的路径形状可以创建封套。在需要创建封套对象的上层绘制作为封套的路径形状，同时选中对象和封套路径形状（见图 4-76（a）），选择“对象→封套扭曲→用顶层对象建立”命令（快捷键为Ctrl+Alt+C），效果如图 4-76（b）所示。

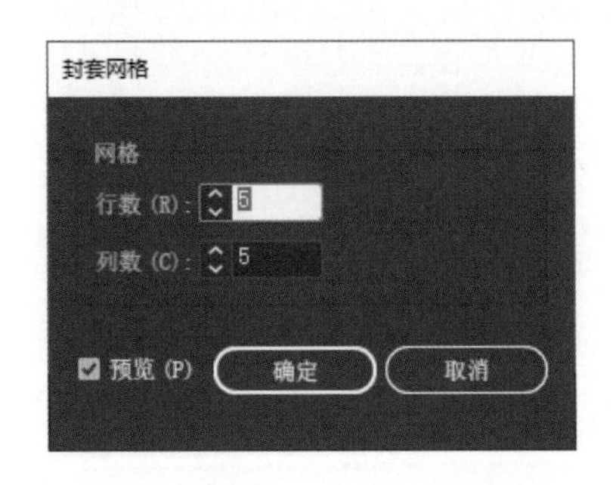

图 4-74

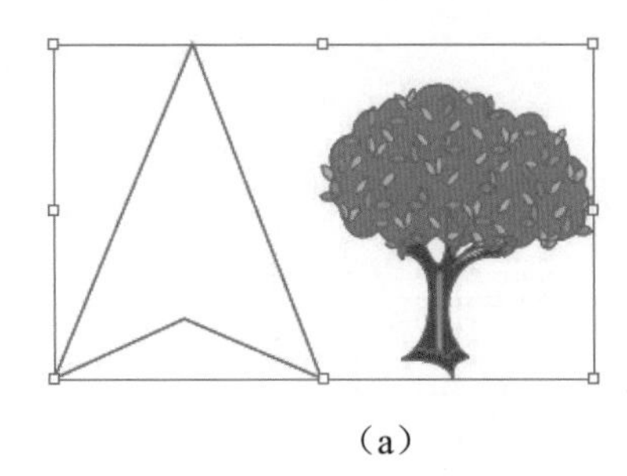

（a）

图 4-75

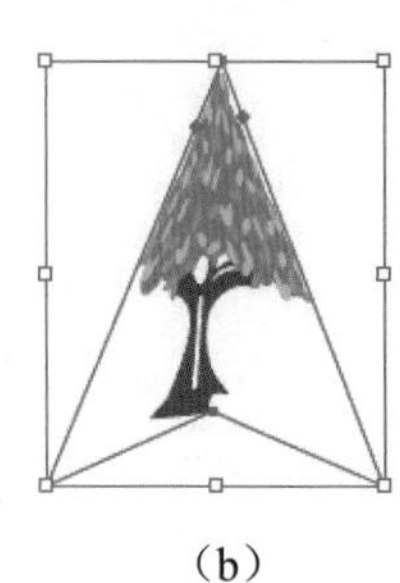

（b）

图 4-76

二、编辑封套

图形对象创建封套扭曲后，会生成一个复合对象。该复合对象由封套和封套内容组成。设计者可以编辑封套，也可以编辑封套内容。

1. 编辑封套的方法

选中封套对象，选择“对象→封套扭曲→用变形重置”命令（或“用网格重置”命令），弹出“变形选项”对话框（或“重置封套网格选项”对话框），在该对话框中根据设计需要设置封套类型和参数。

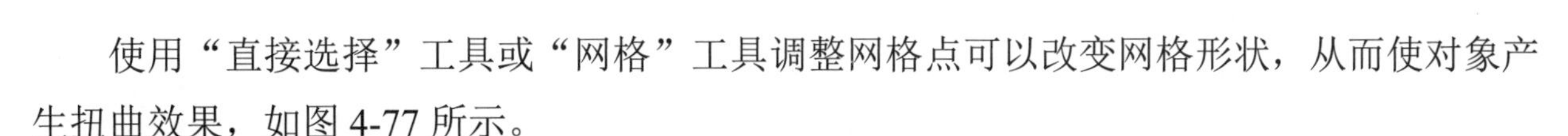

使用“直接选择”工具或“网格”工具调整网格点可以改变网格形状，从而使对象产生扭曲效果，如图 4-77 所示。

2. 编辑封套对象的方法

选中封套对象，选择“对象→封套扭曲→编辑内容”命令，对象将在原图形的选框范围内显示，此时可以根据需要对对象进行编辑。图 4-78 所示为编辑封套对象前后的对比。

编辑完对象后，想要恢复对象的封套状态，可以选中对象，选择“对象→封套扭曲→编辑封套”命令，即可恢复封套状态。

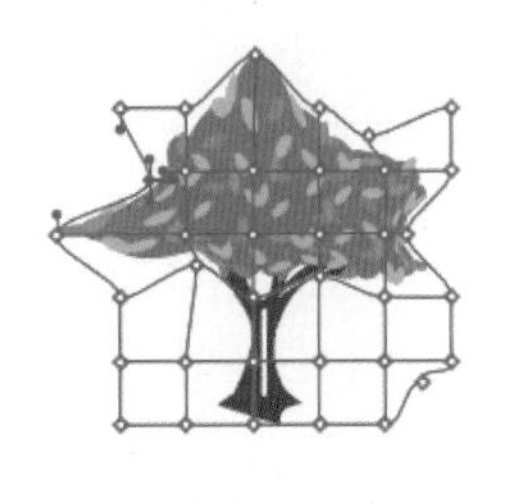

图 4-77

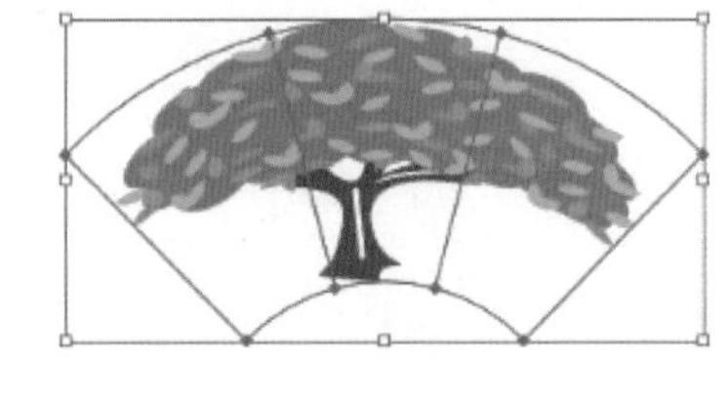

图 4-78

3. 释放封套的方法

当不需要封套时，可以还原封套扭曲的对象，使封套对象恢复到原来的状态。选中封套对象，选择“对象→封套扭曲→释放”命令，即可释放封套对象。释放封套后的对象一个为封套图形对象，另一个为封套路径形状，如图 4-79 所示。

4. 扩展封套的方法

当一个图形对象应用了封套效果后，就无法应用其他类型的封套效果了，若想继续对其进行编辑，则必须对其进行扩展操作。选中封套对象，选择“对象→封套扭曲→扩展”命令，即可删除封套，并且对象保持封套扭曲后的形状，如图 4-80 所示。

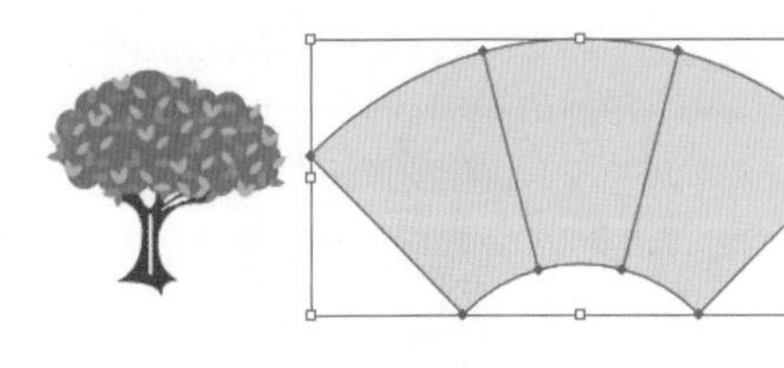

图 4-79

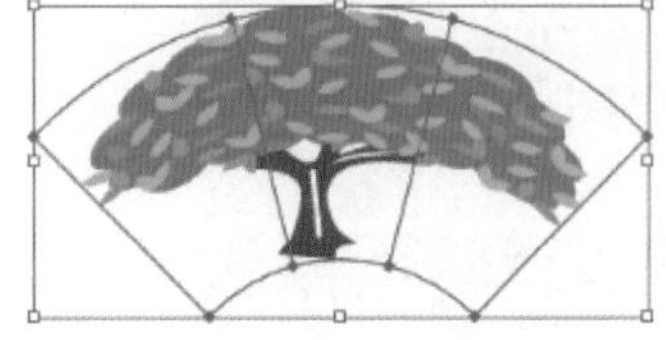

图 4-80

随学随练

绘制美味酸菜鱼标志，效果如图 4-81 所示。

知识要点：“椭圆”工具、“钢笔”工具、“直接选择”工具、“文字”工具、“封套扭曲”命令。

图 4-81

操作步骤

（1）启动 Illustrator CC 2022，新建一个宽为 200mm、高为 200mm 的文件。

（2）选择“文字”工具，输入文字“美味酸菜鱼”，在“属性”控制面板的“字符”选项组中设置文字的字体、颜色和大小；选择“对象→封套扭曲→用变形建立”命令，弹出“变形选项”对话框，在该对话框中设置相应参数，设置完成后单击“确定”按钮，如图 4-82 所示。

（3）选择“直接选择”工具，选中相应的锚点，对形状进行调整，效果如图 4-83 所示。

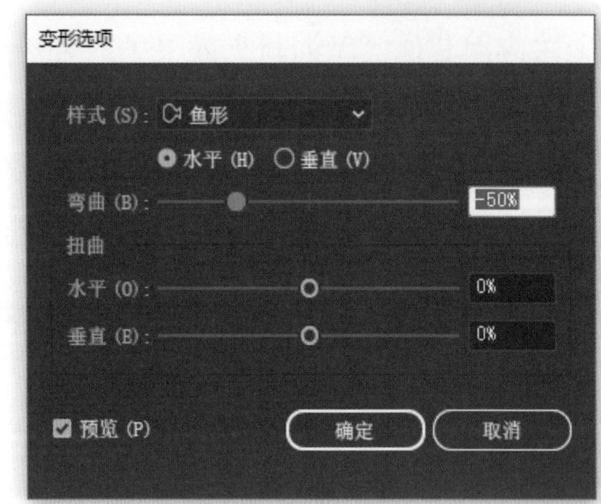

图 4-82

美味酸菜鱼

图 4-83

（4）选择“钢笔”工具，勾画出鱼头的形状，结合“直接选择”工具对锚点进行调整，并将鱼头的填充颜色设置为 R：245、G：12、B：0，取消描边；选择“椭圆”工具，绘制两个椭圆形，形成眼睛部分，效果如图 4-84 所示。

（5）选择“椭圆”工具，绘制两个椭圆形，形成盘子的形状，按快捷键 Ctrl+G 进行编组；调整盘子图形的排列顺序，放置在鱼图形的下方，效果如图 4-85 所示。

（6）选择“钢笔”工具，勾画出热气的形状，结合“直接选择”工具对锚点进行调整，并将热气的填充颜色设置为 R：245、G：12、B：0，取消描边；按住 Alt 键，同时使用鼠标拖曳热气图形，以复制两个热气图形；调整复制的热气图形的位置和大小，最终效果如图 4-86 所示。

图 4-84　　图 4-85　　图 4-86

项目五　符号

若在一个作品中需要多次使用同一个对象，并对对象进行编辑时，则可以使用符号来完成。符号是能存放在“符号”控制面板中，并且可以重复使用的对象。Illustrator CC 2022 中的“符号”控制面板可以创建、保存和编辑符号。在设计过程中，灵活使用符号可以提高制作效率，节省时间。

一、“符号”控制面板

选择“窗口→符号”命令（快捷键为 Shift+Ctrl+F11），打开“符号”控制面板，如图 4-87 所示。

图 4-87

“符号”控制面板中按钮的含义如下。

“符号库菜单”按钮：包括多种符号库，供选择使用。

“置入符号实例”按钮：将选中的符号添加到页面中。

“断开符号链接”按钮：断开添加到页面中的符号与“符号”控制面板的链接。

“符号选项”按钮：对符号进行相应参数设置。

“新建符号”按钮：将选中的对象添加到“符号”控制面板中作为符号。

“删除符号”按钮：删除“符号”控制面板中被选中的符号。

二、应用符号

1. 使用“符号”控制面板

在设计过程中，可以将“符号”控制面板中的符号直接应用到文件中。选中“符号”控制面板中的符号，将符号直接拖曳到文件中，即可得到一个符号实例（见图 4-88），或者单击“符号”控制面板的“置入符号实例”按钮，即可将符号添加到文件窗口区域的中心。

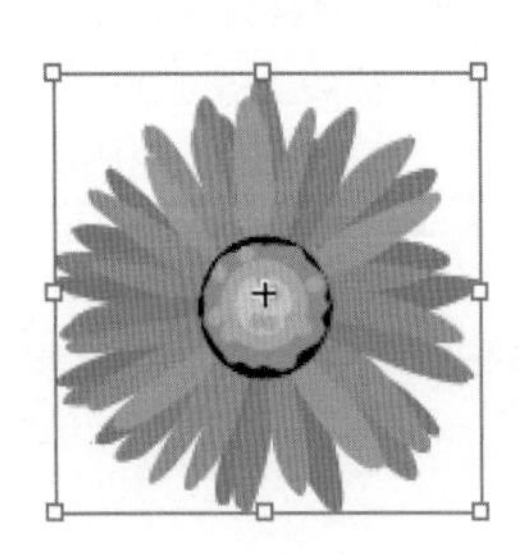
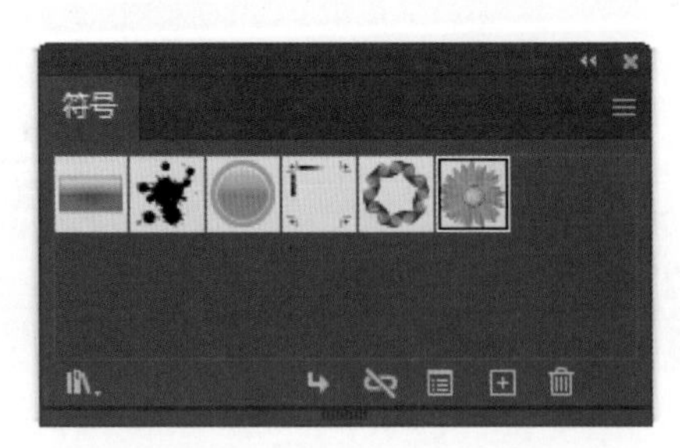

图 4-88

2. 使用符号库

Illustrator CC 2022 提供了很多现成的符号库，其中有丰富的符号图案供设计者使用。单击“符号”控制面板中的“符号库菜单”按钮，或者选择“窗口→符号库”命令，在弹出的下拉列表中选择需要的符号库，如“自然”符号库，打开“自然”控制面板（见图 4-89）；直接拖曳符号到页面中，同时将其添加到“符号”控制面板中，如图 4-90 所示。

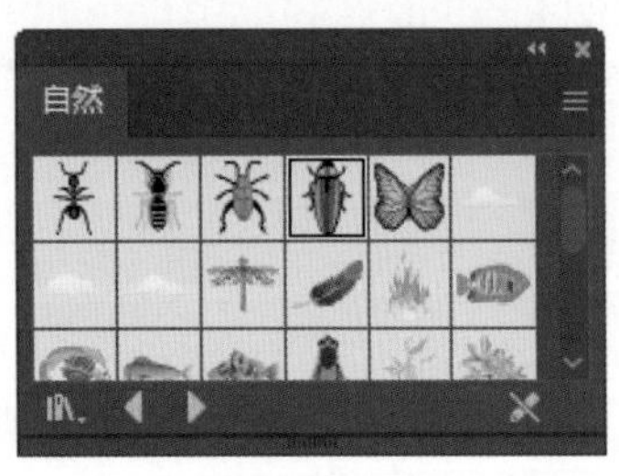

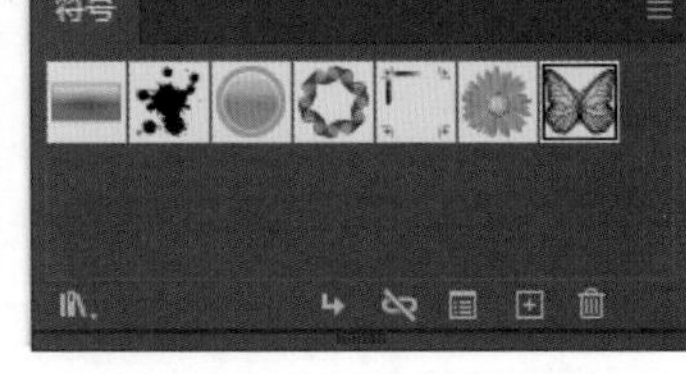

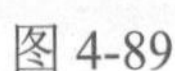

图 4-89　　图 4-90

三、创建与编辑符号

1. 创建符号

在 Illustrator CC 2022 中，除了可以使用软件预设的符号，还可以将自行绘制的图形、复合路径、文本、位图、网格对象等创建为符号。

选中对象（见图 4-91），单击“符号”控制面板中的“新建符号”按钮，或者直接将对象拖曳到“符号”控制面板中，弹出“符号选项”对话框（见图 4-92）；在该对话框中设置符号的名称和其他参数，单击“确定”按钮，即可将对象创建为符号，并将其添加到“符号”控制面板中，如图 4-93 所示。

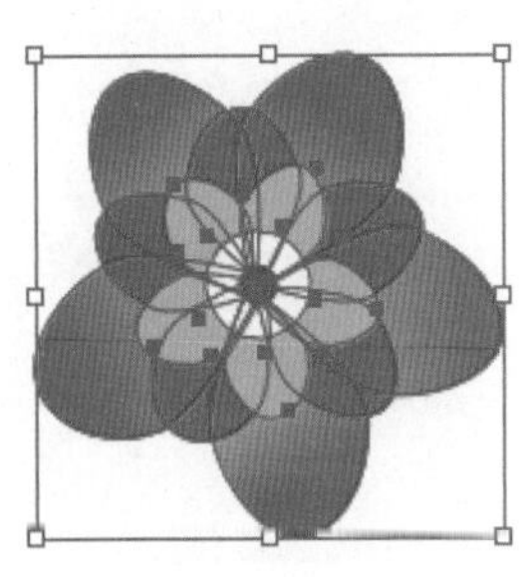

图 4-91

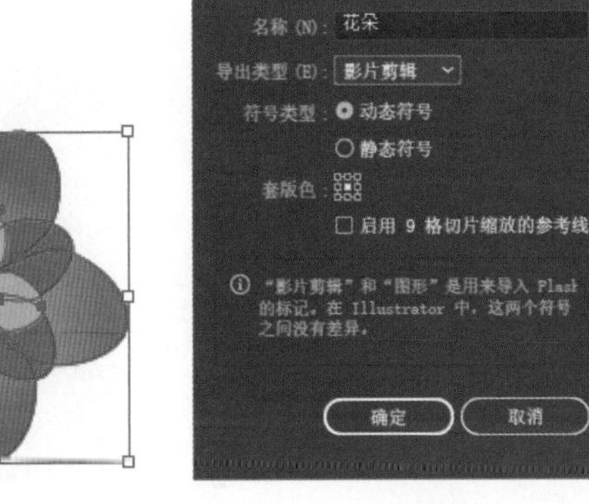

图 4-92

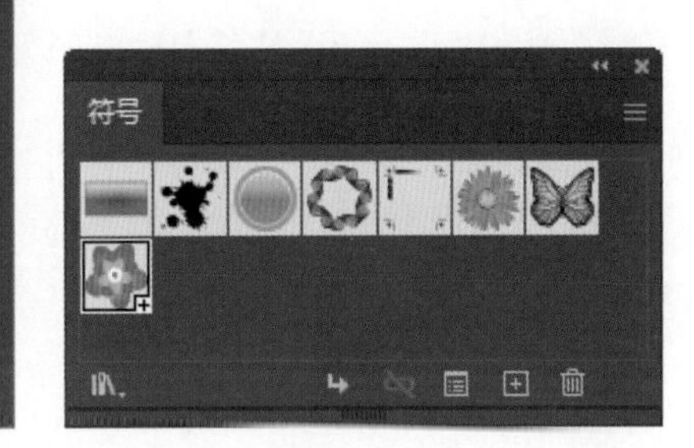

图 4-93

技巧：按住 Alt 键，同时单击“符号”控制面板中的“新建符号”按钮，软件将直接使用默认名称创建符号，不弹出“符号选项”对话框。

2. 编辑符号

选中页面中的符号实例，单击“属性”控制面板中的“编辑符号”按钮，弹出提示对话框，单击“确定”按钮，将进入隔离模式。在该模式下，可以对符号实例进行相应编辑。编辑完符号后，双击页面空白处，可以退出隔离模式。此时，“符号”控制面板中的符号，以及页面中所有与该符号链接的符号实例将会自动调整，如图 4-94 所示。

图 4-94

3. 删除符号

选中“符号”控制面板中的符号，单击“删除符号”按钮，若文件中正在使用该符号，则会弹出如图 4-95 所示的对话框，在该对话框中单击相应的按钮，完成操作。

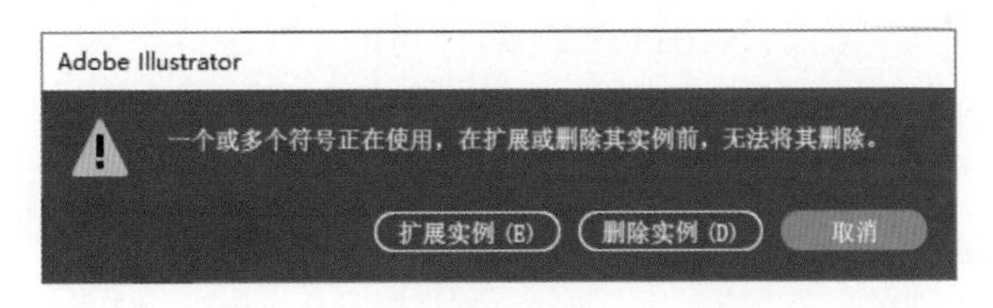

图 4-95

“扩展实例”按钮：将置入的符号实例转换为普通图形保留，并删除符号实例。

“删除实例”按钮：同时删除该符号及与该符号链接的符号实例。

四、符号工具

在 Illustrator CC 2022 中，除了可以使用“符号”控制面板来创建符号实例，还可以使用“符号”工具组来创建符号组，并编辑创建的符号组。单击“符号喷枪工具”的下拉按钮，在打开的工具属性栏中将显示软件提供的 8 种符号工具，如图 4-96 所示。

符号喷枪工具 (Shift+S)
符号移位器工具
符号紧缩器工具
符号缩放器工具
符号旋转器工具
符号着色器工具
符号滤色器工具
符号样式器工具

图 4-96

1. “符号喷枪工具”

“符号喷枪工具”：可以将选中的符号实例添加到页面中。选中“符号”控制面板中的符号，选择“符号喷枪工具”，在页面中单击（见图 4-97）即可以创建一个符号实例，如图 4-98 所示。

图 4-97　　图 4-98

在页面中按住鼠标左键并拖曳鼠标，可以沿鼠标运动轨迹添加符号实例，创建符号组。

按住鼠标左键，将以单击点为中心点向外扩散添加符号实例。

技巧：在英文状态下，按【键可以缩小符号工具鼠标指针形状的直径；按】键可以放大符号工具鼠标指针形状的直径。若需要删除符号实例，则可以选中符号组，在“符号”控制面板中选择要删除实例的符号，按住 Alt 键，同时使用“符号喷枪工具”在需要删除的符号实例上单击，即可删除一个符号实例。如果想要一次性删除多个符号实例，则可以在需要删除的符号实例上拖动鼠标。

2. “符号移位器工具”

“符号移位器工具”：移动选中的符号组中的符号实例。选中页面中的符号组，选择“符号移位器工具”，将鼠标指针移动到需要移动的符号实例上，按住鼠标左键并拖曳鼠标，在鼠标指针形状内的符号实例会随着移动，如图 4-99 所示。

技巧：按住 Shift 键，同时使用“符号移位器工具”单击某个符号实例，可以将其移至所有符号实例的最前面；按住 Shift+Alt 键，同时使用“符号移位器工具”单击某个符号实例，可以将其移至所有符号实例的最后面。

3. “符号紧缩器工具”

“符号紧缩器工具”：可以对选中的符号组中的符号实例进行紧缩操作。选中页面中的符号组，选择“符号紧缩器工具”，将鼠标指针移动到符号实例上，按住鼠标左键，可以将符号组中的所有符号实例向中心聚集收拢，如图 4-100 所示。

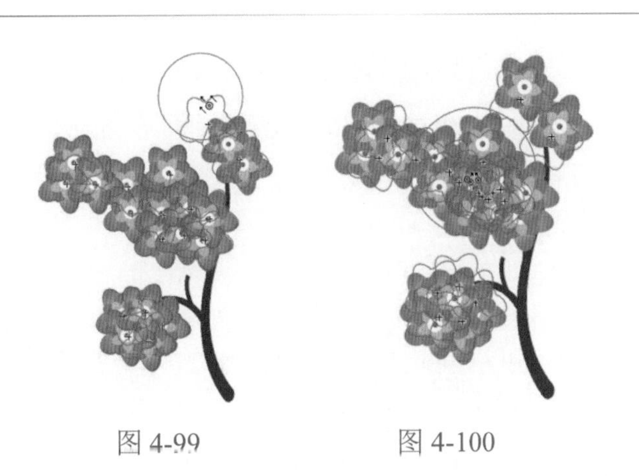

图 4-99　　　　图 4-100

技巧：按住 Alt 键，同时使用“符号紧缩器工具”，可以将符号组中的所有符号实例向外扩展，增加符号实例之间的距离。

4. “符号缩放器工具”

“符号缩放器工具”：可以调整选中符号组中符号实例的大小。选中页面中的符号组，选择“符号缩放器工具”，将鼠标指针移动到符号实例上，单击该符号实例，即可放大该符号实例，如图 4-101 所示。

技巧：按住 Alt 键，同时使用“符号缩放器工具”，单击符号实例，可以缩小该符号实例。

5. “符号旋转器工具”

“符号旋转器工具”：可以对选中的符号组中的符号实例进行旋转操作。选中页面中的符号组，选择“符号旋转器工具”，将鼠标指针移动到符号实例上，按住鼠标左键并拖曳鼠标，在鼠标指针形状范围内的符号实例上会显示蓝色箭头，箭头所指方向就是符号实例的旋转方向，此时可以根据需要旋转符号实例，如图 4-102 所示。

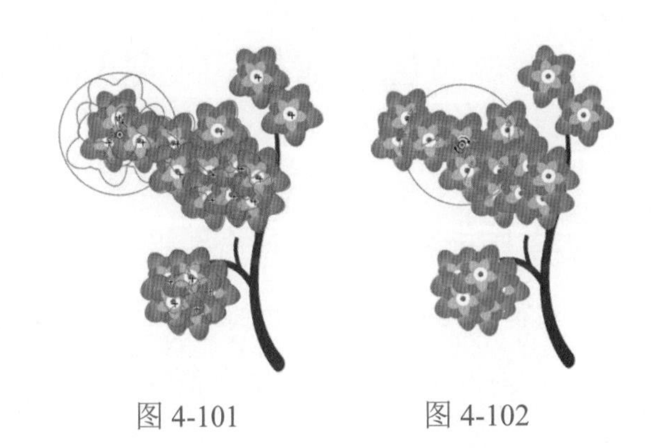

图 4-101　　　　图 4-102

6. “符号着色器工具”

“符号着色器工具”：可以使用前景颜色来修改选中的符号组中符号实例的颜色。先设置前景颜色，选中页面中的符号组，选择“符号着色器工具”，将鼠标指针移动到符号实例上，单击该符号实例或按住鼠标左键，即可修改该符号实例的颜色，如图 4-103 所示。

技巧：按住 Alt 键，同时使用“符号着色器工具”，单击符号实例或按住鼠标左键，即可恢复该符号实例的颜色。

7. “符号滤色器工具”

“符号滤色器工具”：可以改变选中的符号组中符号实例的透明度。选中页面中的符号组，选择“符号滤色器工具”，将鼠标指针移动到符号实例上，单击该符号实例或按住鼠标左键，即可改变该符号实例的透明度，如图 4-104 所示。

技巧：按住 Alt 键，同时使用“符号滤色器工具”，单击符号实例或按住鼠标左键，即可恢复该符号实例的透明度。

8. “符号样式器工具”

“符号样式器工具”：可以对选中的符号组中的符号实例应用“样式”控制面板中所选的样式。选中页面中的符号组，选择“符号样式器工具”，在“图形样式”控制面板中选择一种样式，将鼠标指针移动到该符号实例上，单击该符号实例或按住鼠标左键，即可将所选样式应用到该符号实例中，如图 4-105 所示。

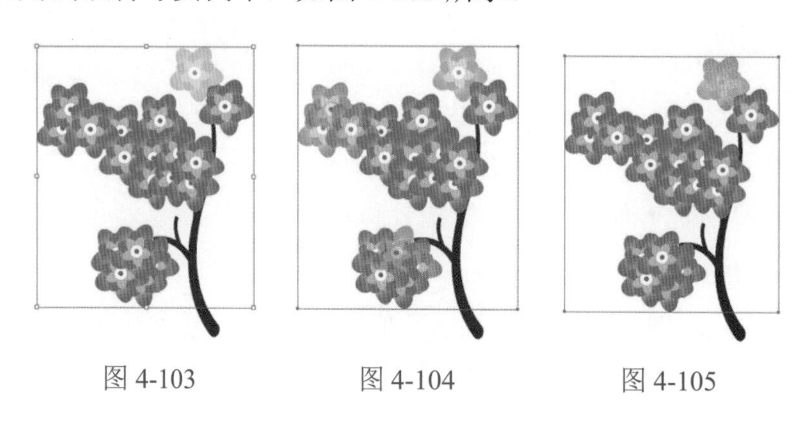

图 4-103　　图 4-104　　图 4-105

技巧：按住 Alt 键，同时使用“符号样式器工具”，单击符号实例或按住鼠标左键，即可取消该符号实例的样式。

随学随练

绘制家乡田野风景插画，效果如图 4-106 所示。

图 4-106

知识要点：“矩形”工具、“钢笔”工具、“渐变”工具、符号。

操作步骤

（1）启动 Illustrator CC 2022，新建一个宽为 600mm、高为 500mm 的文件。

（2）选择“矩形”工具，绘制一个与页面大小相等的矩形；将矩形的填充颜色设置为R：255、G：255、B：209，取消描边；单击“对齐”控制面板中的“水平居中对齐”和“垂直居中对齐”按钮，使矩形在页面中居中对齐，并按快捷键Ctrl+2进行锁定。

（3）选择“矩形”工具，绘制一个矩形，形成湖面；在“渐变”控制面板中单击“填色”按钮，将“类型”设置为“线性渐变”，渐变颜色设置为白色、R：53、G：158、B：207，描边颜色设置为无；选择“矩形”工具，绘制两个矩形，形成道路，分别将填充颜色设置为R：52、G：162、B：0和R：42、G：104、B：2，并取消描边，效果如图4-107所示。

（4）选择“钢笔”工具，绘制山脉图形，结合“直接选择”工具调整山脉的形状，并分别将填充颜色设置为R：106、G：192、B：5、R：0、G：103、B：25和R：64、G：169、B：38，并调整图形之间的位置，效果如图4-108所示。

（5）选择“窗口→符号”命令，在打开的“符号”控制面板中单击左下角的“符号库菜单”按钮，在弹出的下拉列表中选择“自然”选项，打开“自然”控制面板；将需要的符号拖曳到页面中，并调整符号的大小、方向和位置等，效果如图4-109所示。

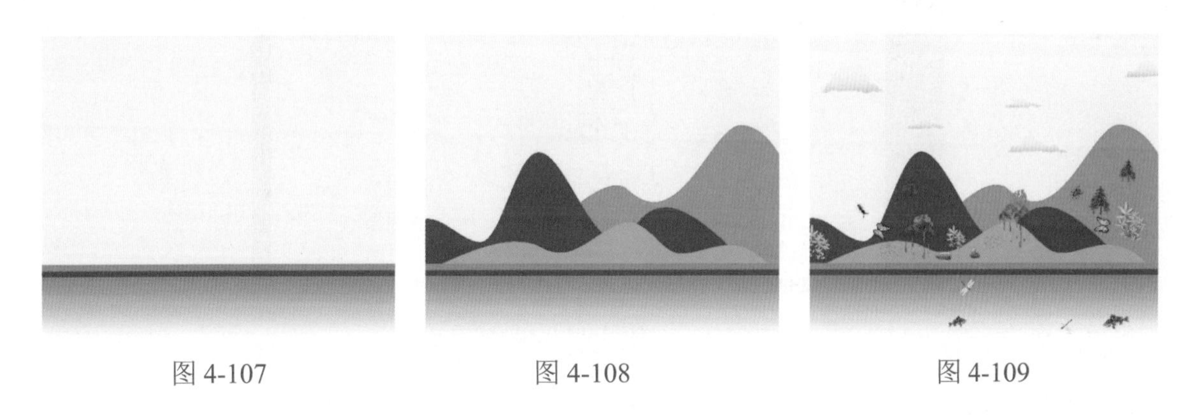

图4-107　　图4-108　　图4-109

（6）打开“徽标元素”控制面板，将“扇子-黑白”符号拖曳到页面中，调整符号的位置和大小；单击“属性”控制面板中“快速操作”选项组的“断开链接”按钮，单击“取消编组”按钮；选中不需要的对象，按Delete键将其删除，效果如图4-110所示。

（7）按照上述方法，打开相应的符号面板，向页面中添加符号，最终效果如图4-111所示。

图4-110

图4-111

项目六　透视网格

在 Illustrator CC 2022 中，使用“透视网格”工具可以绘制具有 3D 效果的图形，还可以绘制具有透视效果的图形，使图形有立体感。

一、显示与隐藏透视网格

1. 显示透视网格

方法 1：选择“透视网格”工具（快捷键为 Shift+P），页面中将显示透视的网格效果（默认显示两点透视），如图 4-112 所示。

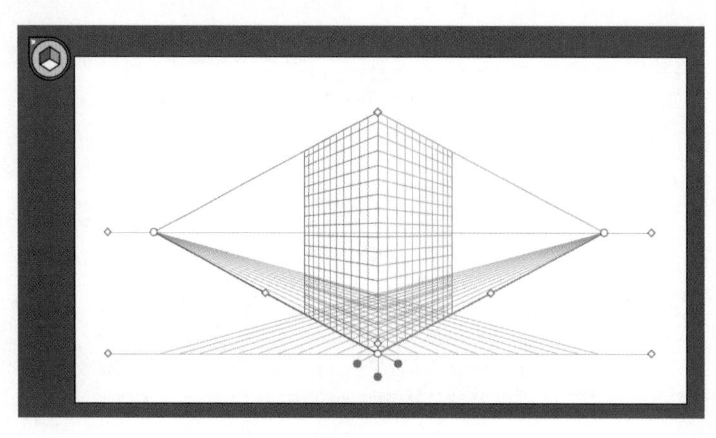

图 4-112

方法 2：选择“视图→透视网格→显示网格”命令（快捷键为 Ctrl+Shift+P），页面中将显示透视的网格效果。

2. 隐藏透视网格

方法 1：选择“透视网格”工具，将鼠标指针移动到页面左上角的平面切换构件中的“X”上（见图 4-113），单击该构件即可隐藏透视网格。

图 4-113

方法 2：选择“视图→透视网格→隐藏网格”命令，即可隐藏透视网格。

二、调整透视网格

在使用透视网格绘制图形之前，可以根据图形对透视网格进行适当的调整。单击“透

视网格”工具，此时透视网格中将显示很多的点（见图 4-114），使用鼠标调整点的位置即可对透视网格进行调整。

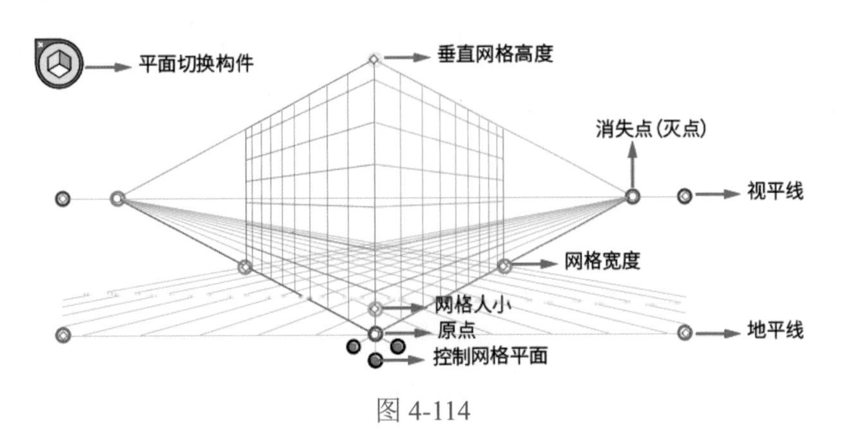

图 4-114

1. 移动透视网格

选择“透视网格”工具，将鼠标指针移动到地平线两端的任意一个菱形符号上，当鼠标指针变为时，按住鼠标左键并拖曳鼠标，即可移动透视网格，改变透视网格的位置。

2. 调整视角

选择“透视网格”工具，将鼠标指针移动到视平线两端的任意一个菱形符号上，当鼠标指针变为时，按住鼠标左键并上下拖曳鼠标，即可调整透视网格视平线的位置。

3. 调整消失点

选择“透视网格”工具，将鼠标指针移动到视平线中间的任意一个圆形符号上，当鼠标指针变为时，按住鼠标左键并左右拖曳鼠标，即可调整透视网格消失点的位置，同时对应的面会发生变化。

4. 调整透视网格的高度

选择“透视网格”工具，将鼠标指针移动到透视网格垂直中心线上方的菱形符号上，当鼠标指针变为时，按住鼠标左键并上下拖曳鼠标，即可调整透视网格的高度。

5. 调整透视网格两侧透视平面的宽度

选择“透视网格”工具，将鼠标指针移动到网格面下方的菱形符号上，当鼠标指针变为时，按住鼠标左键并左右拖曳鼠标，即可调整透视平面的宽度。

6. 调整透视平面

选择“透视网格”工具，将鼠标指针移动到透视网格下方两侧的灰色圆形符号上，当鼠标指针变为时，按住鼠标左键并左右拖曳鼠标，即可单独调整左右透视平面的位置；将鼠标指针移动到网格下方中间的灰色圆形符号上，当鼠标指针变为时，按住鼠标左键并上下拖曳鼠标，即可调整水平透视平面的位置。

7. 调整透视网格的大小

选择“透视网格”工具，将鼠标指针移动到网格垂直中心线下方的菱形符号上，当鼠标指针变为时，按住鼠标左键并上下拖曳鼠标，即可调整透视网格的大小。

三、绘制透视网格的方法

在使用“透视网格”工具绘制图形时，需要先根据绘制图形的内容选择透视平面。

1. 选择透视平面

选择“透视网格”工具，文件窗口左上角会出现平面切换构件（见图 4-115），使用平面切换构件可以选择活动网格平面。在活动网格平面中绘制对象可以产生对应的透视图形。

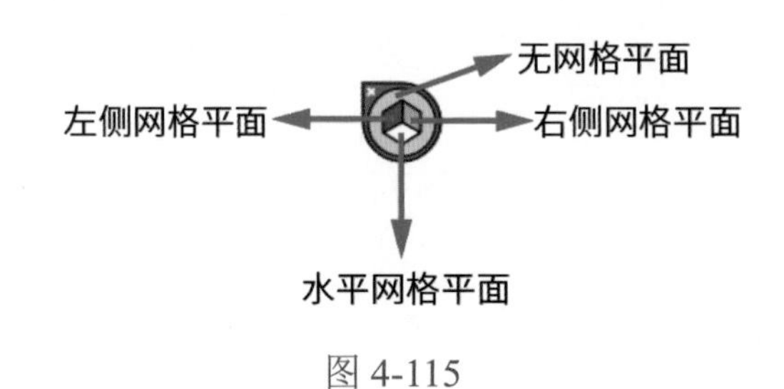

图 4-115

想要选择网格平面，只需选择“透视网格”工具，在平面切换构件中单击相应的平面，选中的活动平面会以相应的透视网格面的颜色进行显示。

另外，可以使用快捷键切换平面，按“1”键表示选择左侧网格平面；按“2”键表示选择水平网格平面；按“3”键表示选择右侧网格平面；按“4”键表示无网格平面，可以正常绘制图形。

2. 使用透视网格绘制图形

在使用透视网格绘制图形时，需要先根据绘制的图形元素选择对应的透视网格平面，再使用绘图工具在对应的透视网格平面上绘制图形。图 4-116 所示为在各个平面中绘制图形的效果。

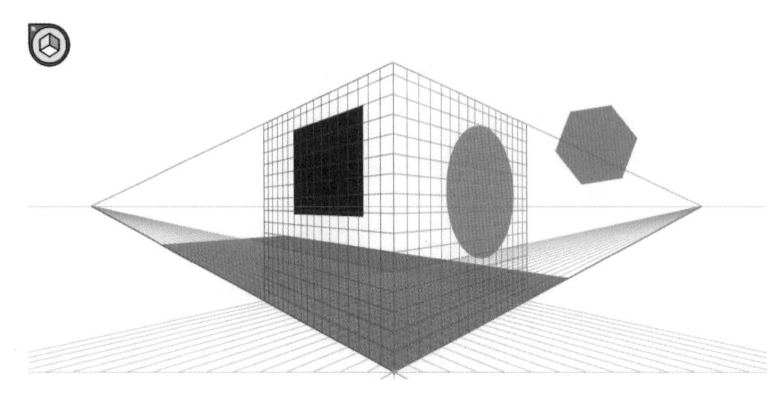

图 4-116

四、“透视选区”工具

在透视网格中，想要编辑图形对象，可以使用工具箱中的“透视选区”工具，在编辑图形对象的同时保持对象的透视关系不变。“透视选区”工具可以在透视网格平面中移动、缩放和复制图形对象等。

选择“透视选区”工具，选中需要缩放的图形对象，将鼠标指针移动到该对象的控制点上，当鼠标指针变为时，按住鼠标左键并拖曳鼠标，即可缩放该对象，如图 4-117 所示。

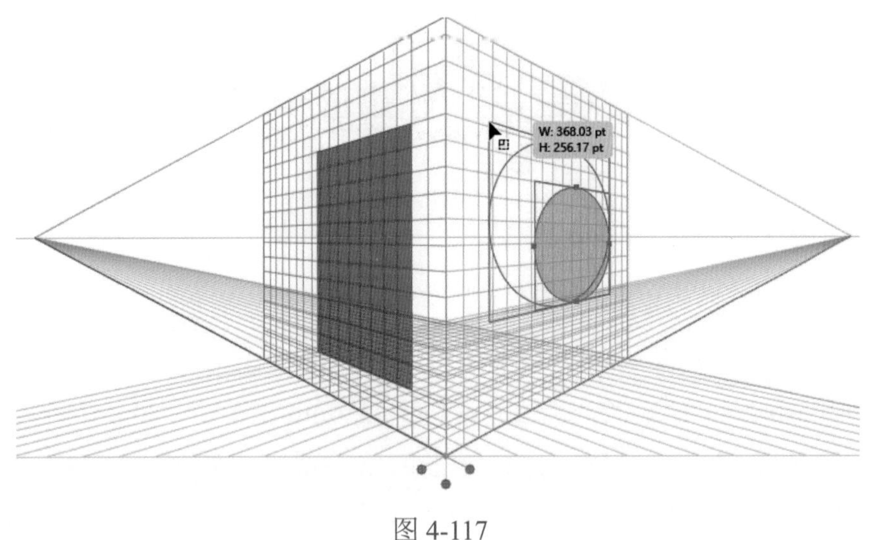

图 4-117

在绘制透视图形时，可以使用“透视选区”工具将平面中绘制的图形拖曳到透视网格面中，形成透视图。使用绘图工具在平面中绘制图形，打开透视网格，先在平面切换构件中选择对应的透视网格平面，再选择“透视选区”工具，选中图形，同时按住鼠标左键，将图形拖曳至对应的透视网格平面，如图 4-118 所示；将图形拖曳至合适位置，松开鼠标左键。使用同样的操作将其他图形拖曳至相应的透视网格平面，运用“透视网格”工具对透视图形进行调整，最终效果如图 4-119 所示。

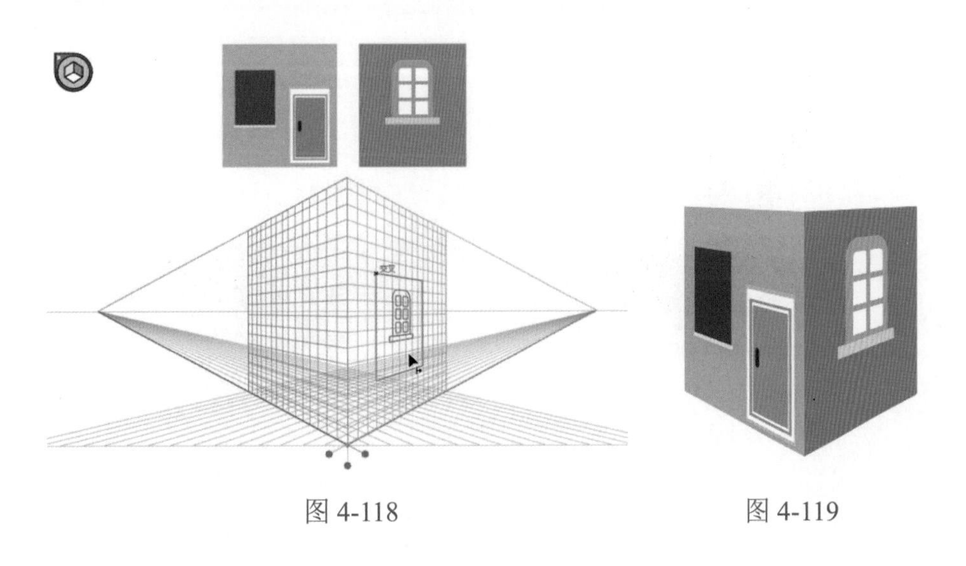

图 4-118　　　　图 4-119

随学随练

设计 AI 学习海报，效果如图 4-120 所示。

知识要点：“透视网格”工具、“透视选区”工具、“矩形”工具、“椭圆”工具、“文字”工具、创建轮廓。

图 4-120

操作步骤

（1）启动 Illustrator CC 2022，新建一个宽为 210mm、高为 180mm 的文件。

（2）单击“透视网格”工具，打开透视网格；选择“矩形”工具，在平面切换构件中单击水平网格平面，切换到水平网格平面；绘制一个矩形，将填充颜色设置为 R：235、G：113、B：103，并取消描边；选择“椭圆”工具，绘制一个正圆形（在绘制过程中，按空格键可以调整图形的位置），将填充颜色设置为 R：25、G：13、B：5，并取消描边，效果如图 4-121 所示。

（3）选择“矩形”工具，在平面切换构件中单击左侧网格平面，切换到左侧网格平面；绘制一个矩形，将填充颜色设置为 R：209、G：113、B：39，并取消描边。在平面切换构件中单击右侧网格平面，切换到右侧网格平面；绘制一个矩形，将填充颜色设置为 R：207、G：177、B：41，并取消描边，效果如图 4-122 所示。

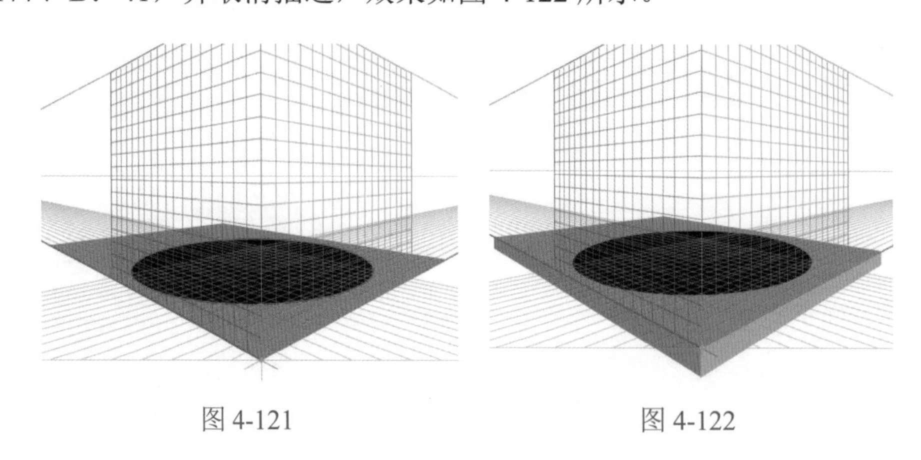

图 4-121　　图 4-122

（4）在平面切换构件中单击无网格平面，切换到正常绘图状态；选择“文字”工具，输入文字“Ai”，设置字体、字号，并将填充颜色设置为 R：239、G：125、B：36；按快捷键 Ctrl+Shift+O 创建轮廓，右击文字，在弹出的快捷菜单中选择“取消编组”命令，效果如图 4-123 所示。

（5）选择“透视选区”工具，在平面切换构件中单击左侧网格平面，切换到左侧网格平面，将文字“A”拖曳到左侧网格平面中并调整好位置；在平面切换构件中单击右侧网格平面，切换到右侧网格平面，将文字“i”拖曳到左侧网格平面中并调整好位置和大小，效果如图 4-124 所示。

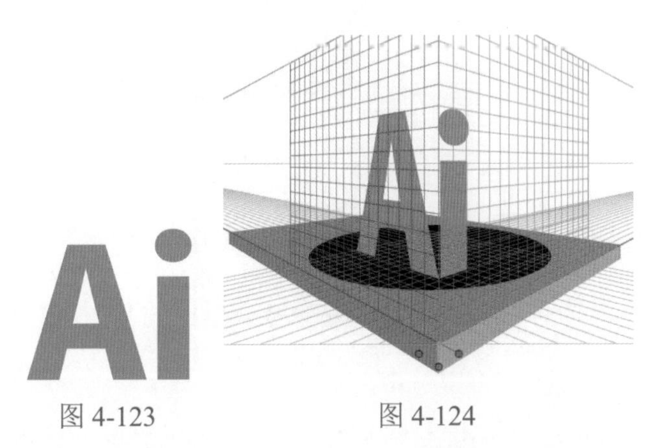

图 4-123　　　　图 4-124

（6）在平面切换构件中单击无网格平面，切换到正常绘图状态；选择“文字”工具，分别输入文字“学我想学，找到学习的热情”和“每天进步一点点”，设置字体、字号，并将填充颜色设置为白色；按快捷键 Ctrl+Shift+O 创建轮廓。

（7）按照上述方法，分别将文字拖曳到对应的透视网格平面中，最终效果如图 4-125 所示。

图 4-125

实训案例

以“抟扶摇而上者九万里”为主题设计励志海报，效果如图 4-126 所示。

设计要求：尺寸大小为750px×1334px，颜色模式为RGB。“抟扶摇而上者九万里”出自《庄子·逍遥游》，此句的意思是大鹏乘着旋风盘旋飞至九万里的高空。海报传达了通过学习和掌握专业技能，使我们能够展翅高飞的理念。

图 4-126

知识要点：“钢笔”工具、“混合”工具、“文字”工具、“渐变”工具。

操作步骤

（1）启动Illustrator CC 2022，新建一个宽为750px、高为1334px，颜色模式为RGB，分辨率为72ppi的文件。

（2）选择“矩形”工具，绘制一个矩形；选择“钢笔”工具，分别在矩形的对应位置添加锚点（见图4-127）；选择“直接选择”工具，分别框选添加的锚点，并调整锚点的位置，从而改变图形的形状（见图4-128）；框选中间的4个锚点，使用鼠标拖曳边角构件形成圆弧，效果如图4-129所示。按住Alt键，同时使用鼠标拖曳图形，以复制一个图形，调整两个图形的位置，效果如图4-130所示。

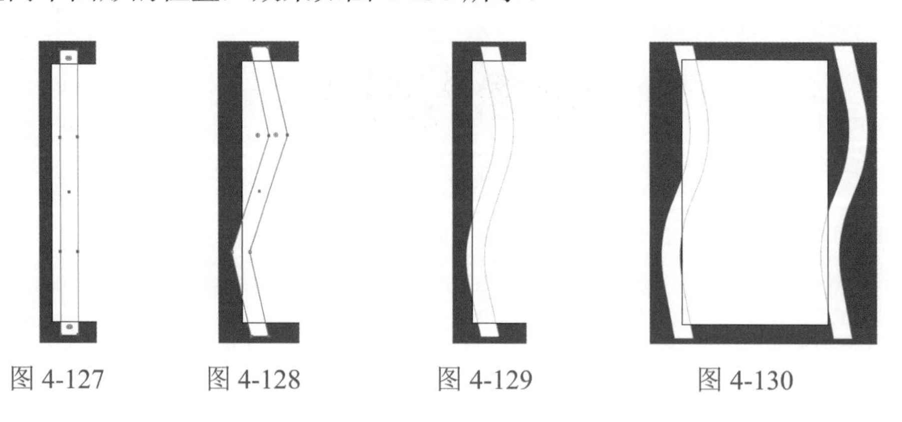

图 4-127　　图 4-128　　图 4-129　　图 4-130

（3）选中左侧图形，取消描边，单击“填色”按钮，切换至填色状态。在“渐变”控制面板中，将“类型”设置为“线性渐变”，单击对应的颜色滑块，在打开的“颜色”

控制面板中设置相应的颜色。设置完颜色后，选择“渐变”工具，拖曳渐变批注者以调整渐变颜色的方向，效果如图 4-131 所示。

（4）按照上述方法，给右侧图形填充渐变颜色，效果如图 4-132 所示。

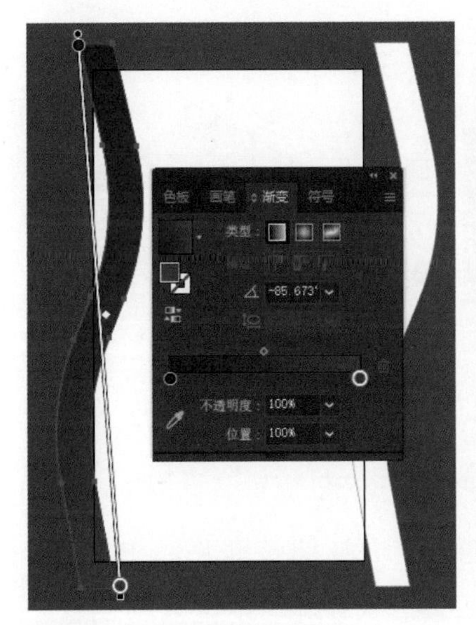

图 4-131

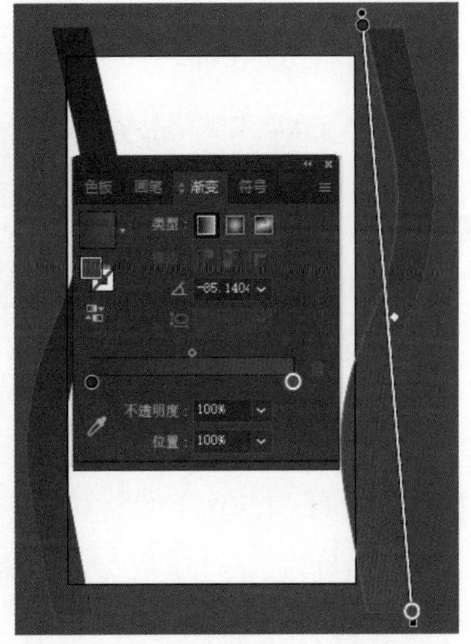

图 4-132

（5）选择“混合”工具，分别在两个图形中单击，以创建混合效果，如图 4-133 所示。双击“混合”工具，在弹出的“混合选项”对话框中将“间距”设置为“指定的步数”，并调整数值，如图 4-134 所示。选中混合对象，按快捷键 Ctrl+2 进行锁定。

图 4-133

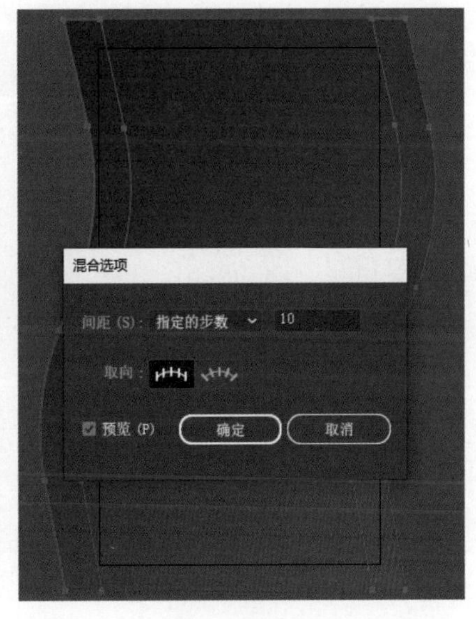

图 4-134

（6）选择“钢笔”工具，绘制一条路径，结合“直接选择”工具调整路径的形状，并设置路径的描边粗细，效果如图 4-135 所示；选中路径，选择“对象→扩展”命令，将路径转换为图形对象；按住 Alt 键，同时按住鼠标左键并向下拖曳鼠标，以复制一个图形，调整好图形的位置，效果如图 4-136 所示。

（7）按照上述方法，设置图形的渐变颜色，并对其进行混合操作，效果如图 4-137 所示。

（8）按照上述方法，制作另一个图形，效果如图 4-138 所示。调整两个图形的位置，以形成山的形状。

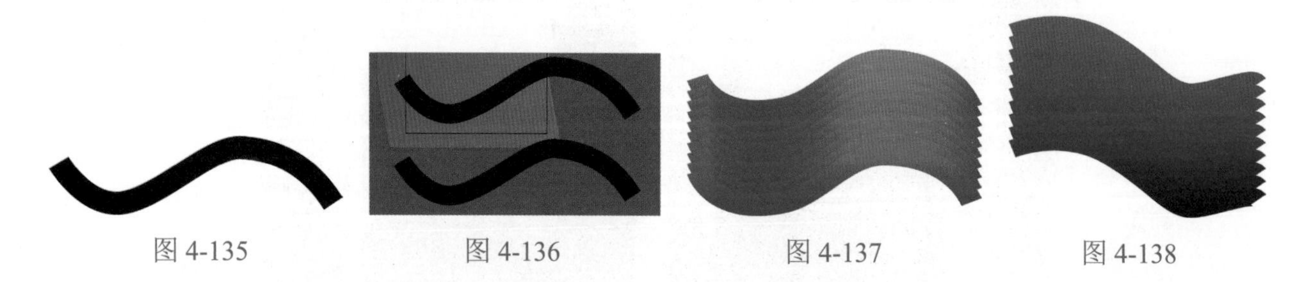

图 4-135　图 4-136　图 4-137　图 4-138

（9）选择“椭圆”工具，绘制一个正圆形，将颜色填充设置为白色，取消描边，并将正圆形的不透明度设置为 70%；调整正圆形的大小和位置，效果如图 4-139 所示。选中正圆形，按快捷键 Ctrl+C 进行复制，按快捷键 Ctrl+B 原位在后粘贴一个图形，按快捷键 Alt+Shift，同时按住鼠标左键并拖曳鼠标，以适当放大图形，设置复制的正圆形的不透明度。重复执行上述命令，多复制几个正圆形，效果如图 4-140 所示。

（10）选择“钢笔”工具，勾画鲸鱼的形状，结合“直接选择”工具选中锚点以调整形状（见图 4-141）；选择各个部分，运用“渐变”工具和“填色”按钮分别填充不同的颜色，效果如图 4-142 所示。

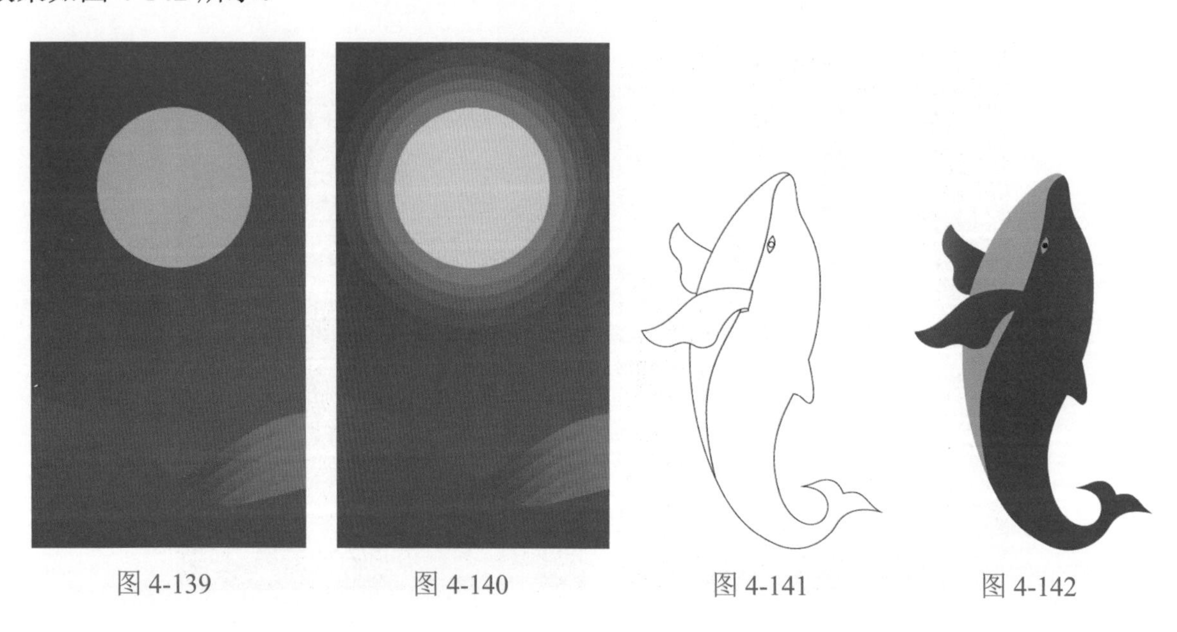

图 4-139　图 4-140　图 4-141　图 4-142

（11）选择“钢笔”工具，勾画人脸的轮廓，结合“直接选择”工具调整形状（见图 4-143）；选择“选择”工具，旋转图形，并将图形放置在上方；运用“渐变”控制面板和“渐变”工具，填充人脸的颜色，效果如图 4-144 所示。对各个部分整体进行排版，效果如图 4-145 所示。

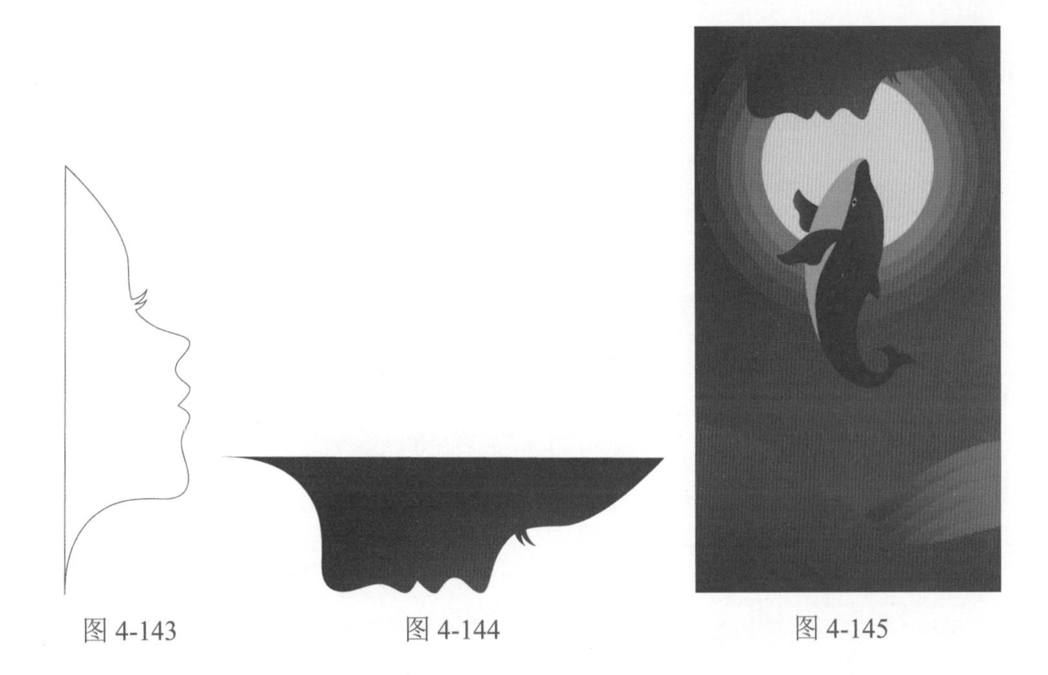

图 4-143　　图 4-144　　图 4-145

（12）选择“钢笔”工具，勾画松树的外形轮廓，将填充颜色设置为 R：41、G：0、B：45，并取消描边（见图 4-146）；选择“效果→扭曲和变换→粗糙化”命令，在弹出的“粗糙化”对话框中设置相应参数，设置完成后单击“确定”按钮，效果如图 4-147 所示。调整好松树在画面中的位置。

（13）选择“钢笔”工具，沿着山的形状绘制一条路径，结合“直接选择”工具调整好形状，如图 4-148 所示。

（14）选择“路径文字”工具，在路径上单击以确定输入点，输入文字“抟扶摇而上者九万里”，并设置文字的字体、字号、颜色和字符间距等，效果如图 4-149 所示。

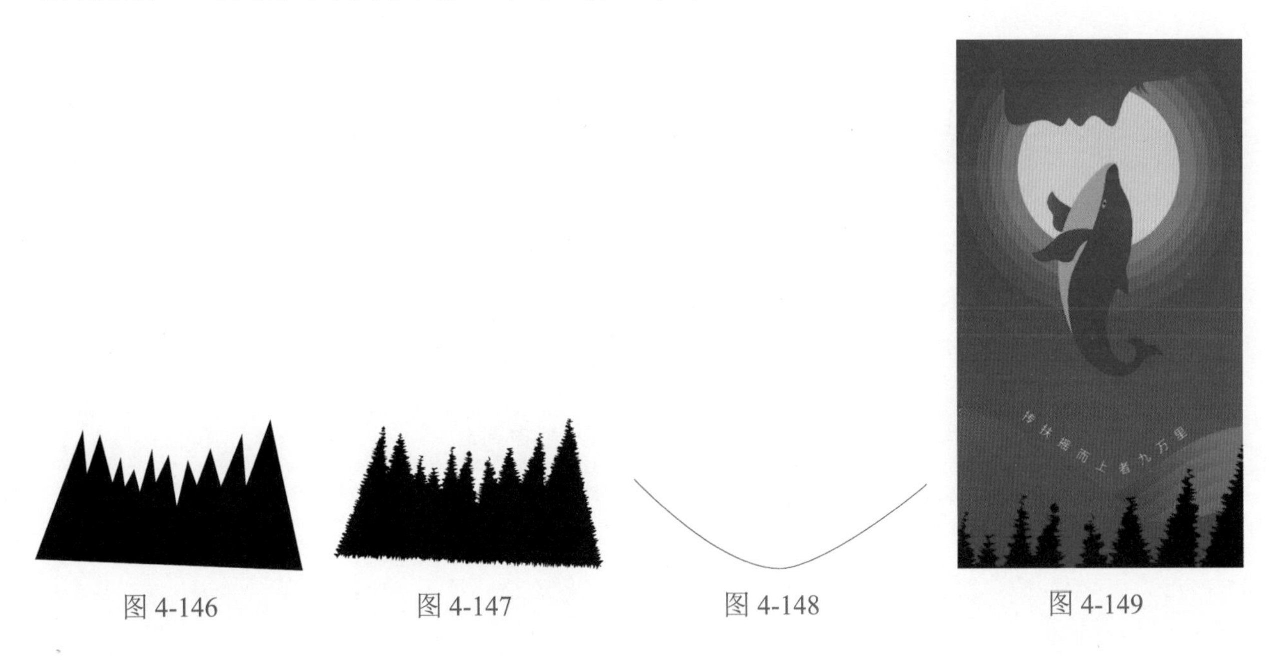

图 4-146　　图 4-147　　图 4-148　　图 4-149

课后提升

一、知识回顾

1.“钢笔”工具的快捷键为__________。在绘制直线时，按住________键可以绘制水平、垂直的直线。在使用“钢笔”工具绘制路径时，按住_______键，并单击页面空白处，即可结束绘制路径。

2. 在绘制路径时，按住_______键可打断一侧的控制线，从而调整绘制方向；按住______键并拖曳锚点，可以移动锚点的位置。

3. 在选择“钢笔”工具的前提下，按住________键，单击或拖曳锚点可以转换锚点。

4. 建立混合对象的快捷键为______________。

5. 在创建剪切蒙版时_______在上，________在下，快捷键为______________。

6. 在运用“透视网格”工具绘制图形时，使用快捷键能快捷切换透视网格平面，切换至左侧网格平面的快捷键为_________，切换至右侧网格平面快捷键为_________，切换至水平网格平面的快捷键为_________，切换至无网格平面的快捷键为__________。

二、操作实践

外面的世界很大也很精彩，我们祖国山河多广阔，风景壮丽。出门看看大世界，眼界变宽人长才。愿大家能经常走出家门，看看美丽的祖国山河，感受祖国的美丽。设计一幅“想出去吹吹风”的插画，体现祖国的美好风景，参考效果如图 4-150 所示。

图 4-150

模块五　形状生成

模块概述

本模块主要介绍 Illustrator CC 2022 中的“路径查找器”控制面板和“形状生成器”工具。使用“路径查找器”控制面板和“形状生成器”工具可以快速、方便地通过基本图形制作出复杂图形，从而生成不同的形状，以达到美化图形、丰富造型的效果。

学习目标

知识目标

- 熟练掌握路径的基本编辑方法。
- 掌握应用路径查找器的方法。
- 掌握“形状生成器”工具的使用方法。

能力目标

- 能够用形状工具结合路径查找器绘制卡通小鸟图形。
- 能够用“形状生成器”工具制作“8”字图形。

素养目标

- 提高学生设计创意图形的能力。
- 培养学生组合与修剪图形的联想能力。

思政目标

- 培养学生的生态文明观念，并增强环保意识。
- 提升学生的职业认同感、使命感和自豪感。

思维导图

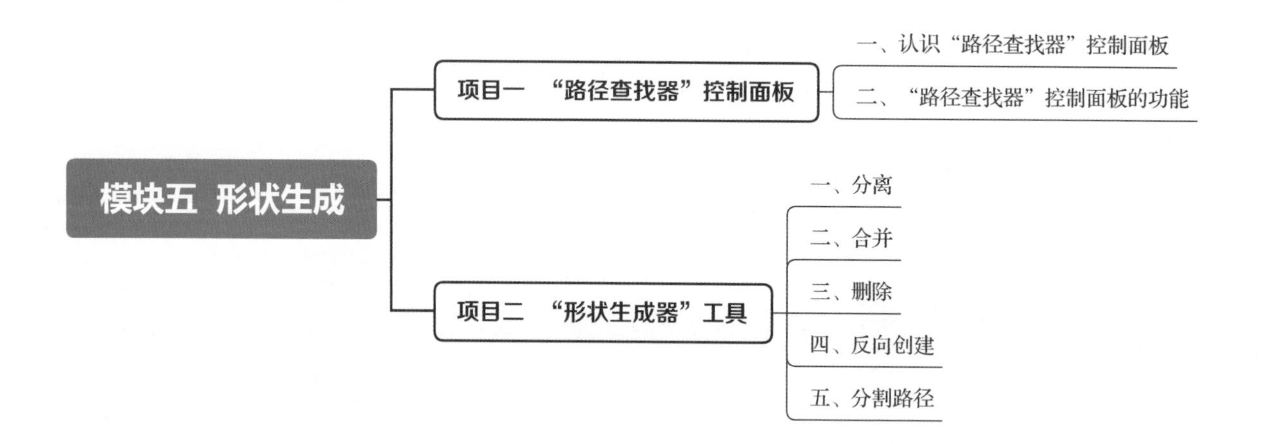

知识链接

项目一 “路径查找器”控制面板

在 Illustrator CC 2022 中，“路径查找器”控制面板是常用的面板之一。它包含了一组功能强大的路径编辑命令，使用这些命令可以将一些基本的路径变成各种复杂的路径，并且可以通过编辑路径得到图形。

一、认识“路径查找器”控制面板

选择“窗口→路径查找器”命令（快捷键为 Shift+Ctrl+F9），打开“路径查找器”控制面板，如图 5-1 所示。“路径查找器”控制面板主要由形状模式和路径查找器两部分组成。

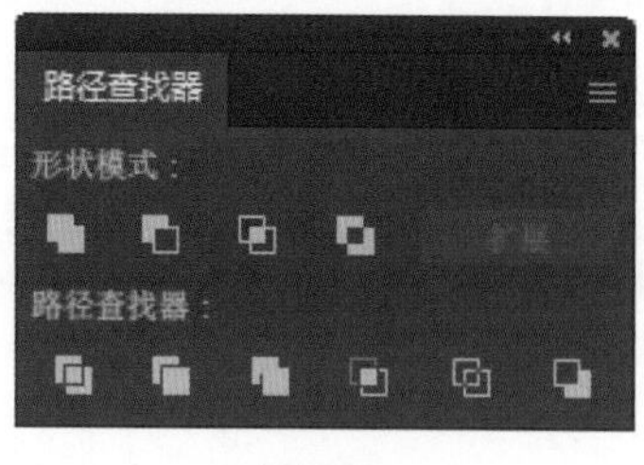

图 5-1

形状模式是一种布尔运算，可以用来组合对象，生成不同形状的新图形，包含“联集”、“减去顶层”、“交集”和“差集”按钮。

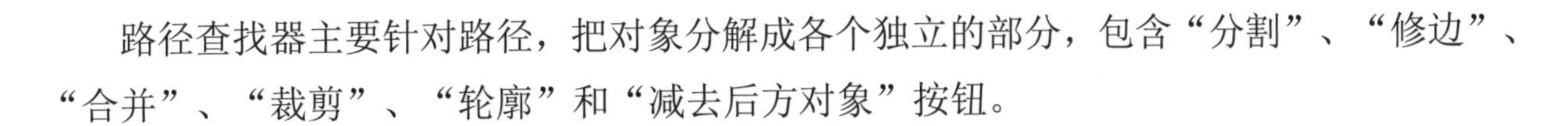

路径查找器主要针对路径，把对象分解成各个独立的部分，包含“分割”、“修边”、“合并”、“裁剪”、“轮廓”和“减去后方对象”按钮。

二、“路径查找器”控制面板的功能

想要使用“路径查找器”控制面板中的功能，必须满足两个条件：具有两个或两个以上的图形对象和选中所有的图形对象。

选中想要操作的图形对象（见图 5-2），在“路径查找器”控制面板中单击相应的按钮，即可产生不同的图形编辑效果。

图 5-2

1. 形状模式

1）“联集”按钮

联集（相加模式）：将所有图形对象合并为一个形状，新生成的图形对象的属性取决于最上层图形对象的属性，效果如图 5-3 所示。

2）“减去顶层”按钮

减去顶层（相减模式）：通过底层图形对象减去上层图形对象，同时减去上层图形对象与底层图形对象重叠的部分，最终产生的图形对象属性取决于底层图形对象的属性，效果如图 5-4 所示。

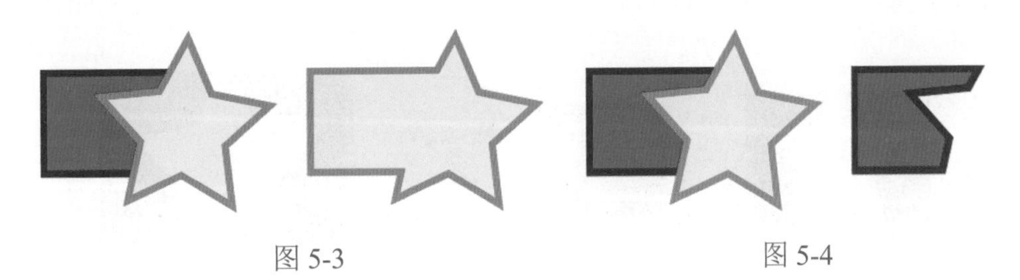

图 5-3　　图 5-4

3）“交集”按钮

交集（相交模式）：保留图形对象重叠的部分，新生成的图形对象的属性取决于最上层图形对象的属性，效果如图 5-5 所示。

4）“差集”按钮

差集（差集模式）：保留图形对象的非重叠区域，减去重叠区域，新生成的图形对象的属性取决于最上层图形对象的属性，效果如图 5-6 所示。

图 5-5　　图 5-6

注意：当有两个以上的图形对象重叠（见图 5-7）时，将减去偶数个图形对象重叠的部分，而不减去奇数个图形对象重叠的部分，效果如图 5-8 所示。

对图形对象直接使用形状模式，将无法编辑每个图形对象的大小和位置。为了方便后续操作，可以选中所有图形对象，按住 Alt 键，同时单击“路径查找器”控制面板的“形状模式”选项中的任意一个按钮，即可生成一个复合形状（见图 5-9），同时激活“路径查找器”控制面板中的“扩展”按钮。

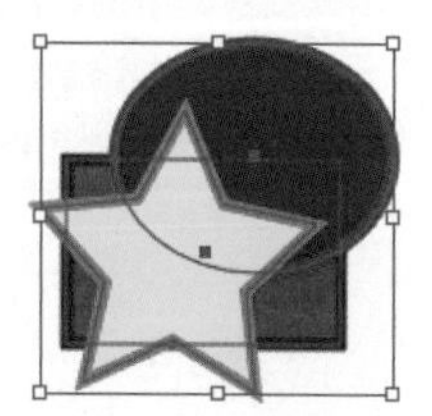
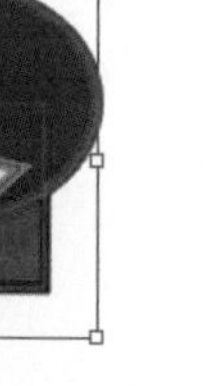

图 5-7

图 5-8

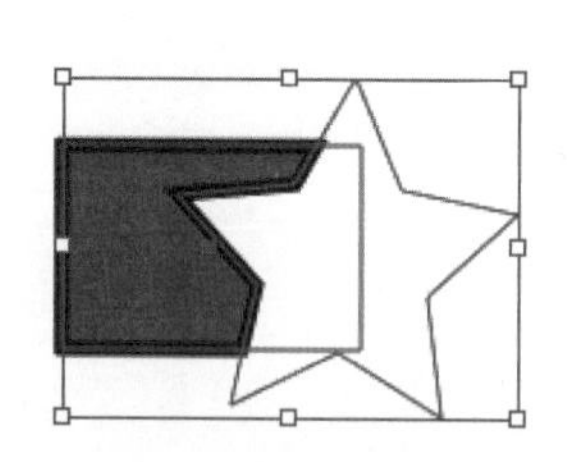

图 5-9

复合形状在产生布尔运算效果时，会保留原始的路径，并且这条路径是可以编辑的。使用“选择”工具，双击复合形状，进入复合形状编辑状态，使用工具调整对象的大小、位置；编辑完成后，双击页面空白处，退出复合形状编辑状态，效果如图 5-10 所示。使用“直接选择”工具也可以调整对象的形状，效果如图 5-11 所示。将复合形状变成复合路径，只需选中复合形状，单击“路径查找器”控制面板中的“扩展”按钮，效果如图 5-12 所示。

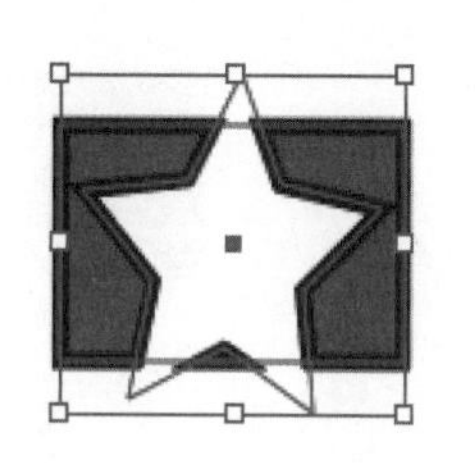

图 5-10

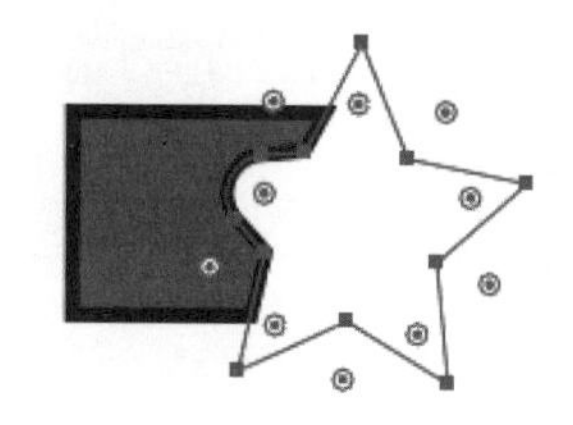

图 5-11

图 5-12

技巧：选中复合形状中的任意一个图形对象，按住 Alt 键，同时单击“路径查找器”控制面板中的形状模式按钮，即可修改该对象的形状模式。

2. 路径查找器

对图形对象应用路径查找器模式中的任意一种形式，新生成的图形对象将处于编组状态。若需要单独移动或修改某个图形对象，则可以使用“选择”工具、“编组选择”工具或“直接选择”工具取消编组。

1）“分割”按钮

“分割”按钮用于分离图形对象的重叠区域，形成独立的对象，新生成的图形对象的属性取决于上层图形对象的属性。使用“编组选择”工具移动应用了分割操作的图形对象，效果如图 5-13 所示。

2）“修边”按钮

“修边”按钮用于删除图形对象重叠区域的下层图形，去除所有对象的描边，新生成的图形对象保留原来的填充属性。使用“编组选择”工具移动应用了修边操作的图形对象，效果如图 5-14 所示。

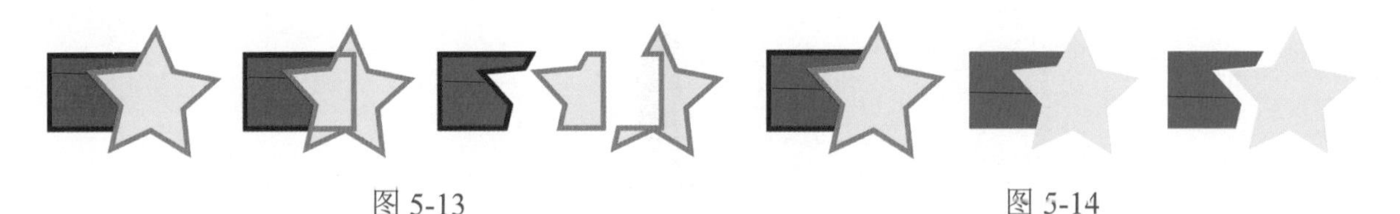

图 5-13　　　　图 5-14

3）“合并”按钮

“合并”按钮用于删除所有图形对象的描边属性，若图形对象的填充属性不同，则可以进行修边操作，效果如图 5-15 所示；若图形对象的填充属性相同，则可以进行联集操作，效果如图 5-16 所示。

4）“裁剪”按钮

“裁剪”按钮用于保留上层图形对象与所有下层图形对象的重叠区域，并去除描边属性，新生成的图形对象的填充颜色取决于底层图形对象的填充颜色，并且保留上层图形对象的路径轮廓，效果如图 5-17 所示。

图 5-15　　　　图 5-16　　　　图 5-17

5）“轮廓”按钮

“轮廓”按钮用于把所有图形对象显示为轮廓线，轮廓线的颜色取决于原图形对象的填充颜色，并且轮廓线被分割成一段一段的开放路径。使用“编组选择”工具移动应用了轮廓操作的图形对象，效果如图 5-18 所示。

6）“减去后方对象”按钮

“减去后方对象”按钮用于保留最上层未覆盖任何图形的部分，新生成的图形对象的属性取决于最上层图形对象的属性，效果如图 5-19 所示。

图 5-18　　　　图 5-19

随学随练

绘制卡通小鸟图形，效果如图 5-20 所示。

图 5-20

知识要点：“椭圆”工具、“矩形”工具、“路径查找器”控制面板。

操作步骤

（1）启动 Illustrator CC 2022，新建一个宽和高均为 280mm 的文件。

（2）选择“椭圆”工具，绘制一个正圆形，将填充颜色设置为黑色，并取消描边；选择“矩形”工具，绘制一个正方形，并在绘制过程中按住空格键以调整正方形的位置。为了便于区分，此处可以将正方形的填充颜色设置为黄色，并取消描边，效果如图 5-21 所示。

（3）选中两个图形，单击“路径查找器”控制面板的“形状模式”选项中的“减去顶层”按钮，效果如图 5-22 所示。

（4）选择“椭圆”工具，绘制一个正圆形，并在绘制过程中按住空格键以调整正圆形的位置。为了便于区分，此处可以将正圆形的填充颜色设置为绿色，并取消描边，效果如图 5-23 所示；选中两个图形，单击“路径查找器”控制面板的“路径查找器”选项中的“分割”按钮；右击应用分割操作后的两个图形，在弹出的快捷菜单中选择“取消编组”命令，删除多余的图形部分，形成嘴部分；选中嘴部分，将填充颜色设置为红色，效果如图 5-24 所示。

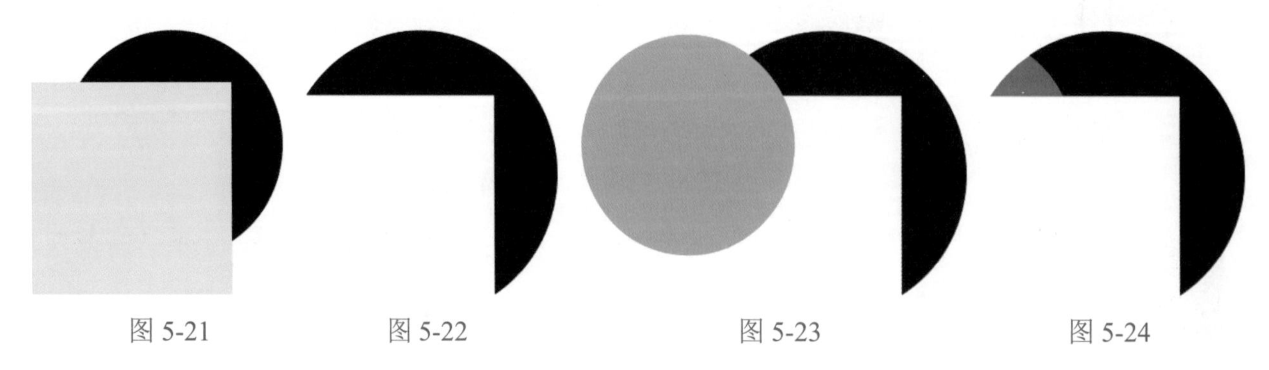

图 5-21　图 5-22　图 5-23　图 5-24

（5）选择“椭圆”工具，绘制一个椭圆形，并在绘制过程中按住空格键以调整椭圆

形的位置，将填充颜色设置为绿色，效果如图 5-25 所示；选择“矩形”工具，绘制一个矩形，效果如图 5-26 所示；选中这两个图形，单击“路径查找器”控制面板的“形状模式”选项中的“减去顶层”按钮，效果如图 5-27 所示。

（6）按照上述方法，制作黄色图形部分，效果如图 5-28 所示。

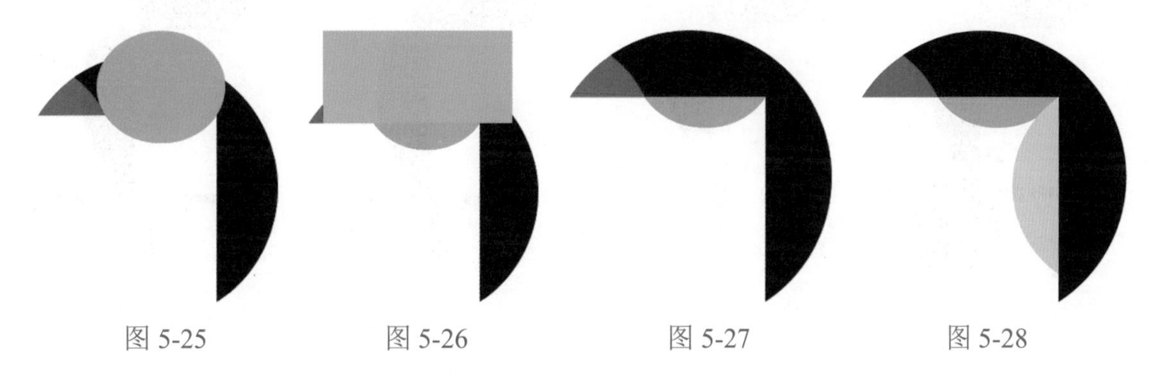

图 5-25　　图 5-26　　图 5-27　　图 5-28

（7）选择“椭圆”工具，绘制一个正圆形，并在绘制过程中按住空格键以调整正圆形的位置，将填充颜色设置为红色，效果如图 5-29 所示；选中正圆形和黑色图形部分，单击“路径查找器”控制面板的“路径查找器”选项中的“分割”按钮；右击应用分割操作后的两个图形，在弹出的快捷菜单中选择“取消编组”命令，删除多余的图形部分，效果如图 5-30 所示。

（8）选择“椭圆”工具，绘制眼睛部分，并填充相应颜色，效果如图 5-31 所示。

（9）选择“矩形”工具，绘制一个矩形，作为树枝，将填充颜色设置为黑色，并调整好位置和大小；选择“矩形”工具，绘制另一个矩形，作为小鸟的爪子并调整好位置和大小，拖曳边角构件适当调整圆角大小。选中小鸟的爪子图形，按住鼠标左键并拖曳矩形，同时按快捷键 Shift+Alt，拖曳矩形至合适位置后松开鼠标左键，水平复制一个图形；分别将小鸟的爪子图形的填充颜色设置为黄色和绿色；选中两个小鸟的爪子图形，按住鼠标左键并拖曳两个圆角矩形，同时按快捷键 Shift+Alt，拖曳两个圆角矩形至合适位置后松开鼠标左键，水平复制这两个圆角图形，效果如图 5-32 所示。

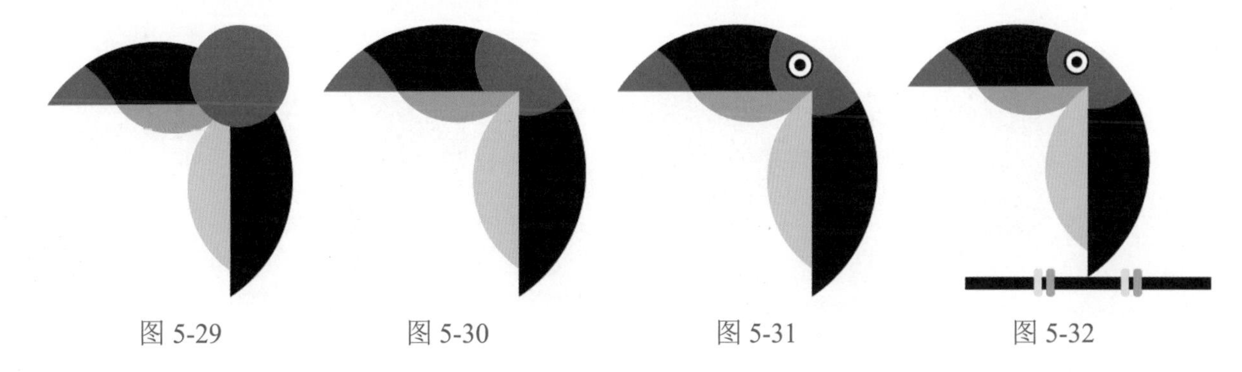

图 5-29　　图 5-30　　图 5-31　　图 5-32

（10）选择“椭圆”工具，绘制一个圆形，并调整好位置和大小，效果如图 5-33 所示；选择“矩形”工具，绘制一个矩形，如图 5-34 所示；选中圆形和矩形，单击“路径查找器”

控制面板的“形状模式”选项中的“减去顶层”按钮，效果如图 5-35 所示；选中新生成的图形对象，按快捷键 Ctrl+C 进行复制，按快捷键 Ctrl+F 原位在前粘贴图形，并将填充颜色设置为红色，调整图形对象的大小和位置，效果如图 5-36 所示。

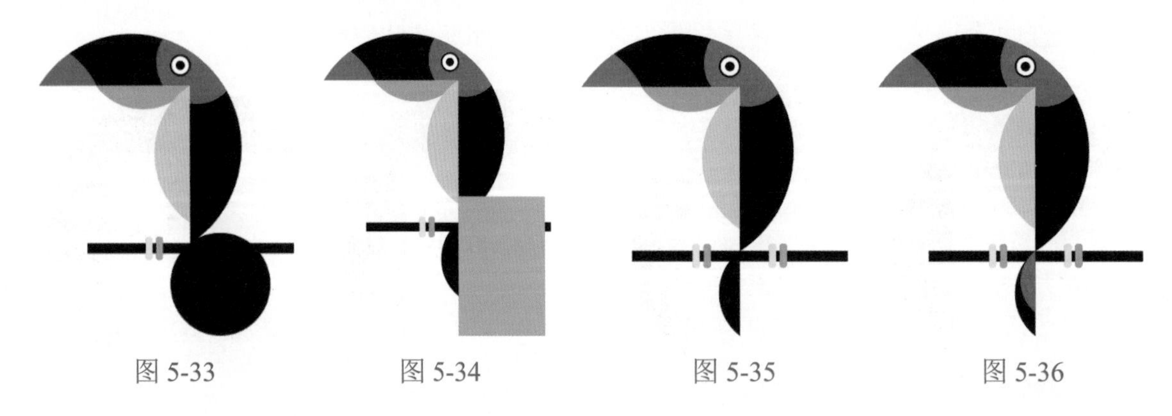

图 5-33　　图 5-34　　图 5-35　　图 5-36

项目二　“形状生成器”工具

“形状生成器”工具是一个用于通过合并或擦除简单形状来创建复杂形状的工具。“形状生成器”工具可以将绘制的多个简单图形合并为一个复杂的图形，还可以分离、删除重叠的形状，快速生成新的图形，使复杂图形的制作更加灵活、快捷。

注意：使用“形状生成器”工具的前提是形状之间存在交集。

一、分离

选中图形对象（见图 5-37），选择“形状生成器”工具，当鼠标指针变为形状时，将鼠标指针移至需要分离或提取的区域，该区域将变成灰色网格区域（见图 5-38）；单击该区域即可将该区域分离成单独的形状。使用“选择”工具分离各个形状，效果如图 5-39 所示。

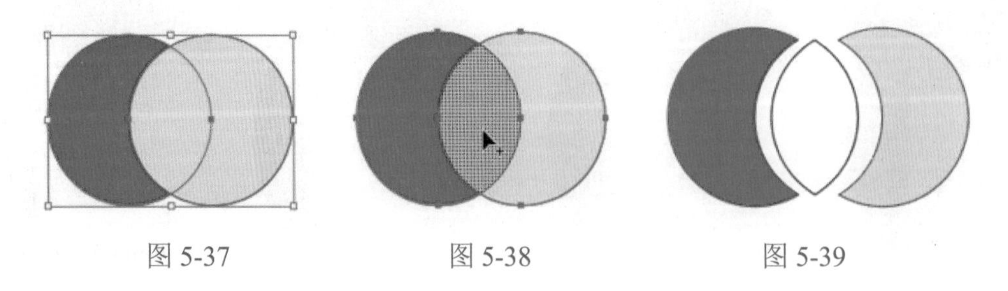

图 5-37　　图 5-38　　图 5-39

二、合并

选中图形对象（见图 5-40），选择“形状生成器”工具，按住鼠标左键，并沿着需要

合并的区域拖曳鼠标，鼠标指针经过的区域将变成灰色网格区域，表示新生成的图形（见图 5-41），松开鼠标左键，鼠标指针经过的区域将合并成一个图形，如图 5-42 所示。

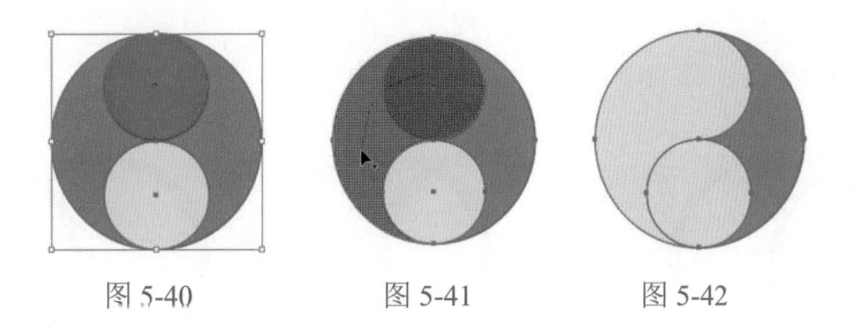

图 5-40　　图 5-41　　图 5-42

三、删除

选中图形对象（见图 5-43），选择“形状生成器”工具，按住 Alt 键，当鼠标指针变成形状时，同时按住鼠标左键，并沿着需要删除的区域拖曳鼠标，鼠标指针经过的区域将变成灰色网格区域，表示需要删除的区域（见图 5-44）；松开鼠标左键，鼠标指针经过的区域将被删除，效果如图 5-45 所示。

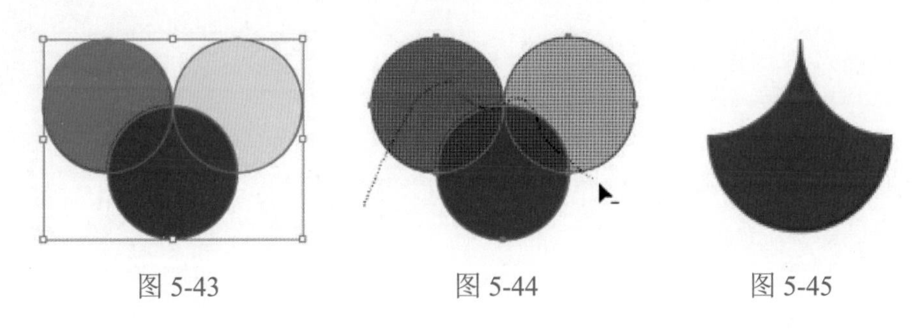

图 5-43　　图 5-44　　图 5-45

四、反向创建

合理使用“形状生成器”工具可以反向创建一些形状。选中图形对象（见图 5-46），选择“形状生成器”工具，将鼠标指针移至四个图形围成的空白区域（见图 5-47），单击该区域即可将该空白区域创建为一个图形，选择“选择”工具，可将其移出，如图 5-48 所示。

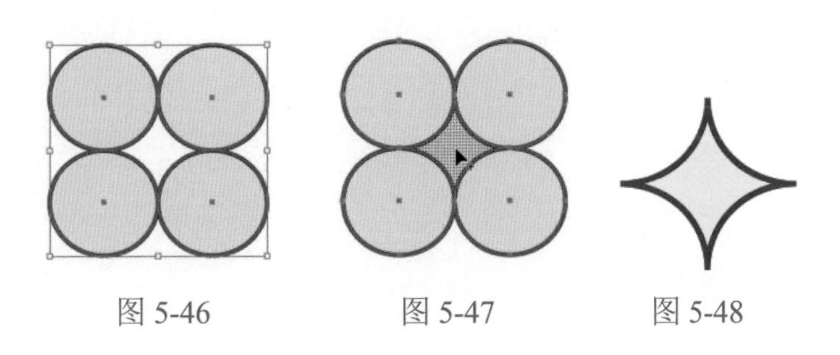

图 5-46　　图 5-47　　图 5-48

五、分割路径

若需要通过“形状生成器”工具来分割路径，则必须在“形状生成器工具选项”对话框中勾选“在合并模式中单击‘描边分割路径’”复选框。

选中图形对象（见图 5-49），选择“形状生成器”工具，将鼠标指针移动到需要分割的路径上，此时路径上将出现一条红色的线（见图 5-50），单击该线即可将原路径拆分为两条路径，效果如图 5-51 所示。这两条路径都是开放路径。

图 5-49　　图 5-50　　图 5-51

随学随练

绘制“8”字图形，效果如图 5-52 所示。

知识要点：“椭圆”工具、对齐操作、“形状生成器”工具、“扩展”命令、“渐变”工具。

图 5-52

操作步骤

（1）启动 Illustrator CC 2022，新建一个宽和高均为 300mm 的文件。

（2）选择“椭圆”工具，绘制一个正圆形，将描边颜色设置为黑色，并取消填充颜色；按快捷键 Ctrl+C 进行复制，按快捷键 Ctrl+F 原位在前粘贴正圆形。按快捷键 Shift+Alt，同时按住鼠标左键，并拖曳鼠标等比向内适当缩小正圆形，如图 5-53 所示。

（3）选中小圆形，按快捷键 Ctrl+C 进行复制，按快捷键 Ctrl+F 原位在前粘贴小圆形。按住 Shift 键，同时按住鼠标左键，并拖曳鼠标等比适当放大圆形（见图 5-54）；选中两个圆形，单击最大的圆形，以该圆形为基准，单击“对齐”控制面板中的“水平居中对齐”按钮进行居中对齐，如图 5-55 所示。

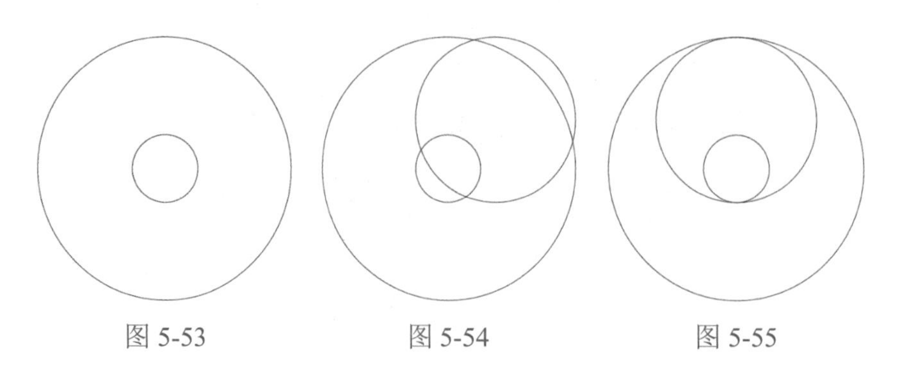

图 5-53　　图 5-54　　图 5-55

（4）按照上述方法，绘制其他圆形，并进行对齐操作，效果如图 5-56 所示；选择所有圆形，按快捷键 Ctrl+G 进行编组。

（5）选中编组图形，按住 Alt 键，同时按住鼠标左键，并拖曳鼠标以复制一个图形。双击“旋转”工具，在弹出的“旋转”对话框中设置相应参数，如图 5-57 所示；选中旋转后的图形，按住鼠标左键并拖曳该图形，使其与原来的图形对齐，效果如图 5-58 所示。

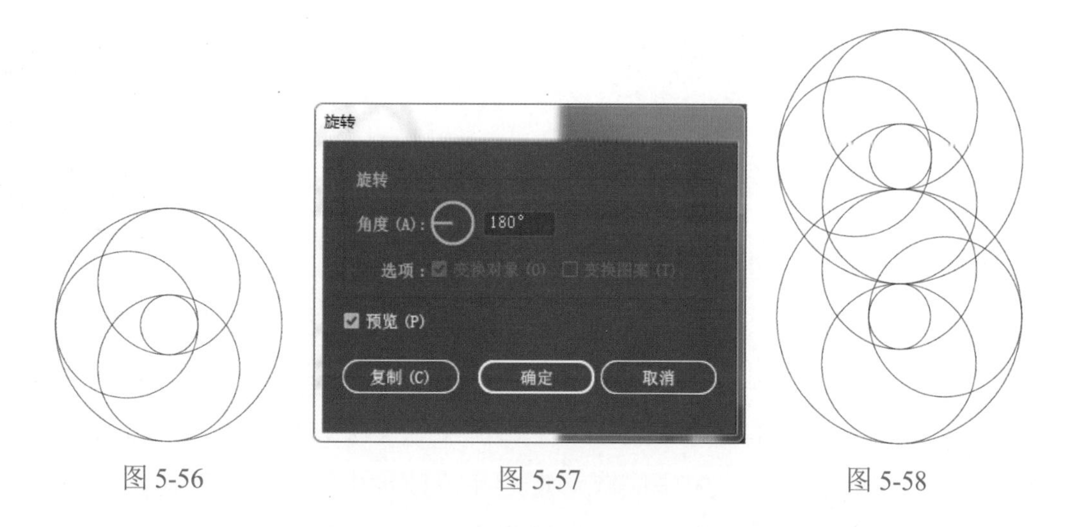

图 5-56　　图 5-57　　图 5-58

（6）选中两个图形，选择“形状生成器”工具，按住鼠标左键并沿着需要合并的区域拖曳鼠标，合并生成新的图形，效果如图 5-59 所示。

（7）选中新生成的图形，选择“对象→扩展”命令，在弹出的“扩展”对话框中设置相应选项（见图 5-60），单击“确定”按钮；右击扩展后的图形，在弹出的快捷菜单中选择“取消编组”命令，重复执行该命令，直到出现“释放复合路径”命令，并选择该命令，效果如图 5-61 所示。

（8）选择图形中的某一部分，在“渐变”控制面板中将“类型”设置为“线性渐变”，并设置渐变颜色。选择“渐变”工具，调整渐变颜色的方向，效果如图 5-62 所示。

（9）按照上述方法，完成其他部分的颜色设置，效果如图 5-63 所示。

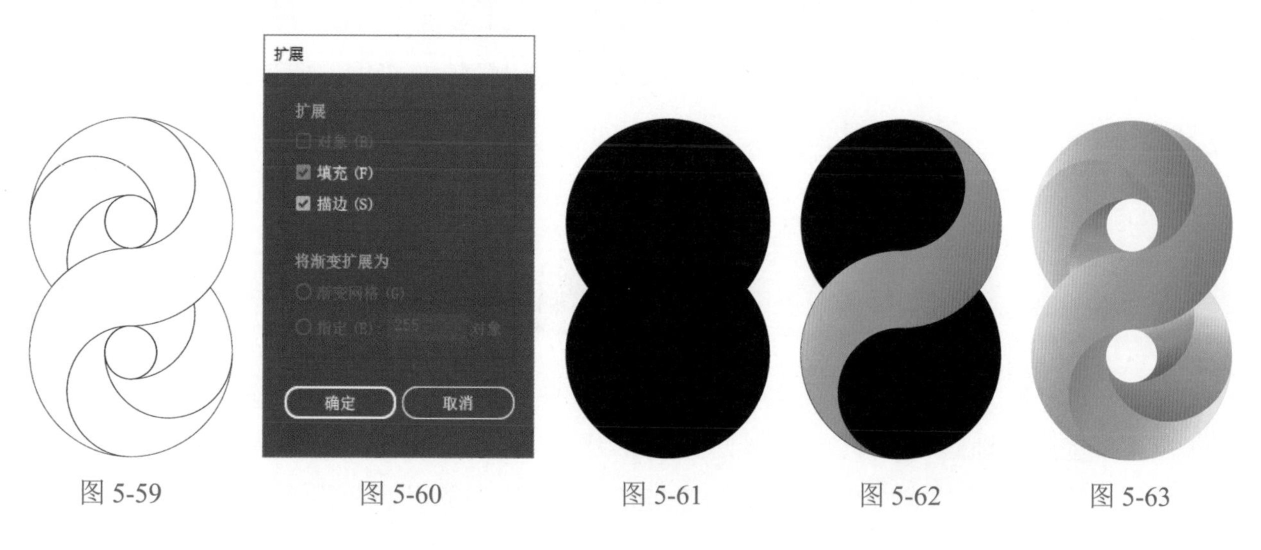

图 5-59　　图 5-60　　图 5-61　　图 5-62　　图 5-63

实训案例

阅读下列材料，体会我国推进生态文明建设给生态环境、百姓生活等方面带来的巨大变化，并结合自身感受，绘制一幅以“青山绿水”为主题的宣传插画，效果可参考图5-64。

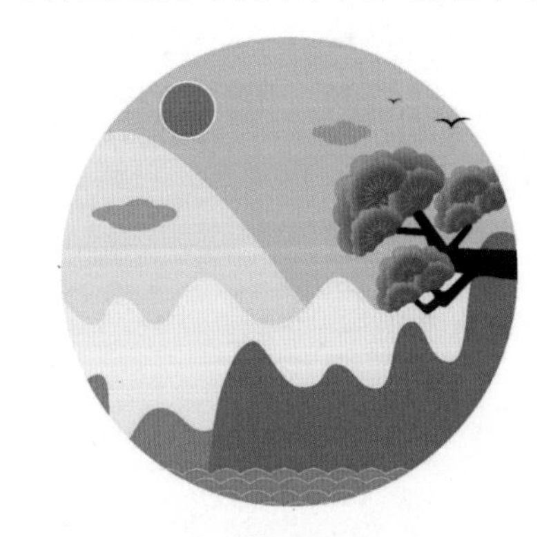

图5-64

我们坚持绿水青山就是金山银山的理念，坚持山水林田湖草沙一体化保护和系统治理，全方位、全地域、全过程加强生态环境保护，生态文明制度体系更加健全，污染防治攻坚向纵深推进，绿色、循环、低碳发展迈出坚实步伐，生态环境保护发生历史性、转折性、全局性变化，我们的祖国天更蓝、山更绿、水更清。

美丽中国，这是生态文明的形象代言。随着绿色、低碳、循环发展的持续推进，无数人的生产生活乃至命运发生了巨大变化，一个日益变绿变美、充满盎然生机的中国呈现在世人面前。在党中央的领导下，中华民族一定能完成建设生态文明、建设美丽中国的战略任务，让我们能“望得见山、看得到水、记得住乡愁”，为子孙后代拥有天蓝、地绿、水清的美好家园，谱写绿色发展的新篇章。

知识要点：“矩形”工具、“钢笔”工具、“椭圆”工具、“渐变”工具、“路径查找器”控制面板、“形状生成器”工具。

操作步骤

（1）启动Illustrator CC 2022，新建一个宽和高均为250mm的文件。

（2）选择“矩形”工具，绘制一个与页面大小相等的矩形，将填充颜色设置为R：167、G：218、B：229，并取消描边。单击“对齐”控制面板中的“水平居中对齐”和“垂直居中对齐”按钮，使矩形在页面中居中对齐，并按快捷键Ctrl+2进行锁定。

（3）选择“钢笔”工具，绘制山峰的形状，结合“直接选择”工具调整山峰的形状（见图5-65），通过“渐变”工具和“颜色”控制面板给山峰填充颜色，效果如图5-66所示。

图5-65　　图5-66

（4）选择“椭圆”工具，绘制一个圆形，并将填充颜色设置为R：69、G：162、B：156，描边颜色设置为白色；按快捷键Shift+Alt，同时按住鼠标左键，拖曳鼠标以复制

圆形，并调整好位置和大小；重复按快捷键 Ctrl+D，复制多个圆形；选中所有的圆形，单击“路径查找器”控制面板的“形状模式”选项中的“联集”按钮，将其合并成一个图形，效果如图 5-67 所示。

图 5-67

（5）选择图形，按住 Alt 键，同时按住鼠标左键，拖曳鼠标以复制图形，并调整好位置；选中这两个图形，按住 Alt 键，同时按住鼠标左键，拖曳鼠标以复制这两个图形，并调整好位置，效果如图 5-68 所示。

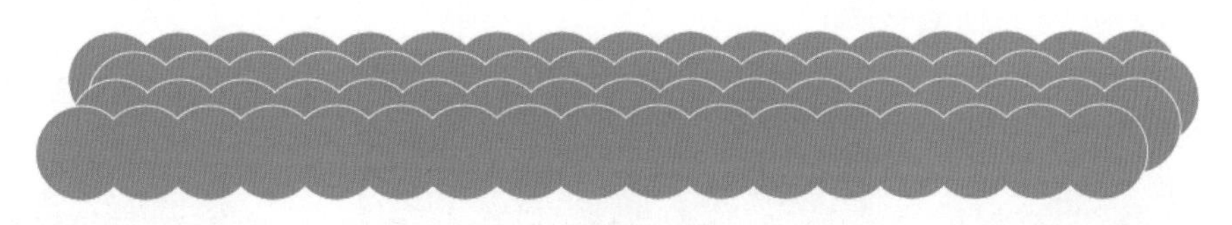

图 5-68

（6）选择“椭圆”工具，绘制不同大小的椭圆形，形成云朵的形状；选中所有椭圆形，单击“路径查找器”控制面板的“形状模式”选项中的“联集”按钮，将其合并成一个图形，将填充颜色设置为 R：131、G：188、B：231，并取消描边；按 Alt 键，同时按住鼠标左键，拖曳鼠标以复制图形，并调整好位置和大小。选择“椭圆”工具，绘制一个正圆形，作为太阳，将填充颜色设置为 R：235、G：104、B：111，描边颜色设置为白色，描边粗细设置为 3pt，效果如图 5-69 所示。

（7）选择“钢笔”工具，勾画树干的轮廓，并结合“直接选择”工具调整形状，将填充颜色设置为 R：74、G：30、B：25，并取消描边；选择“钢笔”工具，在树干上绘制直线，形成树的纹路，并将描边颜色设置为黑色，效果如图 5-70 所示。

（8）选择“椭圆”工具，绘制圆形，形成如图 5-71 所示的形状；选择“形状生成器”工具，对图形进行合并和删除，形成树叶的形状，效果如图 5-72 所示。

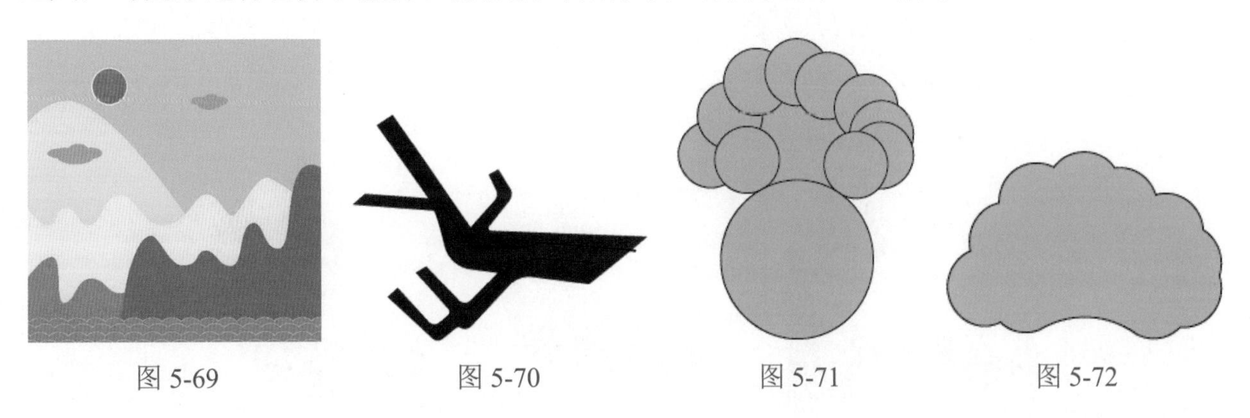

图 5-69　　图 5-70　　图 5-71　　图 5-72

（9）选中图形，单击“渐变”控制面板中的“填色”按钮，将“类型”设置为“径向渐变”，将渐变颜色设置为R：50、G：112、B：86和R：116、G：192、B：144，并取消描边，效果如图5-73所示。

（10）选择“直线段”工具，绘制一条垂直线，将描边粗细设置为2pt，“端点”设置为“圆头端点”，“配置文件”设置为“宽度配置文件4”；在“渐变”控制面板中，将“类型”设置为“线性渐变”，描边颜色设置为从R：114、G：192、B：134到不透明度为0的渐变，“角度”设置为90°。选中直线，单击“旋转”工具，按住Alt键，并在页面单击以设置旋转中心点，在弹出的“旋转”对话框中设置相应参数（见图5-74），设置完成后单击“复制”按钮。重复按快捷键Ctrl+D，复制多条直线，并删除不需要的直线，效果如图5-75所示。选中所有树叶图形，按快捷键Ctrl+G进行编组。

图5-73

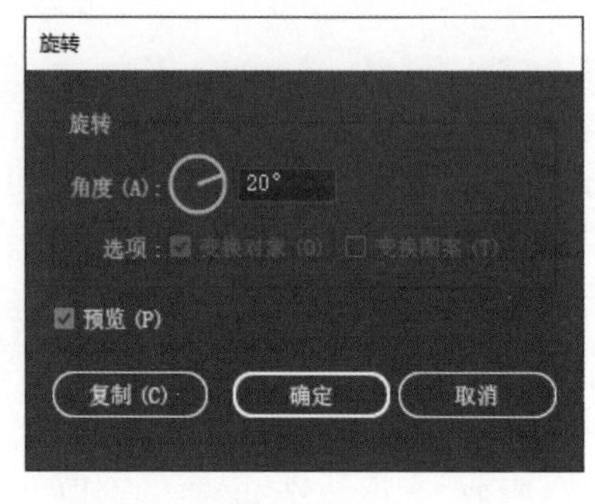

图5-74

图5-75

（11）按住Alt键，使用鼠标拖曳树叶图形，以复制图形（此处需要多复制几个树叶图形），并调整好位置和大小，形成多个树叶重叠的效果，设置完成后选中图形，按快捷键Ctrl+G进行编组；按住Alt键，使用鼠标拖曳树叶编组，以复制树叶编组（此处需要多复制几个树叶编组），并调整好位置和大小，效果如图5-76所示。

（12）选择所有图形对象，按快捷键Ctrl+G进行编组；选择“椭圆”工具，在页面中绘制一个与页面大小相等的正圆形；单击“对齐”控制面板中的“水平居中对齐”和“垂直居中对齐”按钮，使椭圆形居中排列；选中所有图形对象，按快捷键Ctrl+7创建剪切蒙版，效果如图5-77所示。

（13）选择“钢笔”工具，勾画鸟的轮廓，结合“直接选择”工具调整形状，并将填充颜色设置为黑色；复制一个鸟的形状，并调整好位置和大小，最终效果如图5-78所示。

图5-76

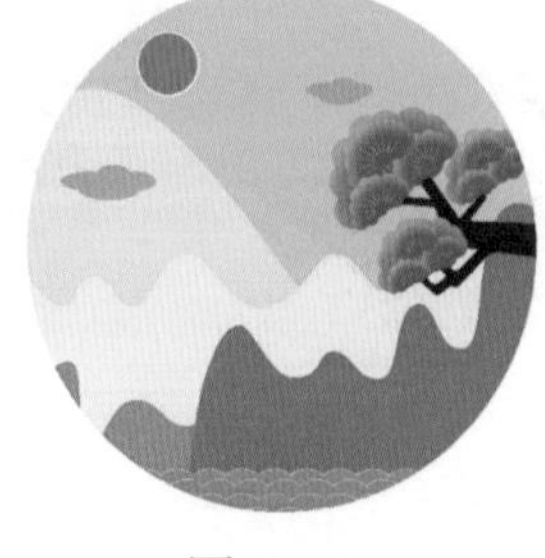

图5-77

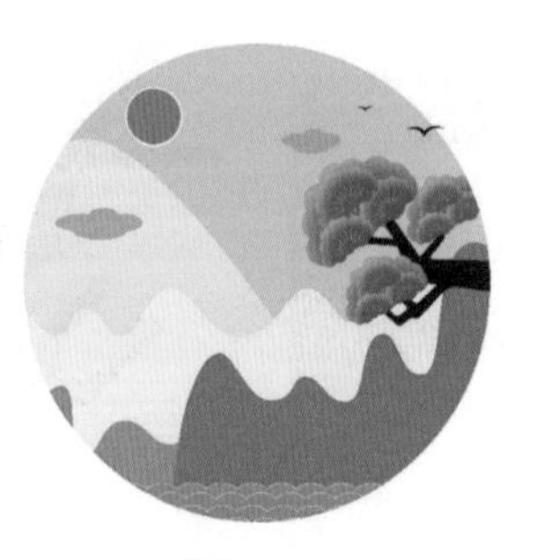

图5-78

课后提升

一、知识回顾

1. 在 Illustrator CC 2022 中，显示“路径查找器”控制面板的快捷键是________。

2. 两个具有不同填充颜色和描边颜色，但具有相交部分的圆形对象，在执行“路径查找器”控制面板中的“联集”命令后，新生成的图形对象的填充颜色和描边颜色为________________。

3. 两个具有不同填充颜色和描边颜色，但具有相交部分的圆形对象，在执行“路径查找器”控制面板中的“分割”命令后，新生成的图形对象的填充颜色和描边颜色为________________。

4. 在使用“形状生成器”工具生成图形时，按住________键，同时按住鼠标左键，并拖曳鼠标，即可删除图形。

二、操作实践

民族要复兴，乡村必振兴。全国各地都在大力推进新农村建设。新农村建设是全面推进乡村振兴的重要任务，对改善农村群众的生产生活条件、整体提升乡村建设水平、建设美丽宜居乡村、提升“三农”工作水平具有重要意义。近年来，农村人居环境正在发生变化，村庄建设和人居环境治理不断改善，农村住房体现出新特色，整体风貌呈现出新变化，得到全面改善。请结合新农村建设带来的变化，设计一幅宣传插画，可以参考图 5-79。

图 5-79

模块六　文字编排

模块概述

文字是平面设计中重要的元素之一。本模块主要介绍 Illustrator CC 2022 中“文字”工具及其命令的使用方法和技巧。通过学习本模块中的内容，读者能够熟练掌握文字处理和图文混排功能，提升文字排版设计能力。

学习目标

知识目标

- 掌握创建文本、路径文本和区域文本的方法。
- 掌握字符、段落控制面板的设置方法。
- 掌握图文混排的编辑方法。

能力目标

- 学会使用“文字”工具进行创意设计。
- 能够完成文字海报的设计。

素养目标

- 提升学生编辑与设计文字的能力。
- 提升学生对文字效果的创新设计能力。

思政目标

- 通过结合传统节日，并融入中国元素，增强学生的文化自信心。
- 通过设计垃圾分类宣传画，增强学生的环保意识。
- 熟悉企业行业要求，培养学生的产权意识，以增强他们的社会责任感。

思维导图

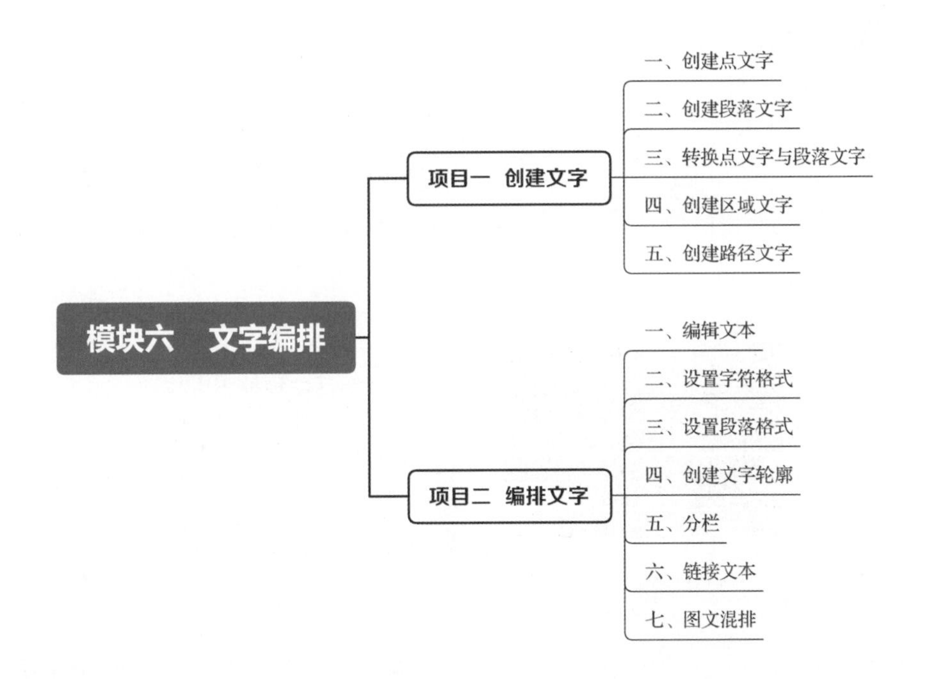

知识链接

项目一　创建文字

“文字”工具是 Illustrator CC 2022 中的常用工具之一。使用“文字”工具可以输入各种类型的文字，以满足不同的文字处理需要。

一、创建点文字

选择“文字”工具或“直排文字”工具，在页面中单击，会出现一个具有选中内容的文本区域（文本占位符，见图 6-1），即可输入所需的文本内容，如图 6-2 所示。

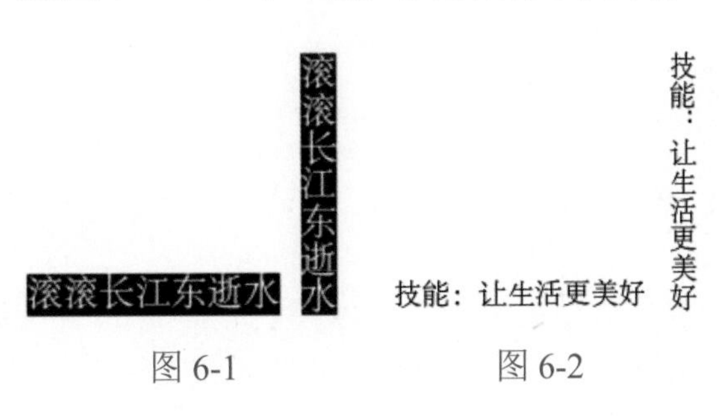

图 6-1　　　　图 6-2

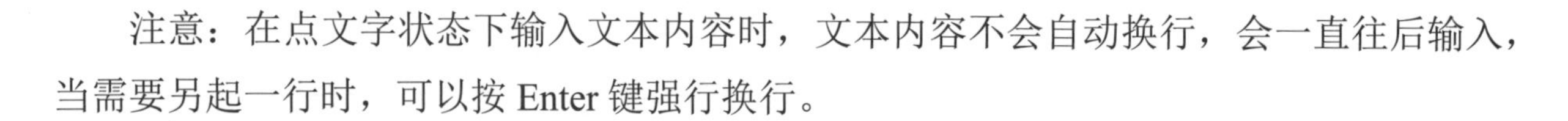

注意：在点文字状态下输入文本内容时，文本内容不会自动换行，会一直往后输入，当需要另起一行时，可以按 Enter 键强行换行。

二、创建段落文字

选择“文字”工具或“直排文字”工具，按住鼠标左键并拖曳鼠标，在页面中绘制一个大小合适的文本框，松开鼠标左键，页面中会出现一个蓝色并且具有选中内容的文本框（见图 6-3），即可输入所需的文本内容，如图 6-4 所示。当输入的文本到达文本框的边界时，文字将自动换行。

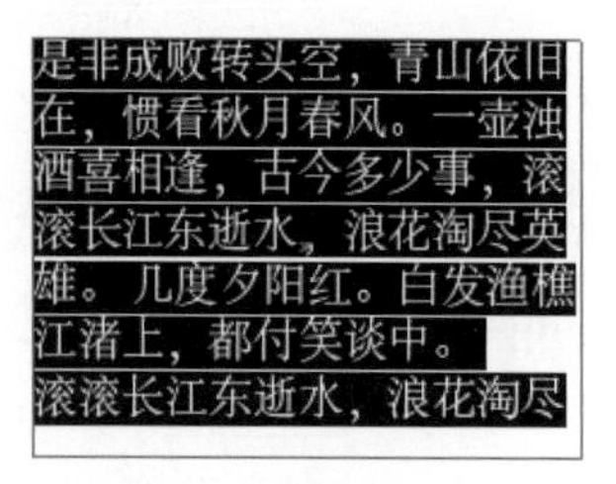

图 6-3

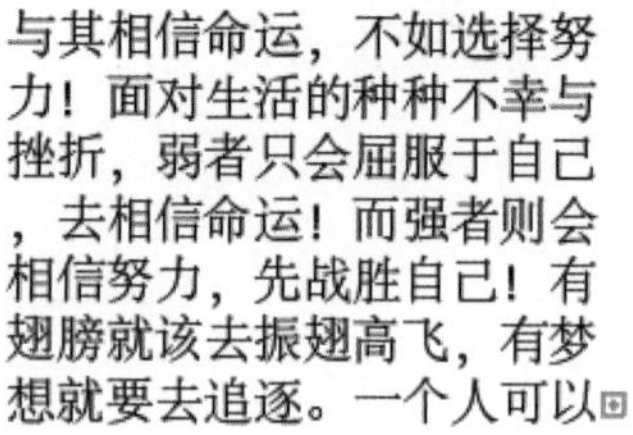

与其相信命运，不如选择努
力！面对生活的种种不幸与
挫折，弱者只会屈服于自己
，去相信命运！而强者则会
相信努力，先战胜自己！有
翅膀就该去振翅高飞，有梦
想就要去追逐。一个人可以

图 6-4

注意：当输入的文字字数较多时，文本框可能无法容纳全部文字，此时文本框的右下角会出现一个 ⊞ 标记，表示文本框之外有隐藏的文字。使用“选择”工具可以调整文本框的大小，从而显示隐藏的文字。

三、转换点文字与段落文字

在 Illustrator CC 2022 中，可以转换点文字和段落文字。使用“选择”工具选中输入的文本，文本框的外侧会出现 转换点，表示当前文本为段落文字（见图 6-5），将鼠标指针移动到转换点上并双击该转换点，即可将文本转换为点文字（见图 6-6），同时转换点变为 ，表示当前文本为点文字；再次双击该转换点，即可将点文字转换为段落文字。

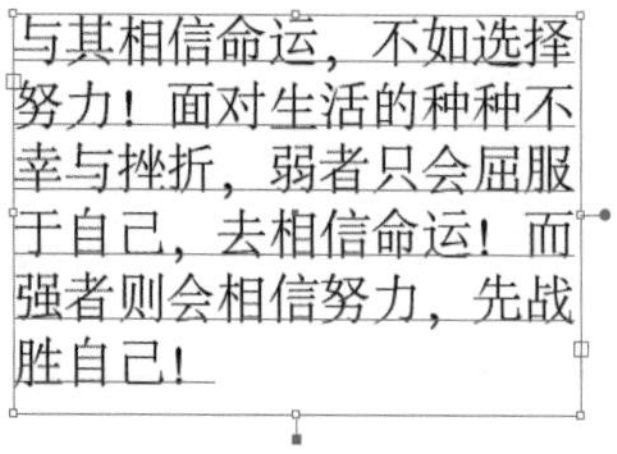

与其相信命运，不如选择
努力！面对生活的种种不
幸与挫折，弱者只会屈服
于自己，去相信命运！而
强者则会相信努力，先战
胜自己！

图 6-5

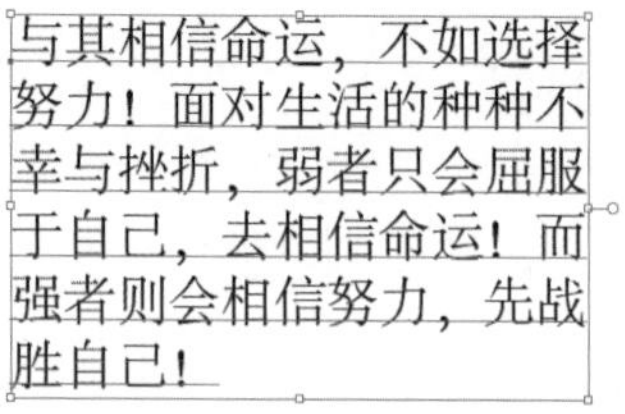

与其相信命运，不如选择
努力！面对生活的种种不
幸与挫折，弱者只会屈服
于自己，去相信命运！而
强者则会相信努力，先战
胜自己！

图 6-6

四、创建区域文字

在 Illustrator CC 2022 中，可以创建任意形状的文本对象，使用“区域文字”工具或“直排区域文字”工具可以在开放或闭合的路径内创建区域文字。

绘制一个任意形状的图形对象，选择“区域文字”工具或“直排区域文字”工具，将鼠标指针移动到图形对象的边框上，当鼠标指针变成如图 6-7 所示的形状时，单击该边框，取消图形对象的填充和描边属性，将图形对象转换为文本路径，并且对象内部会出现一个具有选中内容的文本区域（见图 6-8），即可输入文本内容，此时输入的文本内容按照文本路径形状进行排列，如图 6-9 所示。

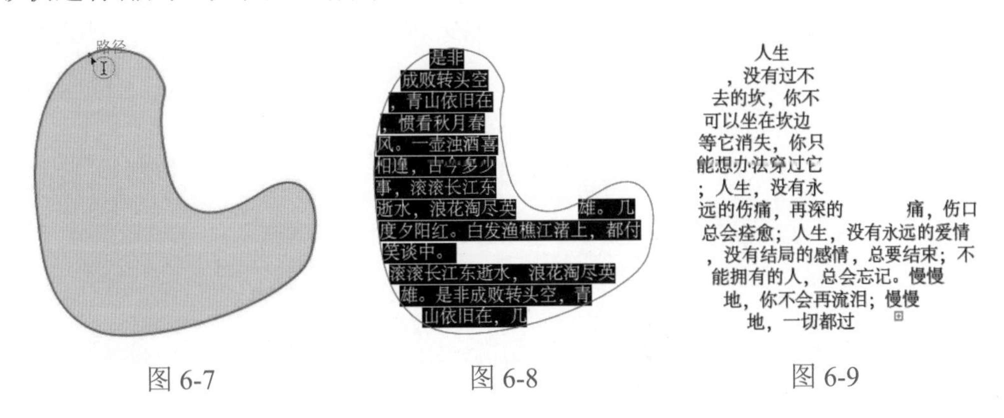

图 6-7　　图 6-8　　图 6-9

五、创建路径文字

在 Illustrator CC 2022 中，可以创建沿路径排列的文本对象，使用“路径文字”工具或“直排路径文字”工具可以在开放或闭合的路径上创建文字。

1. 创建路径文字的方法

绘制一条任意形状的路径，选择“文字”工具、“路径文字”工具或“直排路径文字”工具，将鼠标指针移动到路径上，当鼠标指针变成如图 6-10 所示的形状时，单击该路径，将路径转换为文本路径，并且是具有选中内容的路径文本，即可输入文本内容。此时，输入的文本内容将沿文本路径进行排列（见图 6-11），同时取消路径的所有属性。

图 6-10　　图 6-11

2. 编辑路径文字的方法

若对创建的路径文字或路径不满意，则可以对其进行编辑。

选择“直接选择”工具，拖曳路径文字中路径的锚点来改变路径的形状，从而改变路径文字。

选择“选择”工具，选中需要编辑的路径文字，将鼠标指针移至路径开始的竖线处，当鼠标指针变为形状（见图 6-12）时，拖曳鼠标来移动竖线，即可沿路径移动文本，效果如图 6-13 所示。

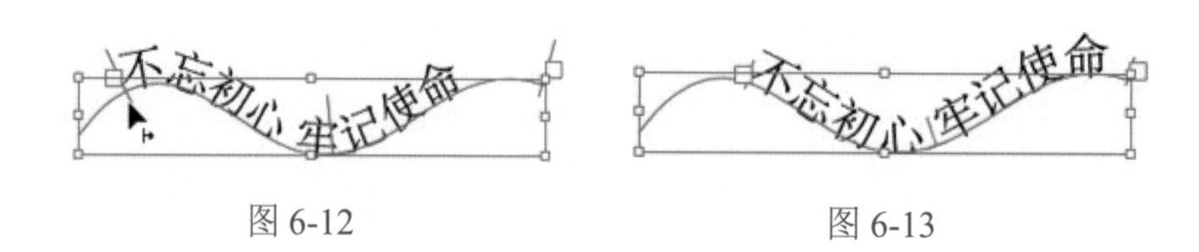

图 6-12　　图 6-13

将鼠标指针移至路径文字中间的竖线处，当鼠标指针变为形状（见图 6-14）时，按住鼠标左键，向路径的反方向拖曳鼠标来移动竖线，即可沿路径翻转文字，如图 6-15 所示。

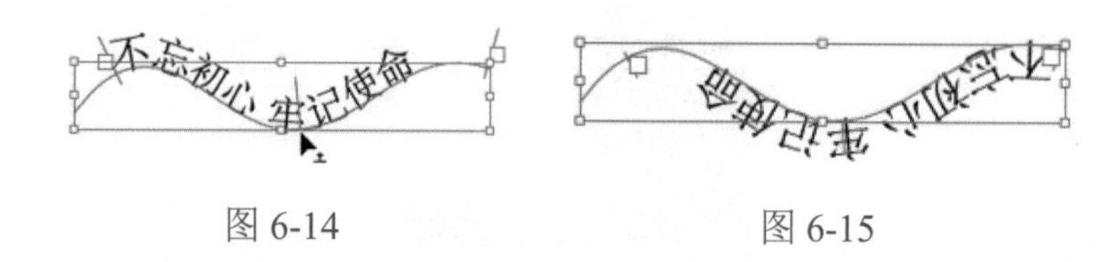

图 6-14　　图 6-15

3. 路径文字选项

选中路径文字，选择"文字→路径→路径文字选项"命令，弹出"路径文字选项"对话框，如图 6-16 所示。

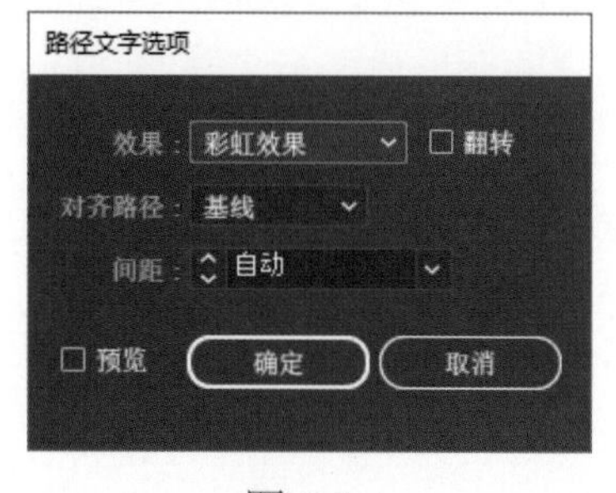

图 6-16

"效果"下拉按钮：设置文字在路径上形成的效果。

"翻转"复选框：勾选该复选框可以使路径文字产生翻转效果。

"对齐路径"下拉按钮：设置路径文字的对齐方式。

"间距"选项：设置消除路径文字沿曲线排列时产生的不必要的间距。

随学随练

阅读下列相关材料，了解垃圾分类的意义，设计一幅垃圾分类的宣传画，效果如图 6-17 所示。

垃圾分类是垃圾终端处理设施运转的基础，实施生活垃圾分类，可以有效改善城乡环境，促进资源回收利用。只有做好垃圾分类，垃圾回收及处理等配套系统才能更高效地运转。垃圾分类处理关系到资源节约型、环境友好型社会的建设，有助于进一步提高国家新型城镇化质量和生态文明建设水平。

知识要点："文字"工具、"矩形"工具、"钢笔"工具。

操作步骤

（1）启动 Illustrator CC 2022，新建一个宽为 600mm、高为 800mm 的文件。

（2）选择"文件→置入"命令，在弹出的"置入"对话框中选择"模块六 / 素材 / 垃圾分类宣传背景"文件，单击"置入"按钮，在页面中单击以置入图片；单击"属性"控制面板中的"嵌入"按钮，嵌入图片；选中图片，单击"对齐"控制面板中的"水平居中对齐"和"垂直居中对齐"按钮，使图片在页面中居中对齐，按快捷键 Ctrl+2 进行锁定，效果如图 6-18 所示。

（3）选择“文字”工具，在页面的合适位置单击，输入文字“参与垃圾分类”，按Enter键另起一行，按空格键调整插入点的位置，输入文字“呵护绿色家园”；在“属性”控制面板中设置字体、字号和字色；选中文字，在“对齐”控制面板中单击“水平居中对齐”按钮，按↑或↓键适当调整文字的位置，效果如图6-19所示。

图6-17

图6-18

图6-19

（4）按上述方法，输入其他文字，并设置相应属性，调整好位置，效果如图6-20所示。

（5）选择“矩形”工具，绘制一个矩形，在“属性”控制面板中设置填充颜色，并取消描边；选择“直接选择”工具，拖曳矩形的边角构件，将矩形边角调整为圆角，效果如图6-21所示。

（6）选择“文字”工具，在页面中单击，输入文字“减少污染”，在“属性”控制面板中设置字体、字号和字色；选中圆角矩形和文字，单击圆角矩形，确定对齐的基准对象，单击“对齐”控制面板中的“水平居中对齐”和“垂直居中对齐”按钮，使文字在圆角矩形中居中对齐，效果如图6-22所示。

图6-20

图6-21

图6-22

（7）同时选中圆角矩形和文字，按快捷键 Ctrl+G 进行编组，并调整好位置，效果如图 6-23 所示；按住鼠标左键并拖曳编组对象，同时按快捷键 Shift+Alt，将编组对象移至适当位置后松开鼠标左键，水平复制对象；按 2 次快捷键 Ctrl+D 复制 2 个编组对象；选择“文字”工具，分别选中需要修改的文字，输入对应的文字内容；选中 4 个编组对象，按快捷键 Ctrl+G 进行编组；单击“对齐”控制面板中“水平居中对齐”按钮，使其在页面中水平居中对齐，效果如图 6-24 所示。

（8）选择“钢笔”工具，在页面合适位置绘制一条路径，效果如图 6-25 所示；选择“路径文字”工具，在路径适当位置单击，输入文字“保护好环境 人人都有责”，在“属性”控制面板中设置字体、字号等，并调整路径文字的位置，效果如图 6-26 所示。

图 6-23

图 6-24

图 6-25

图 6-26

项目二　编排文字

在输入文本内容后，可以按要求对文本进行编排，如设置文本的字符、段落格式，设置图文混排，创建文字轮廓等，以达到设计要求。

一、编辑文本

在编辑文本之前，必须先选中相应文本。

1. 编辑文本块

通过“选择”工具可以调整文本框的大小，从而编辑文本。

选择文本：选择“选择”工具，单击相应文本，即可选中文本，此时文本周围将显示文本框。

移动文本：选中文本后，使用鼠标直接拖曳文本框可以调整其位置。

调整大小：选择“选择”工具，选中文本，使用鼠标拖曳文本框中的控制点，即可调整文本框的大小，同时文字的大小会随之改变。

选择部分文本：当编辑部分文字时，选择“文字”工具，将鼠标指针移动到需要编辑的文字上，按住鼠标左键并拖曳鼠标，即可选中部分文本，被选中的文本内容呈黑底白字状态。

选择“选择”工具，在文本区域内双击，可以进入文本编辑状态。此时双击即可选中光标所在位置的一句话；三击即可选中一段文字；按快捷键 Ctrl+A 即可选中所有文字。

2. 编辑文字

使用“修饰文字”工具可以单独编辑文本，从而创造美观、独特的效果。

选择“修饰文字”工具，在需要修饰的文字上单击，此时该文字的四周将显示定界框（见图 6-27），在属性栏中可以设置该文字的字体、字号等。使用鼠标拖曳右下角的控制点，可以调整该文字的水平比例；拖曳左上角的控制点，可以调整文字的垂直比例；拖曳右上角的控制点，可以等比例调整文字大小；拖曳左下角的控制点，可以调整文字的位置。将鼠标指针移动到正上方的空心控制点上，当鼠标指针变为双向斜向箭头时，按住鼠标左键并拖曳该控制点，即可旋转文字的方向，如图 6-28 所示。

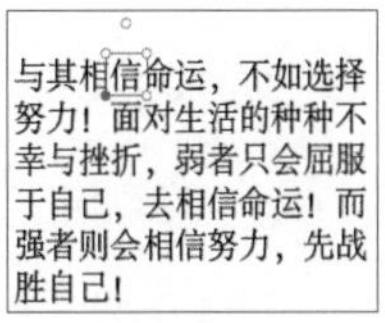

与其相信命运，不如选择努力！面对生活的种种不幸与挫折，弱者只会屈服于自己，去相信命运！而强者则会相信努力，先战胜自己！

图 6-27

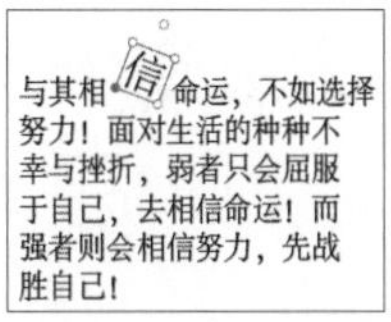

与其相信命运，不如选择努力！面对生活的种种不幸与挫折，弱者只会屈服于自己，去相信命运！而强者则会相信努力，先战胜自己！

图 6-28

二、设置字符格式

在 Illustrator CC 2022 中，可以设置文字的字符格式，如文字的字体、字号、字色和行距等。选择需要设置字符格式的文字，选择“窗口→文字→字符”命令（快捷键为 Ctrl+T），打开“字符”控制面板，单击面板右上角的☰按钮，在弹出的下拉列表中选择“显示选项”选项，将完整显示面板中的内容（见图 6-29），即可根据需要设置字符格式。

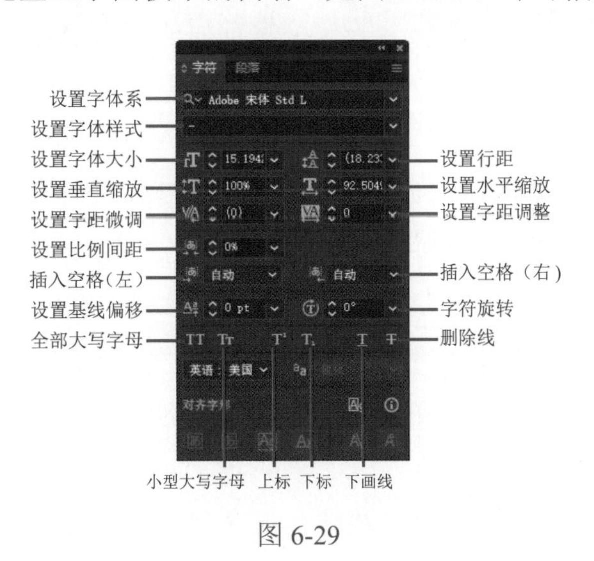

图 6-29

设置字体系列和字体样式：单击“字符”控制面板中“字体系列”下拉按钮，在弹出的下拉列表中选择一种字体。单击“字体样式”下拉按钮，在弹出的下拉列表中选择一种样式。

设置字体大小：单击“字符”控制面板中“字体大小”选项下拉按钮，在弹出的下拉列表中选择某个数值，即可改变字体的大小，或者在文本框中输入所需字体大小的数值，或者单击文本框左侧的上、下箭头按钮，加大或减小字体的大小。

设置行距：行距是文字行之间的间距。单击“字符”控制面板中“行距”下拉按钮，在弹出的下拉列表中选择一种行距，或者在文本框中输入所需行距的数值，或者单击文本框左侧的上、下箭头按钮，对行距进行微调。

设置垂直缩放和水平缩放：“垂直缩放”选项用于设置文字的高度，“水平缩放”选项用于设置文字的宽度。单击“字符”控制面板中“垂直缩放”或“水平缩放”下拉按钮，在弹出的下拉列表中选择一种缩放比例，或者在文本框中输入所需的缩放比例数值，或者单击文本框左侧的上、下箭头按钮，对缩放比例进行微调。

设置字距微调：设置插入点所在位置两个文字之间的距离。选择“文字”工具，在需要设置字距微调的位置单击确定插入点，单击“字符”控制面板中“字距微调”下拉按钮，在弹出的下拉列表中选择一种数值，或者在文本框中输入所需的微调数值，或者单击文本框左侧的上、下箭头按钮，对字距进行微调。

设置字距调整：调整选中文字之间的距离。选中文字，单击“字符”控制面板中“字距调整”下拉按钮，在弹出的下拉列表中选择一种数值，或者在文本框中输入所需的数值，或者单击文本框左侧的上、下箭头按钮，对字距进行调整。

设置比例间距：压缩文字之间的空白距离。选中文字，单击“字符”控制面板中“比例间距”下拉按钮，在弹出的下拉列表中选择一种比例，或者在文本框中输入所需的比例，或者单击文本框左侧的上、下箭头按钮，以设置比例。

插入空格（左）和插入空格（右）：设置文字前后的空白间隔。选中文字，单击“字符”控制面板中“插入空格（左）”或“插入空格（右）”下拉按钮，在弹出的下拉列表中选择一种插入的空格数值。

设置基线偏移：基线偏移是指改变文字与基线的距离。选中文字，单击“字符”控制面板中“基线偏移”下拉按钮，在弹出的下拉列表中选择某个数值，或者在文本框中输入所需偏移的数值，或者单击文本框左侧的上、下箭头按钮，对偏移数值进行调整。

字符旋转：选中文字，单击“字符”控制面板中“字符旋转”下拉按钮，在弹出的下拉列表中选择一种旋转角度，或者在文本框中输入所需的旋转角度，或者单击文本框左侧的上、下箭头按钮，以调整旋转角度。

设置特殊格式：为文字设置特殊的格式，如全部大写字母、小型大写字母、上标、下

标、下画线、删除线等。选中文本内容，单击“字符”控制面板中相应特殊格式的按钮即可设置格式。

三、设置段落格式

段落格式主要设置段落的对齐方式、缩进、添加项目或编号和段落间距等属性，提高文字的可读性。

选择需要设置段落格式的文字，选择“窗口→文字→段落”命令（快捷键为Ctrl+Alt+T），打开“段落”控制面板，单击面板右上角的☰按钮，在弹出的下拉列表中选择“显示选项”选项，将完整显示“段落”控制面板的内容（见图6-30），即可根据需要设置段落格式。

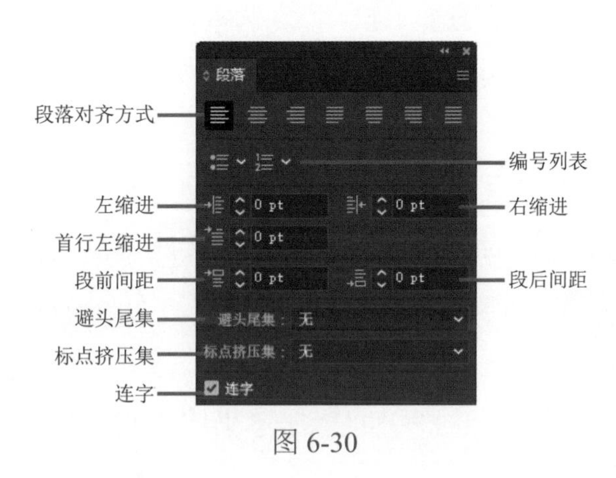

图6-30

1. 段落对齐方式

Illustrator CC 2022提供了左对齐、居中对齐、右对齐、两端对齐末行左对齐、两端对齐末行居中对齐、两端对齐末行右对齐和全部两端对齐7种对齐方式。

左对齐：段落中的各行文字以左边缘为基准对齐文本。

居中对齐：段落中的各行文字以文本框的中心为基准对齐文本。

右对齐：段落中的各行文字以右边缘为基准对齐文本。

两端对齐末行左对齐：文本末行左对齐，其余文本为两端对齐。

两端对齐末行居中对齐：文本末行居中对齐，其余文本为两端对齐。

两端对齐末行右对齐：文本末行右对齐，其余文本为两端对齐。

全部两端对齐：段落中的各行文本均为两端对齐。

2. 段落缩进

段落缩进是指文本与对象边界之间的距离。

左缩进：设置文本左侧与文本框之间的距离。

右缩进：设置文本右侧与文本框之间的距离。

首行左缩进：设置段落中首行文字与文本框之间的距离。

3. 段落间距

段落间距用于设置段落之间的距离。

段前间距：设置所选段落与上一段落之间的间距。

段后间距：设置所选段落与下一段落之间的间距。

4. 其他选项

其他选项用于设置一些特殊的段落格式。

避头尾集：设置不能位于行首或行尾的字符。

标点挤压集：设置避免标点出现在行首或行尾。

连字：只对英文起作用。在 Illustrator CC 2022 中，为了实现文本的对齐效果，会将一行末尾的单词强行分开，而当勾选“连字”复选框后，软件会使用连字符连接断开的英文字母。

四、创建文字轮廓

在 Illustrator CC 2022 中，对输入的文字不能直接应用渐变、滤镜等效果，若需要应用，则必须先创建文字轮廓。需要注意的是，创建文字轮廓后，将不能更改该文本的字体或其他字符属性。选中文字（见图 6-31），选择“文字→创建轮廓”命令（快捷键为 Ctrl+Shift+O），或者右击文字，在弹出的快捷菜单中选择“创建轮廓”命令，即可创建文字轮廓，效果如图 6-32 所示。

创建轮廓后的文字会被转换为路径图形，运用“渐变”工具可以对其填充渐变颜色，如图 6-33 所示。

技巧：对转换为路径的文字直接填充渐变颜色是对每条路径文字填充相同的渐变颜色，但有时需要对路径文字整体填充一个渐变颜色。在这种情况下，可以选中路径文字，选择“对象→复合路径→建立”命令（快捷键为 Ctrl+8），先将路径转换为复合路径，再填充渐变颜色，如图 6-34 所示。

若需要编辑创建轮廓的文字，则可以使用“直接选择”工具、“钢笔”工具、“添加锚点”工具、“删除锚点”工具、“锚点”工具等，删除、添加、移动或转换等路径中的锚点，从而制作出具有特殊效果的文字，如图 6-35 所示。

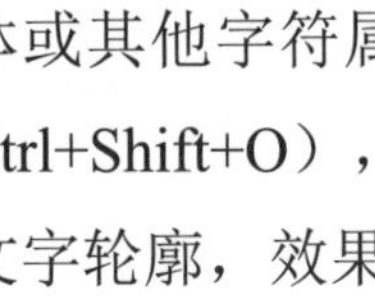

初心 初心 初心 初心 初心

图 6-31 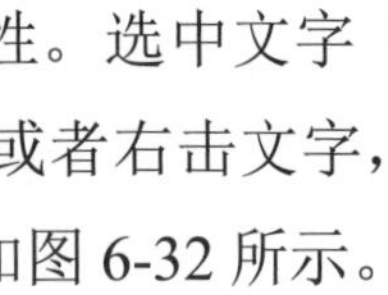　图 6-32 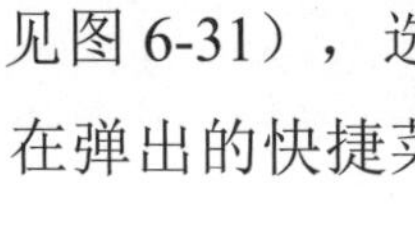　图 6-33 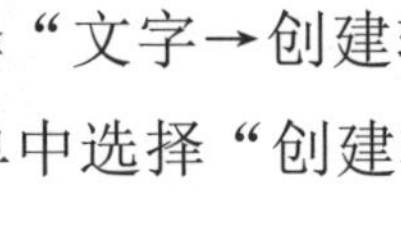　图 6-34 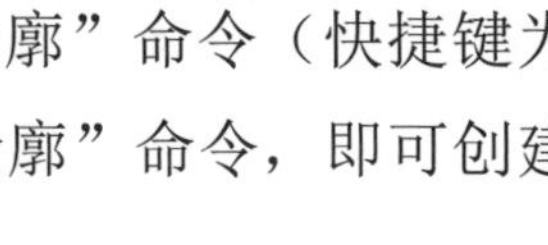　图 6-35

注意：在设计时，为了防止没有安装源文件中使用的字体而影响设计的效果，Illustrator CC 2022 会对该文件中的文字进行创建轮廓操作。

五、分栏

在 Illustrator CC 2022 中，对文本进行排版时经常会使用分栏的形式。在创建分栏时，我们可以选择自动创建链接文本，也可以选择手动创建链接文本。

选中需要分栏的文本块，选择“文字→区域文字选项”命令，在弹出的“区域文字选项”对话框中设置相应参数（见图6-36），单击“确定”按钮，即可创建文本分栏，效果如图6-37所示。

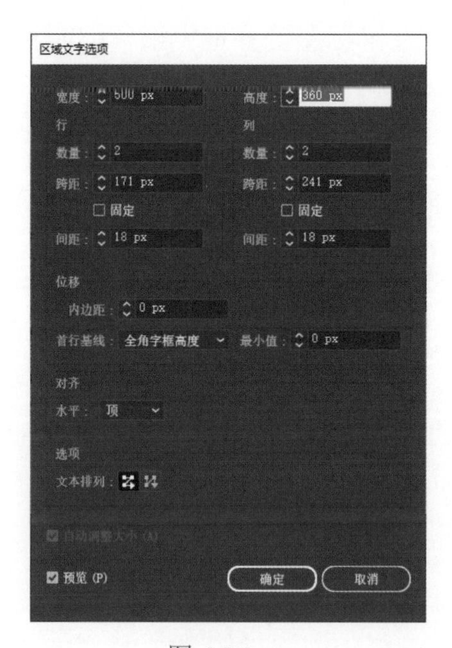

图 6-36

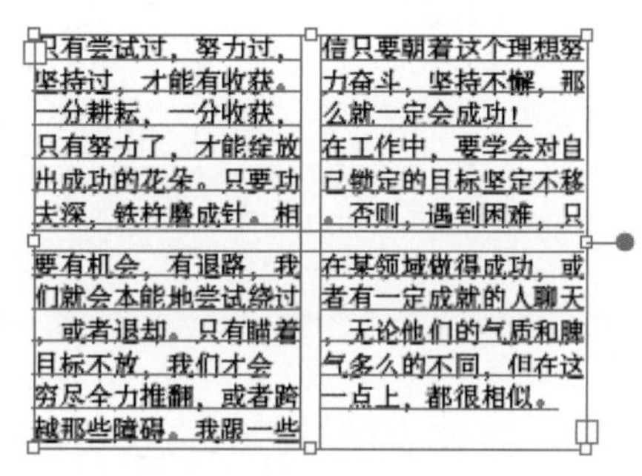

图 6-37

“宽度”“高度”选项：设置文本区域的大小。

“行”选区：“数量”选项用来设置行数；“跨距”选项用来设置行的高度；“固定”复选框表示调整文字区域大小时的高度，未勾选该复选框时表示可以更改文本区域的高度，但不可以更改行数，勾选该复选框时表示可以通过更改行数来改变高度；“间距”选项用来设置行与行之间的间距。

“列”选区：“数量”选项用来设置列数；“跨距”选项用来设置列的宽度；“固定”复选框表示调整文字区域大小时的宽度，未勾选该复选框时表示可以更改文本区域的宽度，但不可以更改列数，勾选该复选框时表示可以通过更改列数来改变宽度；“间距”选项用来设置列与列之间的间距。

“位移”选区：“内边距”选项用来设置文本和定界框之间的距离；“首行基线”下拉按钮用来控制第一行文本与边框顶部的对齐方式；“最小值”选项用来设置基线位移的最小值。

“对齐”选区：设置文本在文本框中的对齐方式。

“选项”选区：设置文本的走向。“行”按钮用来设置从左到右按行排列文本，“列”按钮用来设置从左列开始按列排列文本。

六、链接文本

对段落文本进行分栏后，得到的文本块相对比较规则，但有时在对文字进行排版时，希望能够自由调整文本块的位置，形状可以不规则，从而达到特殊的效果。在这种情况下，可以手动创建链接文本。

根据需要调整文本框的大小，使其适合显示的区域。然而，这样会造成输入的文本超出范围，文本框的右下角出现红色 ⊞ 符号。将鼠标指针移动到该符号上（见图 6-38），当鼠标指针变为 形状时，在其他区域单击或按住鼠标左键并拖曳鼠标，以绘制文本区域，即可创建链接文本，将隐藏的文本显示到其他文本框中（见图 6-39）。链接文本框的大小与原始文本框的大小相同。

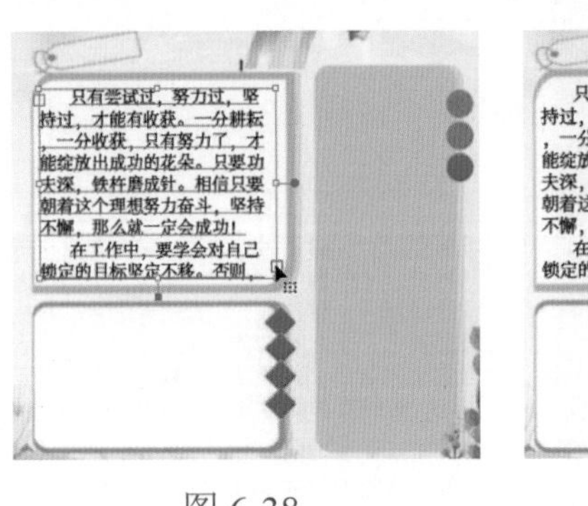

图 6-38

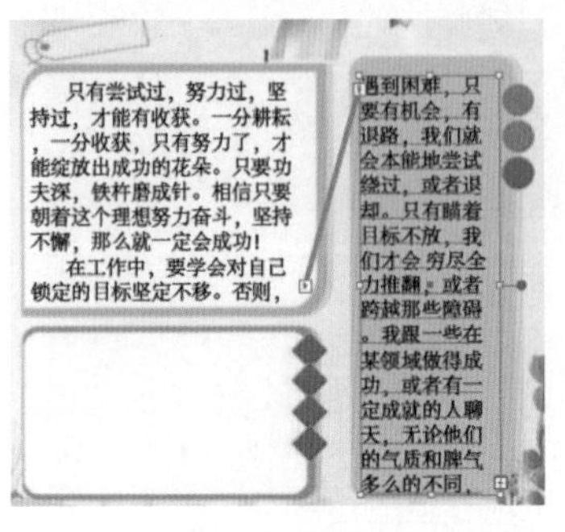

图 6-39

创建完链接文本后，可以使用“选择”工具来调整文本框的大小，文本框中的文本内容会随着文本框大小的改变而自动调整。

技巧：将两个或两个以上的文本区域创建为链接文本，同时选中文本区域，选择“文本→串接文本→创建”命令，即可将所选的文本区域创建为链接文本。

七、图文混排

图文混排功能主要用于设置图形对象与文本的绕排方式，使文本和图形对象的排列更加完美。

在文本块上放置图形对象并调整好位置，选中文本块和图形对象（见图 6-40），选择“对象→文本绕排→建立”命令，在弹出的“文本将围绕当前选区中包括文字对象在内的所有对象”对话框中单击“确定”按钮，即可实现图文混排效果，从而将文本和图形组合到一起，效果如图 6-41 所示。

图 6-40

图 6-41

注意：若需要实现图文混排功能，则图形对象必须位于文本的上方。

选择“选择”工具移动图形对象或文本框的位置，或者调整图形对象或文本框的大小，文字会重新进行排列。

选择图形对象和文本，选择“对象→文本绕排→文本绕排选项”命令，弹出“文本绕排选项”对话框（见图 6-42），在该对话框中设置相应参数。

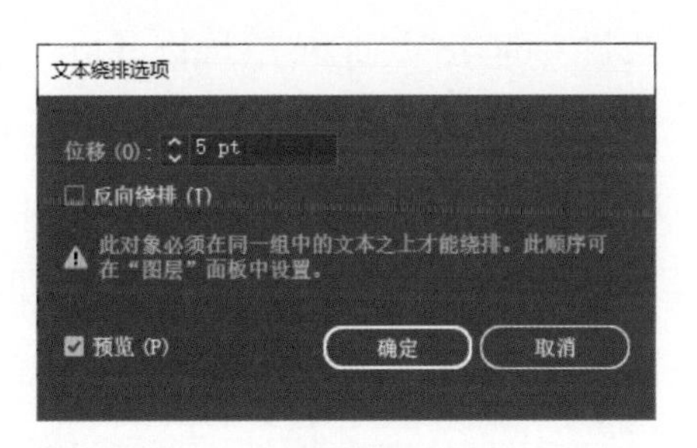

图 6-42

“位移”选项：设置图形对象与文字之间的距离。

“反向绕排”复选框：勾选该复选框可以设置围绕对象反向绕排文本，即在图形对象的位置排版文字。

若需要取消图文混排效果，则可以选中图文混排对象，选择“对象→文本绕排→释放”命令。

随学随练

阅读“模块六 / 素材 / 垃圾分类知识”中的文字材料，根据提供的素材，制作一张介绍垃圾分类知识的宣传画，可以参考图 6-43。

图 6-43

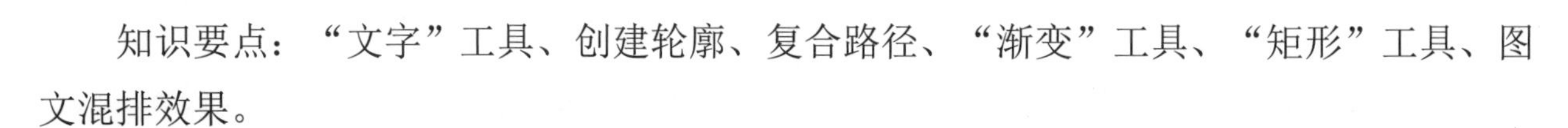

知识要点：“文字”工具、创建轮廓、复合路径、“渐变”工具、“矩形”工具、图文混排效果。

操作步骤

（1）启动 Illustrator CC 2022，新建一个宽为 360mm、高为 480mm 的文件。

（2）选择“文件→置入”命令，在弹出的“置入”对话框中选择“模块六 / 素材 / 背景”文件，单击“置入”按钮，在页面中单击以置入图片；单击“属性”控制面板中的“嵌入”按钮，嵌入图片；选中图片，单击“对齐”控制面板中的“水平居中对齐”和“垂直居中对齐”按钮，使图片在页面中居中对齐，并按快捷键 Ctrl+2 进行锁定，效果如图 6-44 所示。

（3）选择“文字”工具，在页面的合适位置单击，输入两行文字“垃圾分类益处多”和“环境保护靠你我”。在“属性”控制面板中设置字体、字号和字色；选中两行文字，在“对齐”控制面板中单击“水平居中对齐”按钮，按↑和↓键适当调整文字的位置。

（4）选中文字，按快捷键 Ctrl+Shift+O 创建轮廓，按快捷键 Ctrl+8 建立复合路径；在“渐变”控制面板中将“类型”设置为“线性渐变”，并设置渐变颜色；在“属性”控制面板中设置描边颜色、描边粗细，效果如图 6-45 所示。

图 6-44

图 6-45

（5）选择“矩形”工具，绘制一个矩形；在“属性”控制面板中设置填充颜色、描边颜色和描边粗细；选择“直接选择”工具，拖曳矩形的边角构件，将矩形边角调整为圆角，效果如图 6-46 所示。

（6）选中矩形，按快捷键 Ctrl+C 进行复制，按快捷键 Ctrl+F 原位在前粘贴图形；在“属性”控制面板的“变换”选项中将“高度”设置为 20mm；按快捷键 Shift+X 切换填充颜色和描边颜色，在“属性”控制面板中取消描边；同时选中两个矩形，单击大矩形，以该矩形为基准，在“对齐”控制面板中单击“垂直顶对齐”按钮进行对齐；调整两个矩形在页面中的位置，效果如图 6-47 所示。

图 6-46

图 6-47

（7）选择“文字”工具，在小矩形内绘制一个文本区域，并输入文字内容，在“属性”控制面板中设置字体、字号等。选中文字和小矩形，单击小矩形，以该矩形为基准，单击“对齐”控制面板中的“水平居中对齐”和“垂直居中对齐”按钮，使文字居中对齐。

（8）选择“文字”工具，在矩形白色区域内绘制一个文本区域，并输入文字内容，在“属性”控制面板中设置字体、字号等，效果如图 6-48 所示。

（9）打开“模块六 / 素材 / 垃圾种类图标”文件，选中可回收垃圾和分类图标，将其复制到文件中；选择“选择”工具，适当调整图标的大小和位置；选中文字和图标，选择“对象→文本绕排→建立”命令，形成图文混排效果；使用“选择”工具，选中对应的图形，调整该图形的位置，效果如图 6-49 所示。

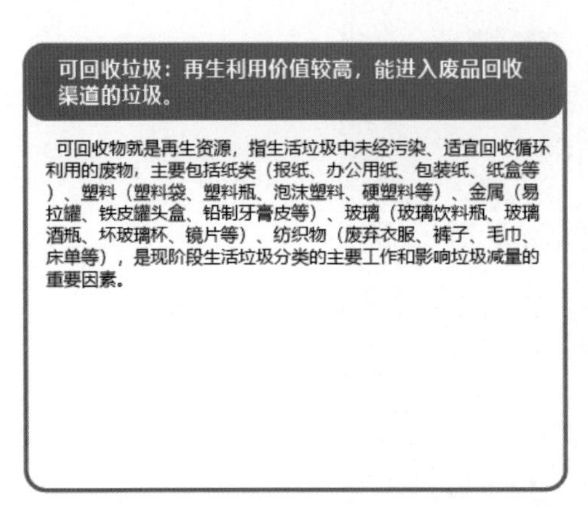

图 6-48

图 6-49

（10）按照上述方法，制作其他部分，效果如图 6-50 所示。

（11）选择“文字”工具，在页面下方单击，输入文字“参 / 与 / 垃 / 圾 / 分 / 类 保 /

护 / 地 / 球 / 家 / 园”，在“属性”控制面板中设置文字的字体、字号等，并调整好位置，效果如图 6-51 所示。

图 6-50

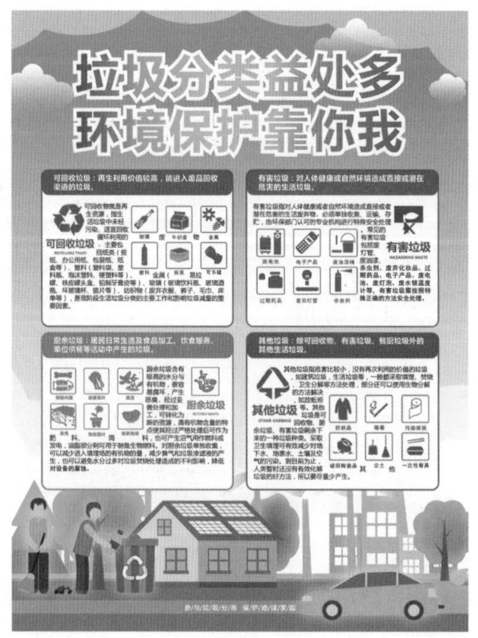

图 6-51

实训案例

阅读“模块六 / 素材 / 端午节的材料”中的文字内容，设计端午节插画，效果如图 6-52 所示。

图 6-52

知识要点：“矩形”工具、“钢笔”工具、“混合”工具、“文字”工具、创建轮廓、“直接选择”工具、路径查找器命令、剪切蒙版、“椭圆”工具。

操作步骤

（1）启动 Illustrator CC 2022，新建一个宽为 210mm、高为 297mm 的文件。

（2）选择“矩形”工具，绘制一个与页面大小相等的矩形，作为背景。在“属性”控制面板中将填充颜色设置为 R：12、G：111、B：56，并取消描边；选中矩形，单击“对齐”控制面板中的“水平居中对齐”和“垂直居中对齐”按钮，使矩形在页面中居中对齐，按快捷键 Ctrl+2 进行锁定。

（3）选择“钢笔”工具，绘制一条路径，在“属性”控制面板中将描边颜色设置为 R：229、G：195、B：125，描边粗细设置为 1 pt，填充颜色设置为无，效果如图 6-53 所示。

（4）选中路径并右击，在弹出的快捷菜单中选择“变换→镜像”命令，在弹出的“镜像”对话框中设置相应参数，单击“复制”按钮；调整路径的位置，效果如图 6-54 所示。

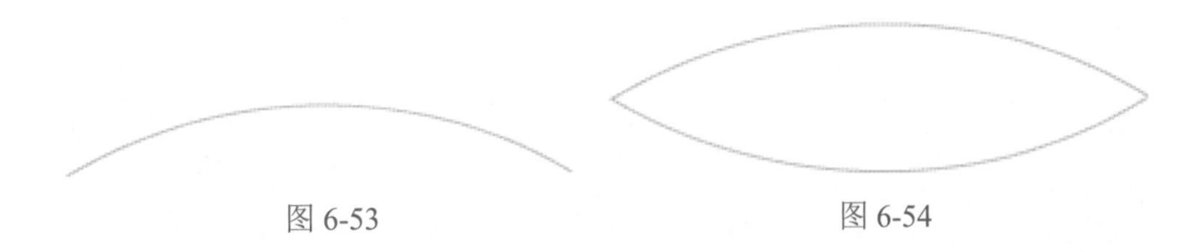

图 6-53　　图 6-54

（5）选中两条路径，双击“混合”工具，在弹出的“混合选项”对话框中设置相应参数（见图 6-55），单击“确定”按钮；按快捷键 Ctrl+Alt+B 创建混合效果，如图 6-56 所示。

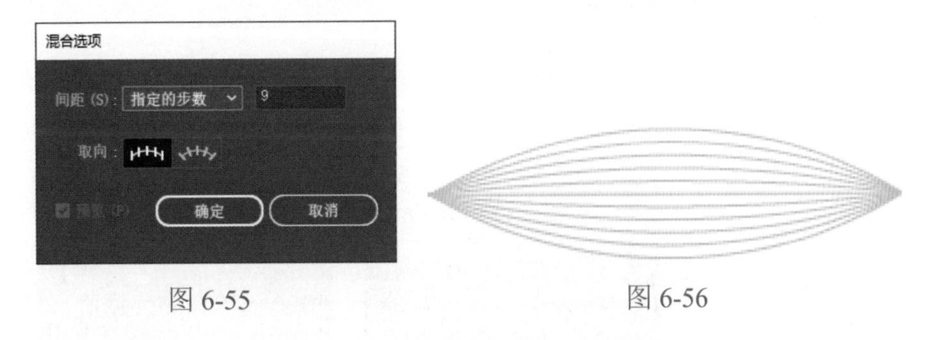

图 6-55　　图 6-56

（6）选中混合图形，按住 Alt 键并使用鼠标拖曳该图形，以复制图形；在页面中随机摆放图形并调整好大小，形成图案纹理效果，如图 6-57 所示；选中所有图形，按快捷键 Ctrl+G 进行编组；在“属性”控制面板中将“不透明度”设置为 20%；按快捷键 Ctrl+2 锁定编组。

（7）选择“矩形”工具，在页面中绘制一个矩形，在“属性”控制面板中将填充颜色设置为无，描边颜色设置为白色，描边粗细设置为 2pt；选中矩形，在“对齐”控制面板中单击“水平居中对齐”和“垂直居中对齐”按钮（对齐画板），使矩形在页面中居中对齐；按快捷键 Ctrl+C 进行复制，按快捷键 Ctrl+F 原位在前粘贴图形，按 Alt 键并使用鼠标调整矩形的大小，并将描边粗细设置为 1pt，效果如图 6-58 所示。

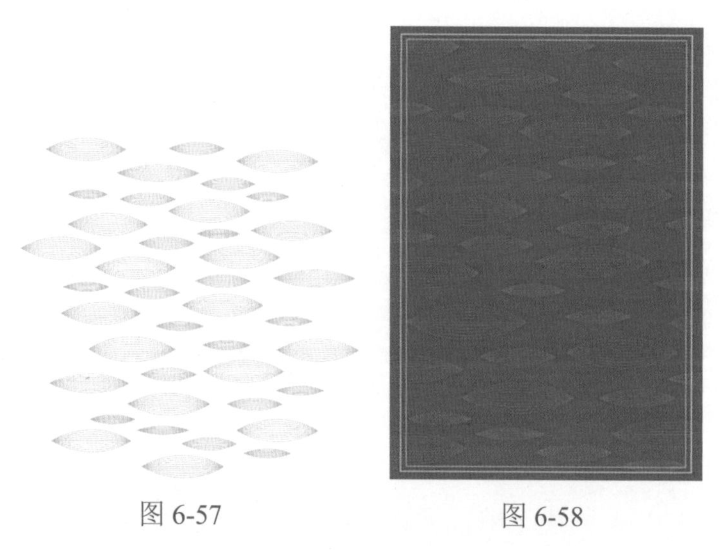

图 6-57　　图 6-58

（8）选择“文字”工具，在页面中单击，输入文字“端午”，在“属性”控制面板中将字体设置为思源宋体、字形设置为 Blod、字号设置为 195pt；按快捷键 Ctrl+Shift+O 创建轮廓，并右击该文字，在弹出的快捷菜单中选择“取消编组”命令；使用“直接选择”工具、“钢笔”工具组、路径查找器命令等，调整文字的路径，效果如图 6-59 所示。

（9）选中文字“端午”的路径，选择“对象→复合路径→建立”命令，建立复合路径；在“渐变”控制面板中将“类型”设置为“线性渐变”，并使用“渐变”工具调整渐变方向；在“属性”控制面板中将描边颜色设置为白色，描边粗细设置为 2pt，效果如图 6-60 所示。

（10）选择“椭圆”工具，按住 Shift 键，同时按住鼠标左键并拖曳鼠标，绘制正圆形（这里需要绘制两个正圆形），将填充颜色设置为白色，并取消描边；调整正圆形的大小和位置；选择“文字”工具，分别在两个正圆形中输入文字，并设置字体和字号，效果如图 6-61 所示。

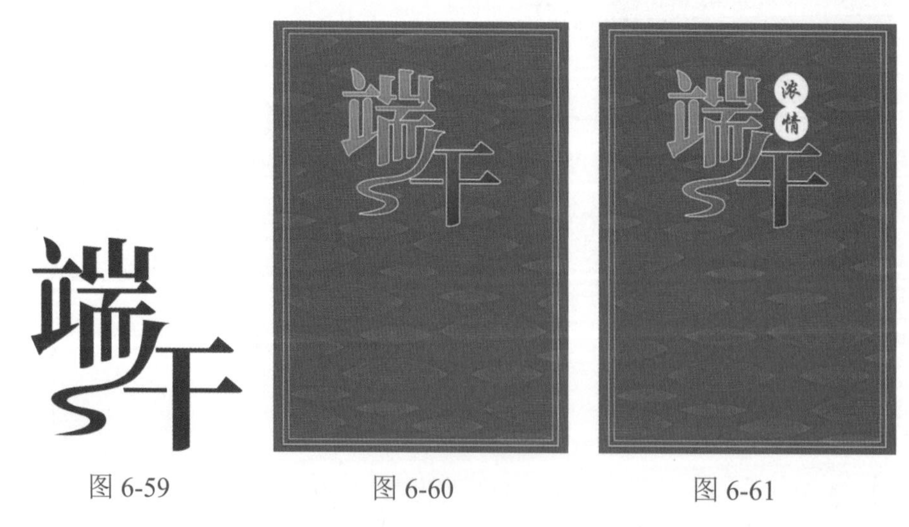

图 6-59　　图 6-60　　图 6-61

（11）选择“钢笔”工具，并结合“直接选择”工具，勾画粽叶的形状，并设置填充颜色，效果如图 6-62 所示。

（12）选择“钢笔”工具，在粽叶上绘制两条路径，并结合“直接选择”工具调整路径，效果如图 6-63 所示；选中两条路径，双击“混合”工具，在弹出的“混合选项”对话框中设置相应参数，单击“确定”按钮；按快捷键 Ctrl+Alt+B 创建混合效果，如图 6-64 所示。

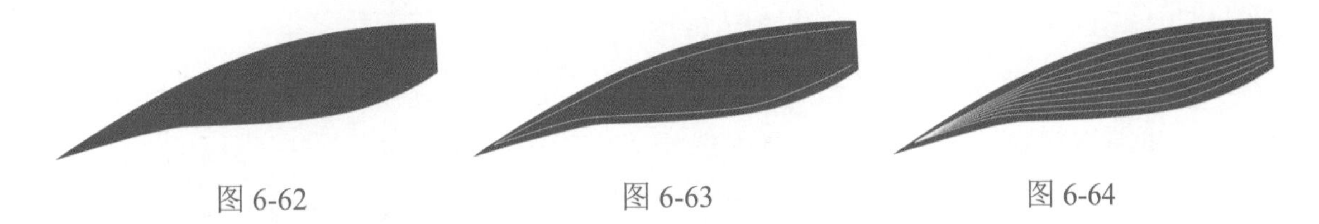

图 6-62　　图 6-63　　图 6-64

（13）选中混合图形，在“不透明度”控制面板中将图层混合模式设置为“柔光”；选中粽叶和混合图形，按快捷键 Ctrl+G 进行编组，并调整好位置；按快捷键 Ctrl+[将图层调整到两个白色矩形的后面，效果如图 6-65 所示。

（14）选择“多边形”工具，按住 Shift 键，同时按住鼠标左键并拖曳鼠标，绘制一个正三角形；选择“直接选择”工具，拖曳正三角形的边角构件，将边角调整为圆角，效果如图 6-66 所示。

（15）选中正三角形，按住 Alt 键，并使用鼠标拖曳该三角形，以复制图形，为了便于区分，此处可以修改正三角形的填充颜色。调整正三角形的形状和位置，效果如图 6-67 所示。选中两个正三角形，单击“路径查找器”控制面板的“路径查找器”选项中的“分割”按钮，对图形进行分割；右击应用分割操作的图形，在弹出的快捷菜单中选择“取消编组”命令，删除多余的部分，效果如图 6-68 所示。

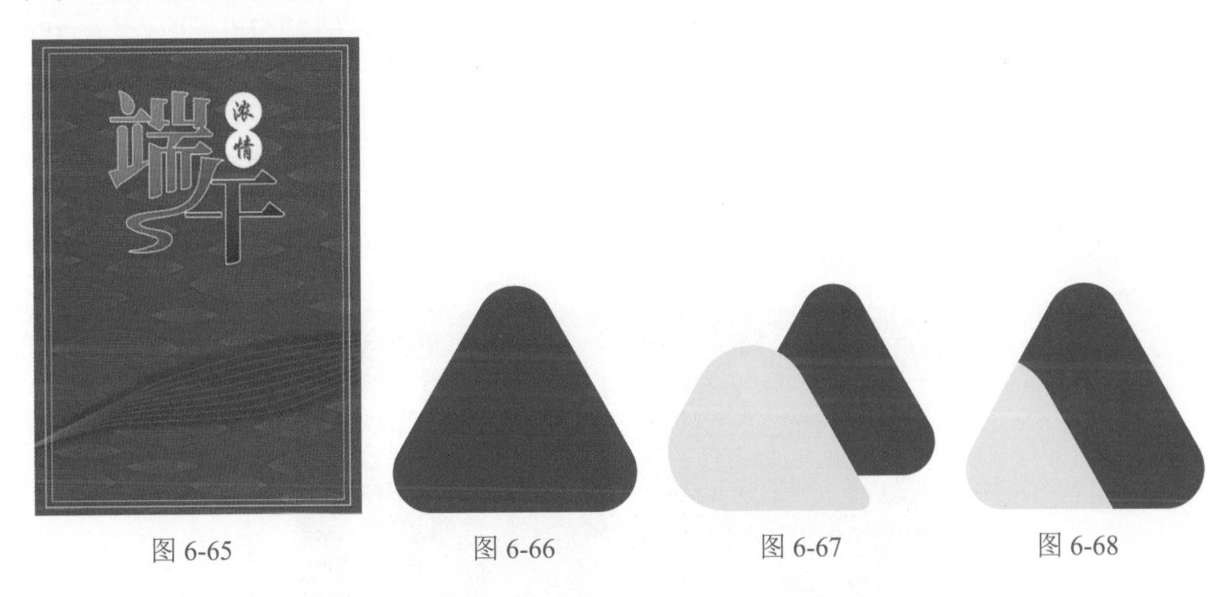

图 6-65　　图 6-66　　图 6-67　　图 6-68

（16）选择黄色三角形，在“属性”控制面板中将填充颜色设置为 R：10、G：97、B：60，描边颜色设置为 R：245、G：185、B：109，描边粗细设置为 1.5pt；选择“直线段”工具，绘制一条直线，并将描边颜色设置为 R：245、G：185、B：109，描边粗细设置为 1.5pt；按住 Alt 键，同时按住鼠标左键，并拖曳直线，将其移至合适位置后松开鼠标左键，以复制一条直线，按快捷键 Ctrl+D 重复执行复制直线命令，效果如图 6-69 所示。

（17）选中所有直线，按快捷键 Ctrl+G 进行编组；选中下方的深绿色图形，按快捷键 Ctrl+C 进行复制，按快捷键 Ctrl+F 原位在前粘贴图形；选中直线和上方的深绿色图形，按快捷键 Ctrl+7 创建剪切蒙版，效果如图 6-70 所示。

（18）选中创建剪切蒙版后生成的图形和下方的深绿色图形，按快捷键 Ctrl+G 进行编组；右击该编组，在弹出的快捷菜单中选择“变换→镜像”命令，在弹出的“镜像”对话框中设置相应参数，单击“复制”按钮；调整镜像编组的位置，并修改其填充颜色，效果如图 6-71 所示。

（19）将红色正三角形的填充颜色修改为白色，选择“椭圆”工具绘制眼睛、嘴巴部分，并结合“直接选择”工具进行调整。粽子图形效果如图 6-72 所示。

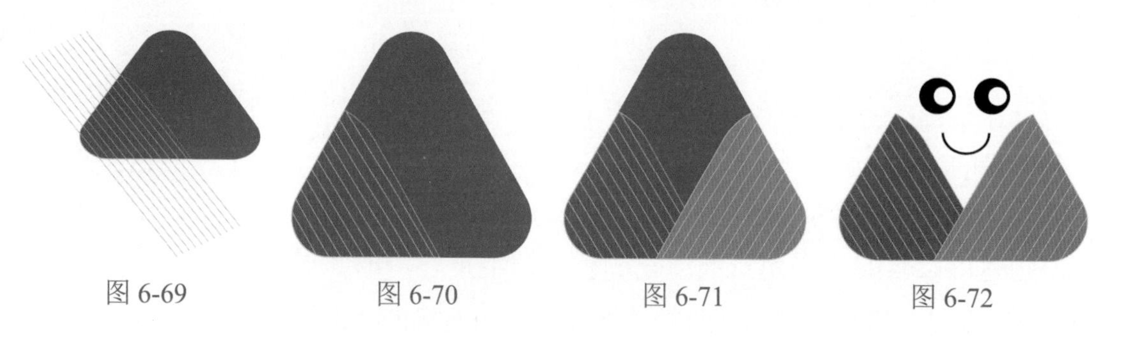

图 6-69　　图 6-70　　图 6-71　　图 6-72

（20）选中粽子图形，按快捷键 Ctrl+G 进行编组；按住 Alt 键，并使用鼠标拖曳粽子图形，以复制图形；调整这两个粽子图形的大小和位置，效果如图 6-73 所示。

（21）选择“文字”工具，在页面适当位置单击，输入文字内容；使用“钢笔”工具和“路径文字”工具创建路径文字。

（22）按快捷键 Ctrl+Alt+2 取消锁定，选中作为背景的矩形，按快捷键 Ctrl+C 进行复制，按快捷键 Ctrl+F 原位在前粘贴图形，按快捷键 Ctrl+A 选中所有内容，按快捷键 Ctrl+7 创建剪切蒙版，效果如图 6-74 所示。

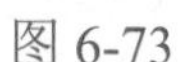

图 6-73　　图 6-74

课后提升

一、知识回顾

1. 选中文本区域和形状，执行 ______________ 命令，可以创建链接文本。

2. 若需要将 Word 文档中的文本置入 Illustrator CC 2022，则可以执行 __________ 命令，弹出“置入”对话框。

3. 若需要编辑和修饰某个文字，则可以选择 _________ 命令。

4. 选中文本，执行 ___________ 命令或按快捷键 ____________，可以将文字转换为文字轮廓。

二、操作实践

自行上网了解水资源的知识，并为保护水资源设计一张宣传画，效果如图 6-75 所示。

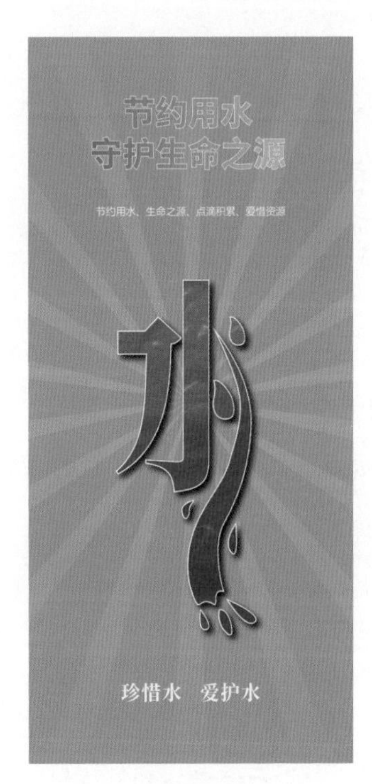

图 6-75

模块七　制作图表

模块概述

本模块主要介绍如何在 Illustrator CC 2022 中制作图表。运用图表工具可以创建各种类型的图表，实现数据图表化的同时，可以对图形进行编辑，体现图表的个性化，从而统计和展示各种数据，呈现直观的视觉效果。

学习目标

知识目标

- 了解并掌握图表的创建与编辑方法。
- 掌握自定义图表的使用方法。
- 熟悉各种类型图表参数选项的设置方法。

能力目标

- 能够绘制中国 GDP 增速图表，感受国家的发展。
- 能够制作居民人均消费支出及构成分布图，了解居民的生活水平。
- 能够设计图案，从而制作自定义图表。

素养目标

- 提高学生的图表设计能力。
- 提升学生设计各类标志、图标的能力。
- 培养学生对艺术表达和创意表现的兴趣和意识。

思政目标

- 关心时事政治，提升学生的政治意识，增强民族自豪感。
- 通过深入社会实践、关注现实问题，培育学生诚信服务的职业素养和德法兼修的道德法律素养。

思维导图

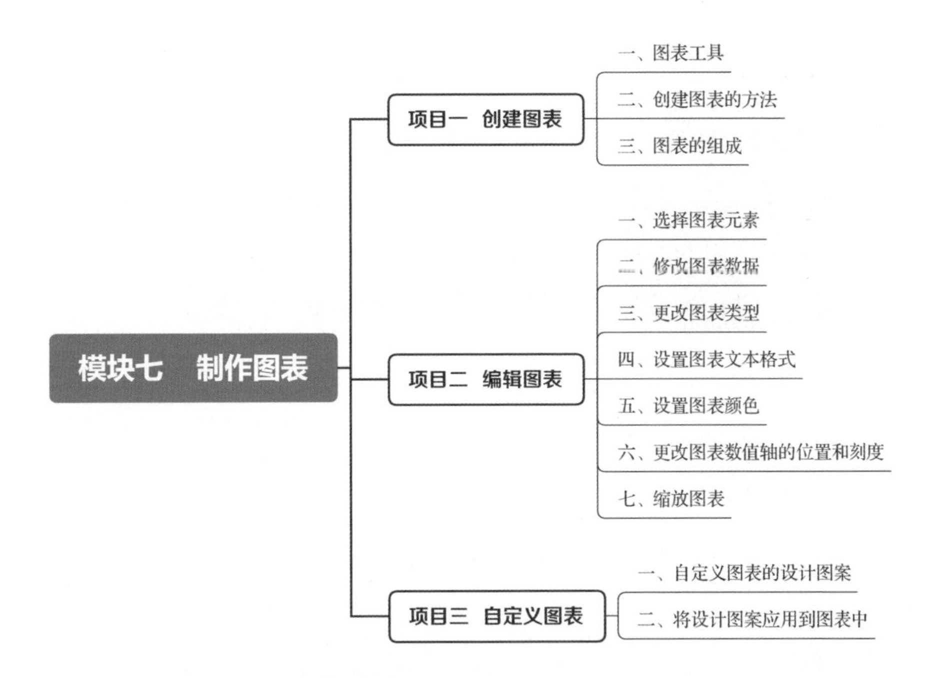

知识链接

项目一　创建图表

Illustrator CC 2022 不仅具有绘图功能，还具有强大的图表处理功能。图表比单纯的数字更形象和直观，更具有说服力，所以在设计时经常需要制作图表。Illustrator CC 2022 虽然没有很强的数据处理能力，但是在图表制作方面具有特长和优势。

一、图表工具

Illustrator CC 2022 提供了 9 种不同的图表工具，用户利用这些工具可以创建不同类型的图表。我国现在无论是交通设施建设还是建筑方面，目前都在高速发展中，一座座摩天大楼拔地而起，铁路和公路的里程也越来越多，这让世界上很多国家感到震惊，不得不佩服中国的基建实力。通过下面的图表可以非常直观地了解我国近几年新建的铁路和高速铁路的里程，充分感受国家的强大。

单击工具箱中“图表”工具的下拉按钮，弹出工具属性栏（见图 7-1），该工具属性栏中包含“柱形图工具”、“堆积柱形图工具”、“条形图工具”、“堆积条形图工具”、

“折线图工具”、“面积图工具”、“散点图工具”、“饼图工具”和“雷达图工具”。

“柱形图工具”：使用垂直方向的长度与数值成比例的矩形来表示一组或多组数据及其互相间的变化关系，如图 7-2 所示。

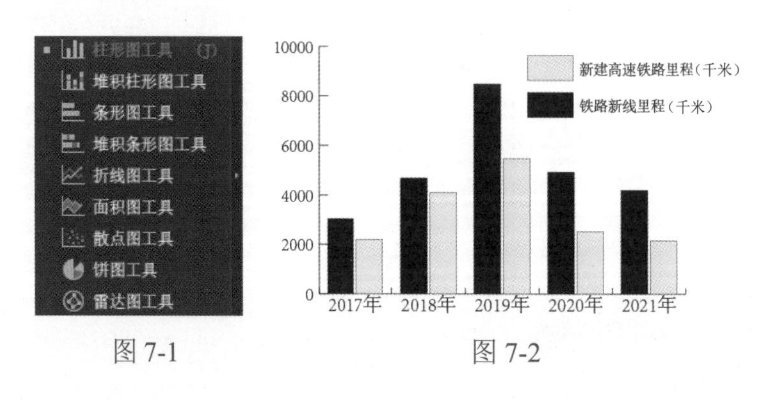

图 7-1　　图 7-2

“堆积柱形图工具”：使用垂直方向堆放在一起的矩形来表示数据，以反映部分与整体之间的关系，如图 7-3 所示。

条形图：使用水平方向排列的矩形来表示一组或多组数据，并展示它们之间的变化关系，如图 7-4 所示。

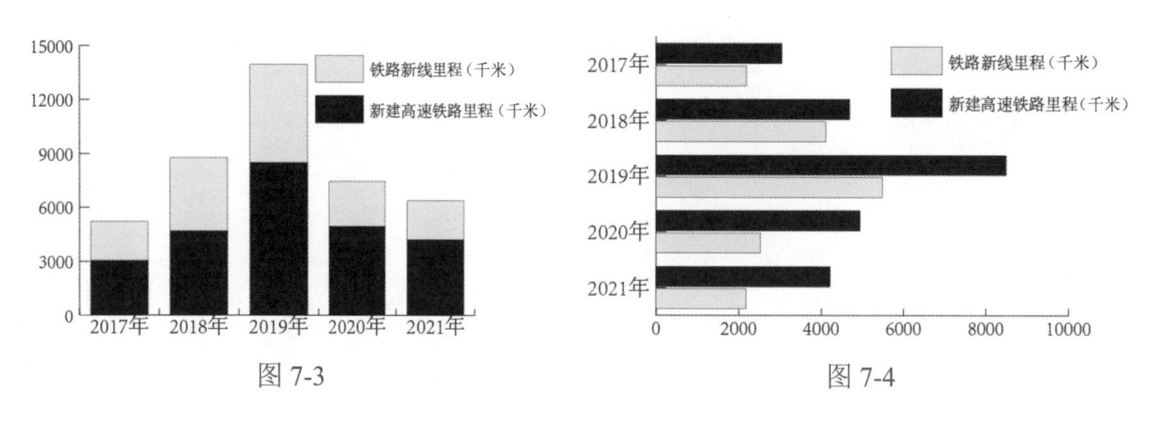

图 7-3　　图 7-4

“堆积条形图工具”：使用水平方向排列在一起的矩形来表示数据，以反映部分与整体之间的关系，如图 7-5 所示。

“折线图工具”：使用折线的形式来展示相应数据的变化，如图 7-6 所示。折线图能够清晰、直观地展示一个或多个数据随时间的变化。

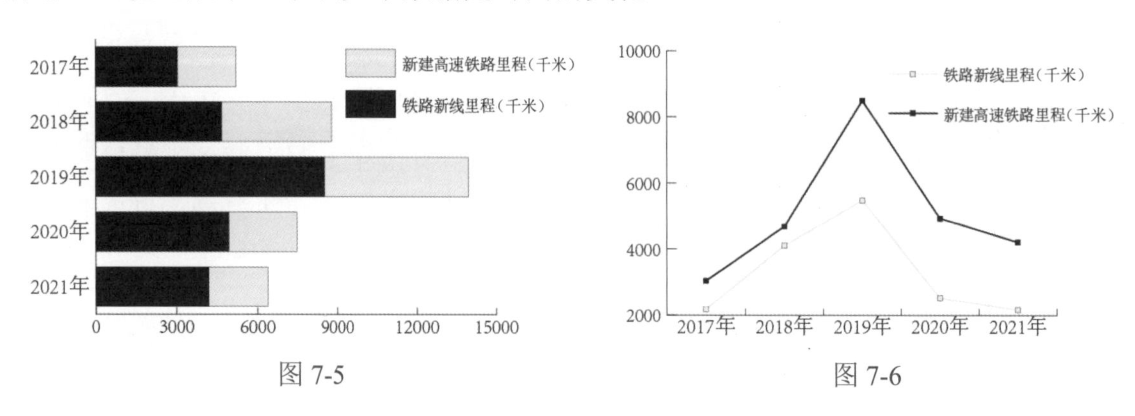

图 7-5　　图 7-6

“面积图工具”：使用具有颜色的面积块来展示相应数据的变化，如图 7-7 所示。

“散点图工具”：通过 X 和 Y 坐标确定散点的位置，以反映相应数据的变化，如图 7-8 所示。

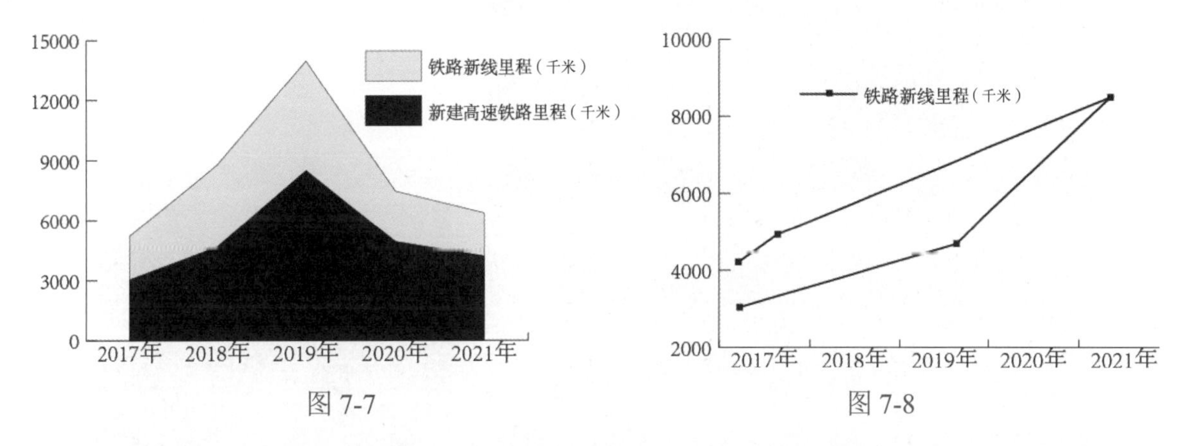

图 7-7　　图 7-8

“饼图工具”：通过在圆内分割扇形区域来显示相应数据的变化，如图 7-9 所示。

“雷达图工具”：通过雷达状图表来显示相应数据的变化，如图 7-10 所示。雷达图在某一特定的时间点或特定类别上进行比较，并通过环形形式表现出来。

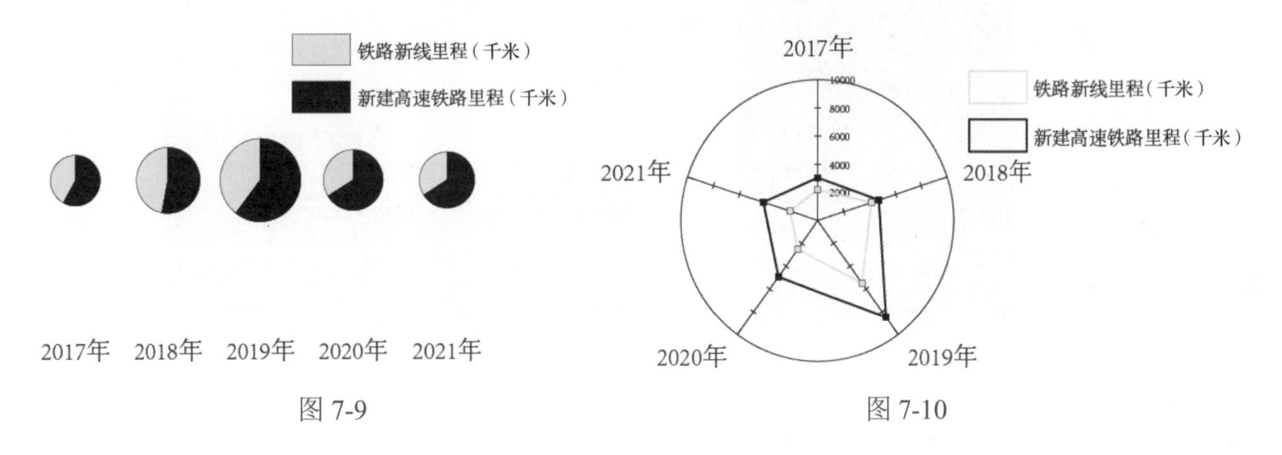

图 7-9　　图 7-10

二、创建图表的方法

（1）单击工具箱中“图表”工具的下拉按钮，在弹出的工具属性栏中选择图表类型，或者双击工具箱中的“图表”工具，或者选择“对象→图表→类型”命令，在弹出的“图表类型”对话框（见图 7-11）中根据设计需要选择图表类型和设置其他参数选项，单击“确定”按钮。

（2）在页面上单击并绘制一个矩形区域，以确定图表的大小，或者直接在页面上单击，弹出“图表”对话框，如图 7-12 所示。

（3）在“图表”对话框中输入图表的宽度和高度，输入完成后单击“确定”按钮，将自动在页面中根据输入的数值创建图表（见图 7-13（a）），同时弹出输入图表数据对话框，如图 7-13（b）所示。

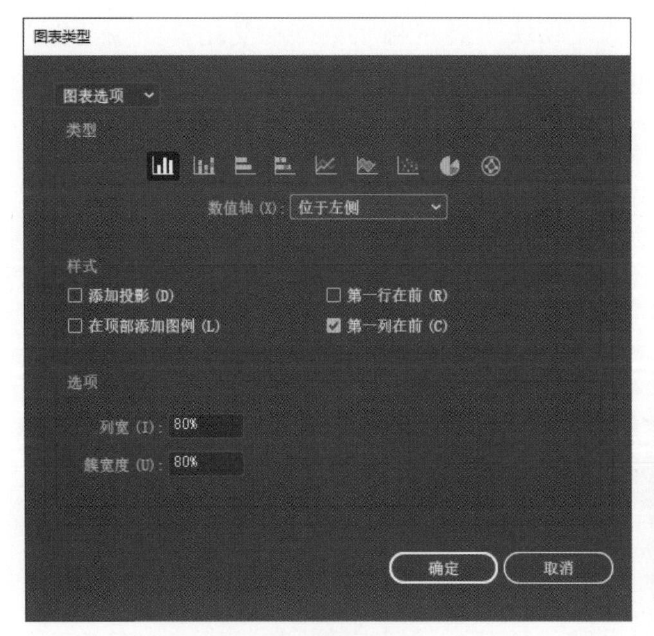

图 7-11

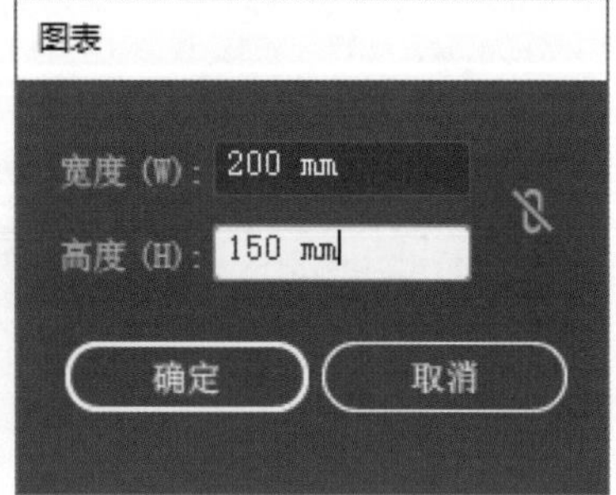

图 7-12

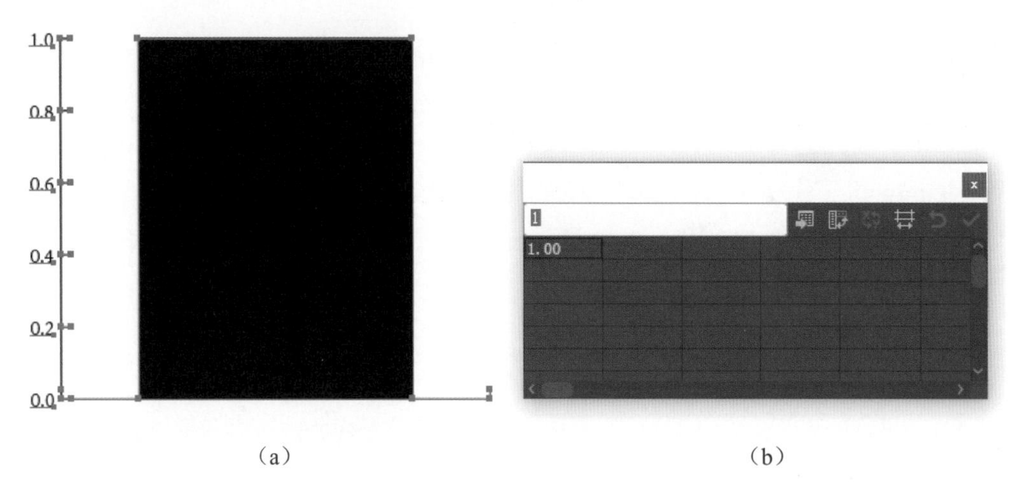

（a）　　　　（b）

图 7-13

输入图表数据对话框中按钮的含义如下。

“导入数据”按钮：可以从外部文件中获取图表数据。

“换位行 / 列”按钮：交换列和行的数据

“切换 X/Y”按钮：切换散点图的 X 轴和 Y 轴。

“单元格格式”按钮：设置单元格的列宽和小数点的位数。

“恢复”按钮：将数据恢复到更改之前的状态。

“应用”按钮：确认输入的数据并生成图表。

（4）在输入图表数据对话框中按图表的要求输入各种文本或数值（见图 7-14），按 Tab 键或 Enter 键进行确认，设置完成后单击“应用”按钮即可得到与输入数据对应的图表，效果如图 7-15 所示。

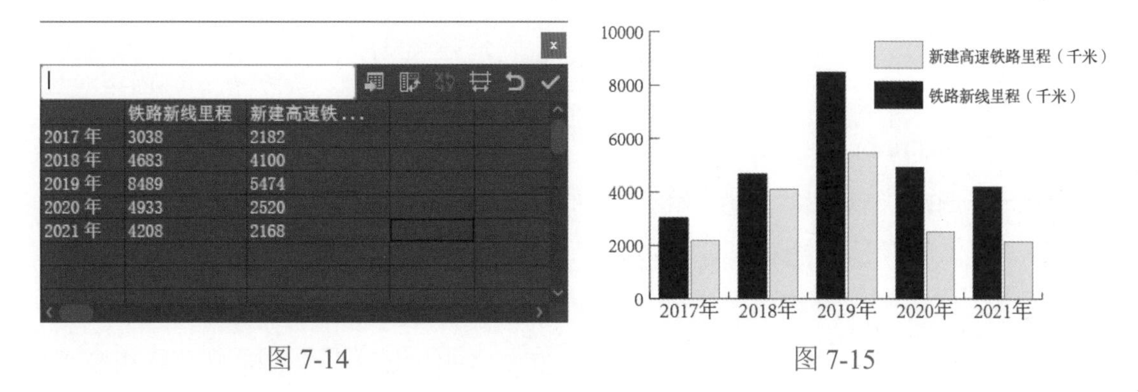

	铁路新线里程	新建高速铁...
2017 年	3038	2182
2018 年	4683	4100
2019 年	8489	5474
2020 年	4933	2520
2021 年	4208	2168

图 7-14　　图 7-15

三、图表的组成

图表是一个由各种基本元素组成的群组对象（见图 7-16），其中 *X* 轴表示类别轴，*Y* 轴表示数值轴，主体部分表示各组数据的数据列，右上角的图形符号表示图例。

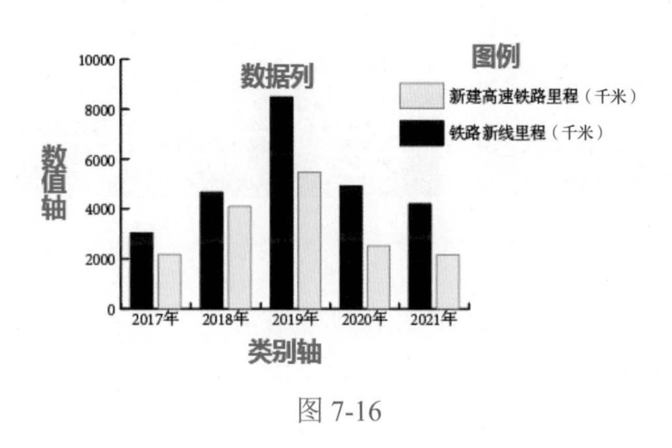

图 7-16

随学随练

根据提供的 2018 年—2022 年中国近五年的 GDP 增长数据，绘制中国 GDP 增速图表，效果如图 7-17 所示。

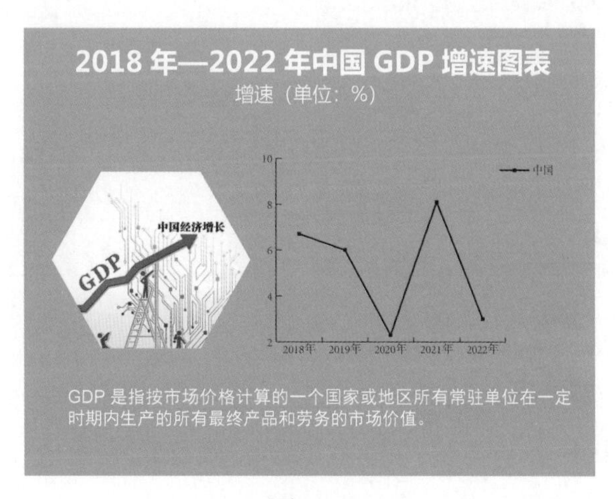

图 7-17

知识要点：“矩形”工具、“文字”工具、“多边形”工具、剪切蒙版、“图表”工具。

操作步骤

（1）启动 Illustrator CC 2022，新建一个宽为 250mm、高为 190mm 的文件。

（2）选择“矩形”工具，绘制一个与页面大小相等的矩形，将填充颜色设置为 R：84、G：176、B：51，并取消描边；单击“对齐”控制面板中的“水平居中对齐”和“垂直居中对齐”按钮，使矩形在页面中居中对齐，并按快捷键 Ctrl+2 进行锁定。

（3）选择“折线图工具”，在页面中单击，在弹出的“图表”对话框中设置相应参数（见图 7-18），单击“确定”按钮，弹出输入图表数据对话框，在该对话框中输入相应数据，如图 7-19 所示。

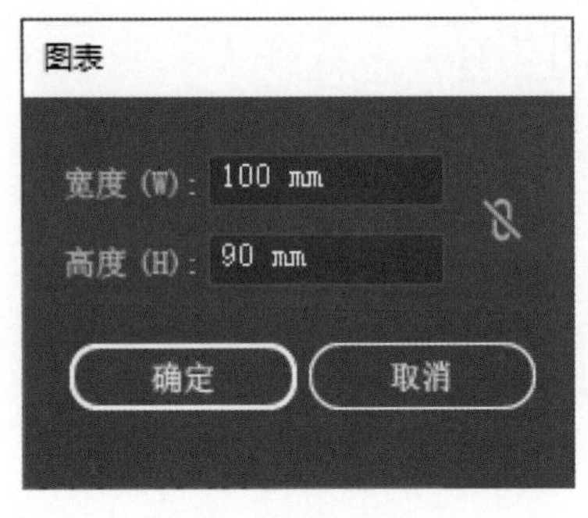

图 7-18

	中国
2018 年	6.70
2019 年	6.00
2020 年	2.30
2021 年	8.10
2022 年	3.00

图 7-19

（4）输入完数据后，单击输入图表数据对话框中的“应用”按钮，关闭该对话框，从而建立折线图，效果如图 7-20 所示。

（5）选择“文件→置入”命令，在弹出的对话框中选择图片，以导入图片；单击“属性”控制面板中的“嵌入”按钮，将图片嵌入文件；调整图片的大小和位置，如图 7-21 所示。

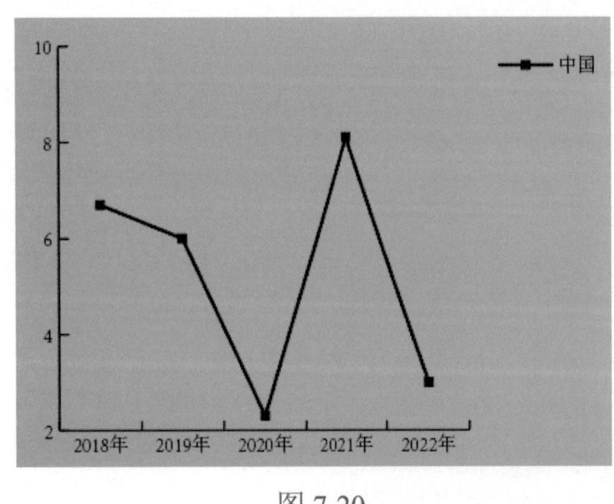

图 7-20

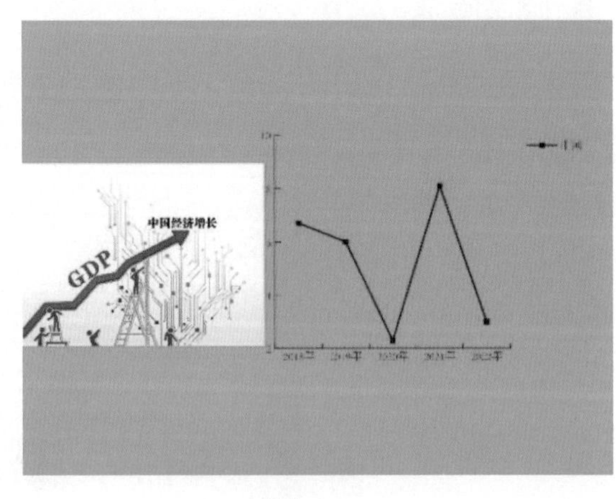

图 7-21

（6）选择“多边形”工具，绘制一个正六边形，并调整好大小和位置（见图 7-22）；选中图片和正六边形，按快捷键 Ctrl+7 建立剪切蒙版（或右击选中的对象，在弹出的快捷菜单中选择“建立剪切蒙版”命令），效果如图 7-23 所示。

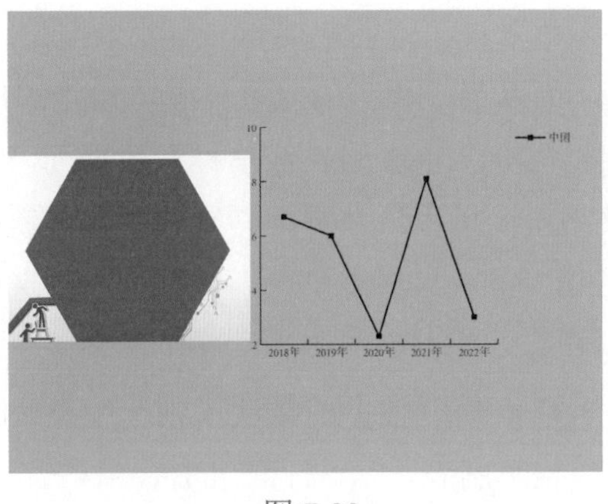

图 7-22

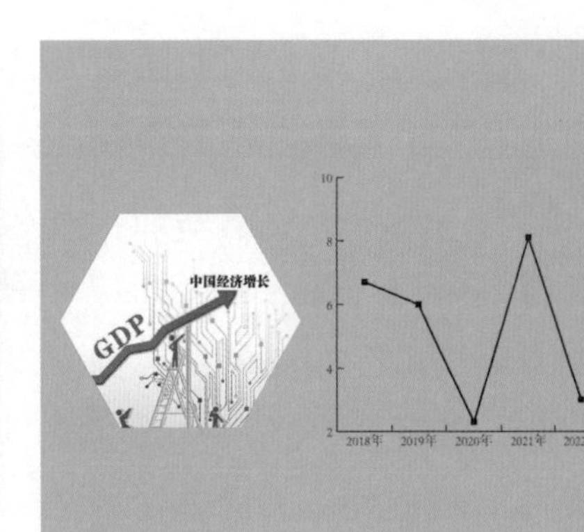

图 7-23

（7）选择“文字”工具，在适当的位置分别输入需要的文字；选中文字，在“属性”控制面板中设置文字的字体、字号和字色等，并调整好位置，效果如图 7-24 所示。

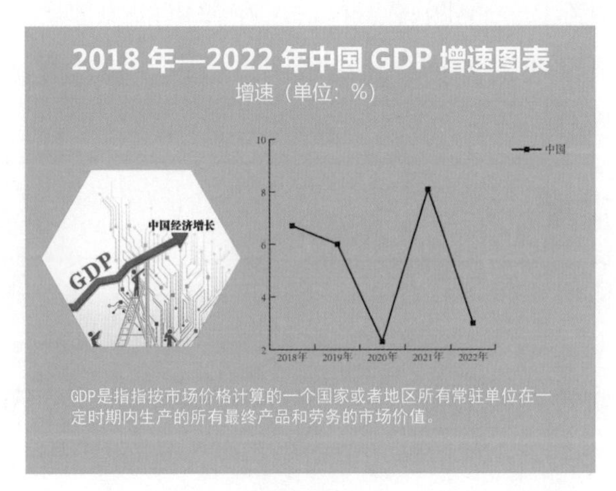

图 7-24

项目二　编辑图表

在 Illustrator CC 2022 中创建完图表后，我们可以根据实际需要对图表进行编辑，不仅可以修改图表中的数据，还可以更改图表类型、图表选项，设置坐标轴，通过编组选择工具选择图表的元素，从而美化图表。

一、选择图表元素

在对图表元素进行操作时，必须先选中相应的元素，可以根据要选择对象的不同，使用不同的选择工具进行操作。

“选择”工具：单击图表即可选中整个图表。

“直接选择”工具：可以选择最基本的图表元素。按住 Shift 键可以进行多选。

“编组选择”工具：最常用的图表元素选择工具，方便快捷。

使用“编组选择”工具单击图表中的元素，可以选中相应的元素。若单击“2017 年铁路新线里程”数据列，则选中该数据列；若双击“2017 年铁路新线里程”数据列，则选中各年铁路新线里程数据列；若三击“2017 年铁路新线里程”数据列，则选中各年铁路新线里程数据列及铁路新线里程的图例；若四击“2017 年铁路新线里程”数据列，则选中所有数据列和所有图例；若五击“2017 年铁路新线里程”数据列，则选中整个图表。

若单击刻度轴上的数值，则选中该数值；若双击刻度轴上的数值，则选中整个刻度轴上的所有数值；若三击刻度轴上的数值，则选中整个图表。

二、修改图表数据

创建完图表后，可能因某些原因需要更新或改动某些数据，可以通过编辑图表数据来实现，同时图表会随着更新。选中图表并右击，在弹出的快捷菜单中选择“数据”命令，弹出输入图表数据对话框，根据需要重新编辑图表数据，修改完成后，单击“应用”按钮即可修改图表数据。

三、更改图表类型

每种图表类型在表述问题时都有不足，当选用的图表类型不能很好地表达问题时，可以更换图表类型。

若需要把柱形图更改为折线图表，则可以选中图表并右击，在弹出的快捷菜单中选择“类型”命令，弹出“图表类型”对话框，单击“类型”选项中的“折线图”按钮，单击“确定”按钮，即可更改图表类型，如图 7-25 所示。

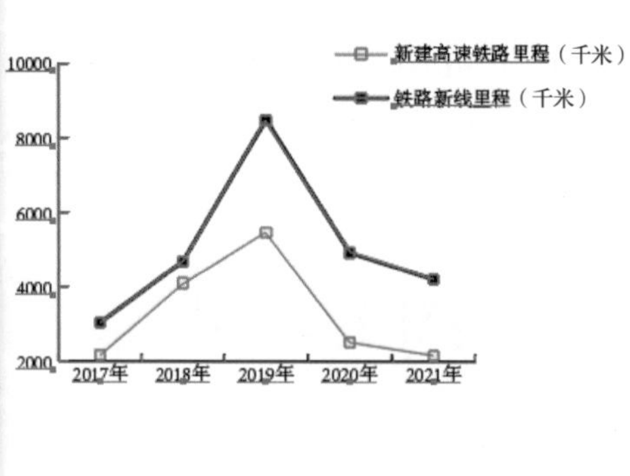

图 7-25

除了可以更改整个图表的类型，还可以将某个或某些数据列更改为其他图表类型，从而实现在一张图表中使用不同的图表类型来展示数据。

若想要将各年铁路新线里程数据更改为折线图，则可以使用“编组选择”工具选择各年铁路新线里程数据和图例，双击“图表”工具，弹出“图表类型”对话框，在该对话框中为数据列选择不同的图表类型，如折线图，单击“确定”按钮，如图 7-26 所示。

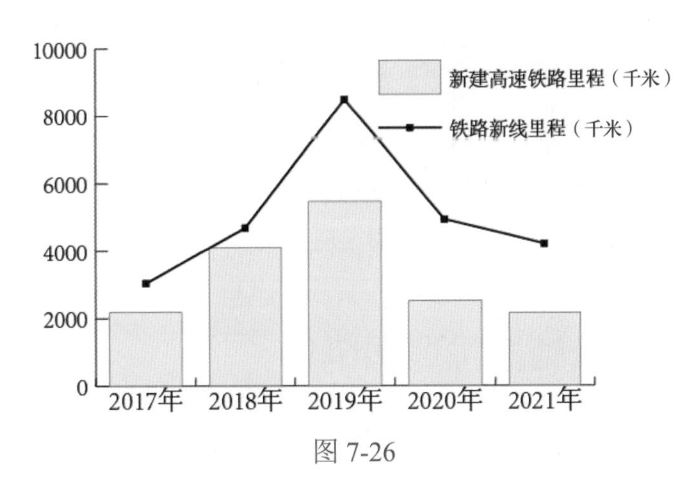

图 7-26

四、设置图表文本格式

在创建图表时，图例和刻度轴的标签使用的都是默认字体及字号。若需要改变图表中文字的字号、字体、字色，则可以使用“编组选择”工具或“直接选择”工具选择要修改的文字，在“属性”控制面板的“文字”选项中设置相应参数，效果如图 7-27 所示。

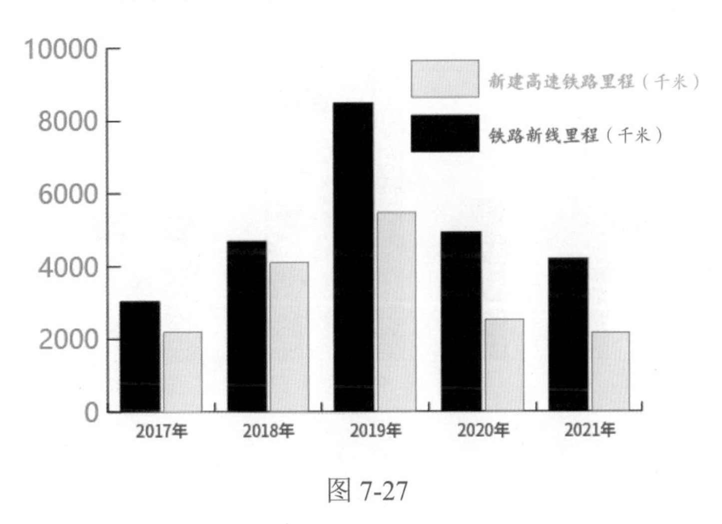

图 7-27

五、设置图表颜色

新创建的图表仅使用不同灰度的图形表示，不够美观。为了使图表更加新颖或要突出某一数据，可以通过修改图表图形颜色来实现。使用“编组选择”工具或“直接选择”工具选择要设置颜色的图形，在“属性”控制面板的“外观”选项中设置图形的填充颜色、描边颜色和描边粗细等，效果如图 7-28 所示。

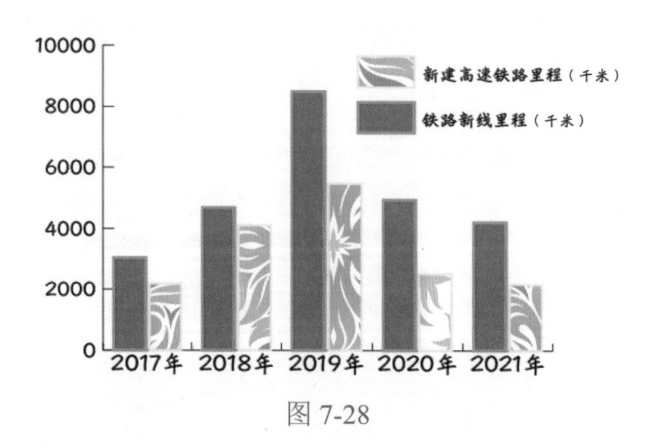

图 7-28

六、更改图表数值轴的位置和刻度

1. 更改图表数值轴的位置

在所有图表类型中，除了饼图，所有的图表都有对应的刻度轴（数值轴和类别轴）。我们可以设置在图表的一侧显示数值轴或两侧都显示数值轴。

选中图表，双击“图表”工具，弹出“图表类型”对话框，在该对话框的“数值轴”下拉列表中选择相应的选项（如选择位于两侧），单击“确定”按钮，图表会根据选项显示不同效果，如图 7-29 所示。

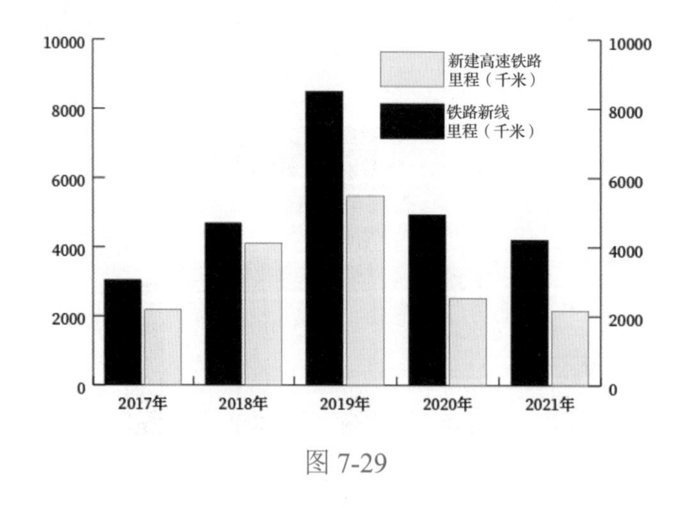

图 7-29

2. 更改图表数值轴的刻度

在创建图表时，Illustrator CC 2022 会根据数值自动生成数值轴的刻度。我们可以根据需要自定义数值轴中的刻度，改变刻度线的长度，将指定的前缀和后缀添加到数值的前后。

选中图表，双击“图表”工具，弹出“图表类型”对话框，单击该对话框顶部的下拉按钮（“图表选项”下拉按钮），在弹出的下拉列表中选择“数值轴”选项，如图 7-30 所示。

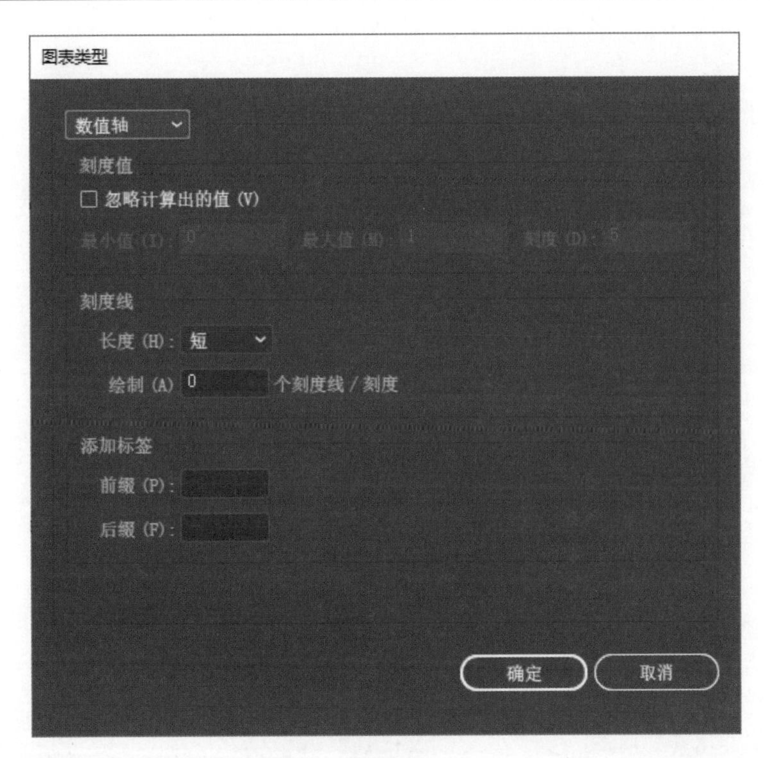

图 7-30

“刻度值”选项：勾选“忽略计算出的值”复选框可以激活下面的3个文本框。“最小值”文本框用于设置数值轴的起始值，即图表原点的坐标值；“最大值”文本框用于设置数值轴的最大刻度值；“刻度”文本框用于设置数值轴从最小值到最大值之间分成几个间隔。

“刻度线”选项：“长度”下拉列表用于设置刻度线，其中“无”选项表示不使用刻度线；“短”选项表示使用短的刻度线；“全宽”选项表示刻度线将贯穿整个图表。“绘制”文本框用于设置每个间隔划分几条刻度线。

“添加标签”选项：“前缀”文本框用于设置在数值前加的符号；“后缀”文本框用于设置在数值后加的符号。

七、缩放图表

在设计时，有时会发现创建的图表偏大或偏小，这时需要适当调整图表的大小。

精确调整图表的大小：选中图表并右击，在弹出的快捷菜单中选择“变换→缩放”命令，弹出“比例缩放”对话框（见图 7-31），在该对话框中设置相应参数，单击“确定”按钮。

使用鼠标调整图表的大小：选中图表，选择“缩放”工具，在文件窗口中使用鼠标拖曳图表，将图表调整到所需的大小即可。

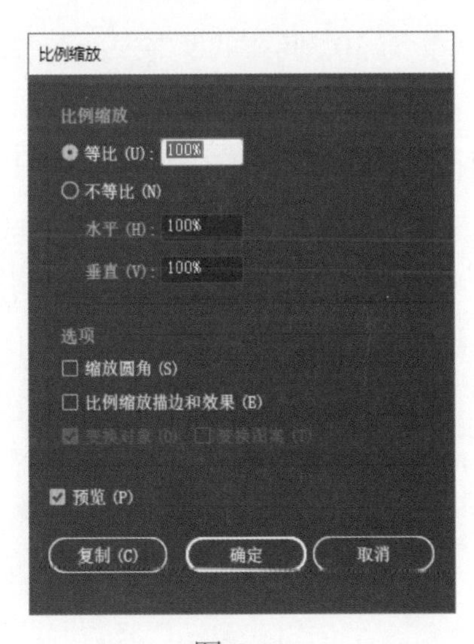

图 7-31

随学随练

阅读下列材料，制作 2022 年居民人均消费支出及构成分布图，效果如图 7-32 所示。

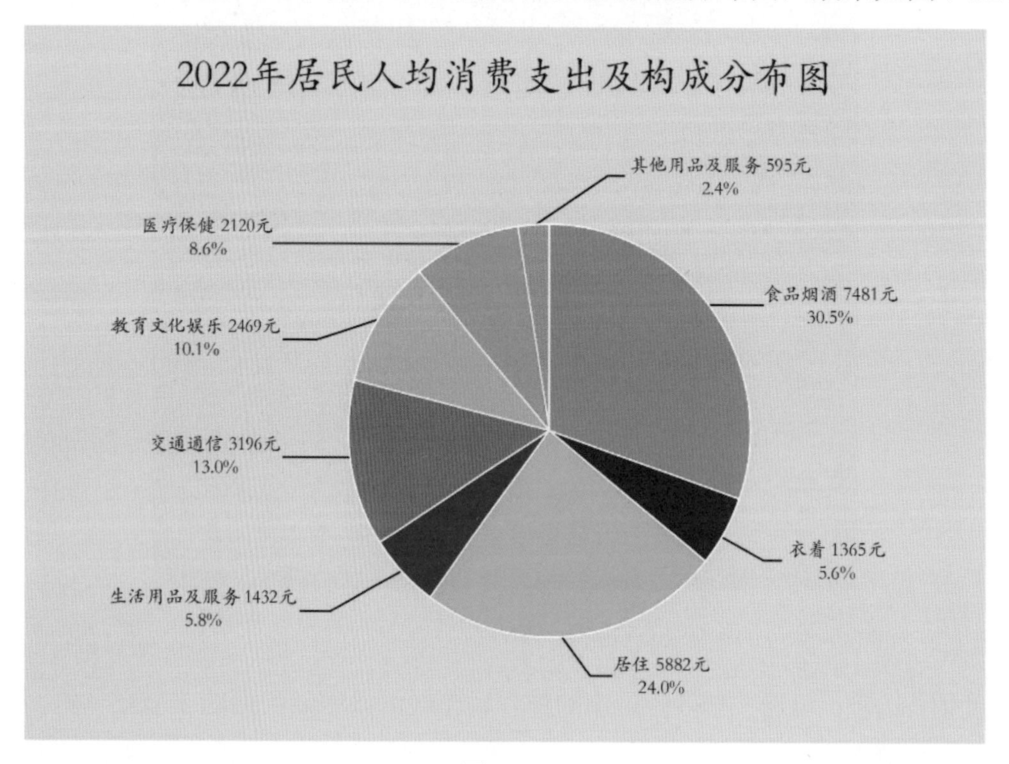

图 7-32

国家统计局于 2023 年 1 月 17 日发布的《2022 年居民收入和消费支出情况》显示，2022 年，全国居民人均消费支出 24538 元，比上年名义增长 1.8%，扣除价格因素影响，实际下降 0.2%。分城乡看，城镇居民人均消费支出 30391 元，名义增长 0.3%，扣除价格因素，实际下降 1.7%；农村居民人均消费支出 16632 元，名义增长 4.5%，扣除价格因素，实际增长 2.5%。

2022 年，全国居民人均食品烟酒消费支出 7481 元，增长 4.2%，占人均消费支出的比重为 30.5%；人均衣着消费支出 1365 元，下降 3.8%，占人均消费支出的比重为 5.6%；人均居住消费支出 5882 元，增长 4.3%，占人均消费支出的比重为 24.0%；人均生活用品及服务消费支出 1432 元，增长 0.6%，占人均消费支出的比重为 5.8%；人均交通通信消费支出 3195 元，增长 1.2%，占人均消费支出的比重为 13.0%；人均教育文化娱乐消费支出 2469 元，下降 5.0%，占人均消费支出的比重为 10.1%；人均医疗保健消费支出 2120 元，增长 0.2%，占人均消费支出的比重为 8.6%；人均其他用品及服务消费支出 595 元，增长 4.6%，占人均消费支出的比重为 2.4%。

知识要点："矩形"工具、"图表"工具、"编组选择"工具、"钢笔"工具、"文字"工具。

操作步骤

（1）启动 Illustrator CC 2022，新建一个宽为 180mm、高为 130mm 的文件。

（2）选择“矩形”工具，绘制一个矩形，将填充颜色设置为R：221、G：221、B：221，并取消描边，单击“对齐”控制面板中的“水平居中对齐”和“垂直居中对齐”按钮，使矩形在页面中居中对齐，并按快捷键Ctrl+2进行锁定。

（3）选择“饼图工具”，按住鼠标左键鼠标并拖曳鼠标，在页面中绘制一个适当的图表区域，松开鼠标左键，弹出输入图表数据对话框，根据材料输入相应数据，如图7-33所示。

图7-33

（4）输入完数据后，单击输入图表数据对话框右上角的“应用”按钮，关闭该对话框，从而建立饼图图表，效果如图7-34所示。

（5）选择“编组选择”工具，选择食品消费对应的区域和图例，在“属性”控制面板中将描边颜色设置为白色，描边粗细为1pt，填充颜色设置为青色，效果如图7-35所示。

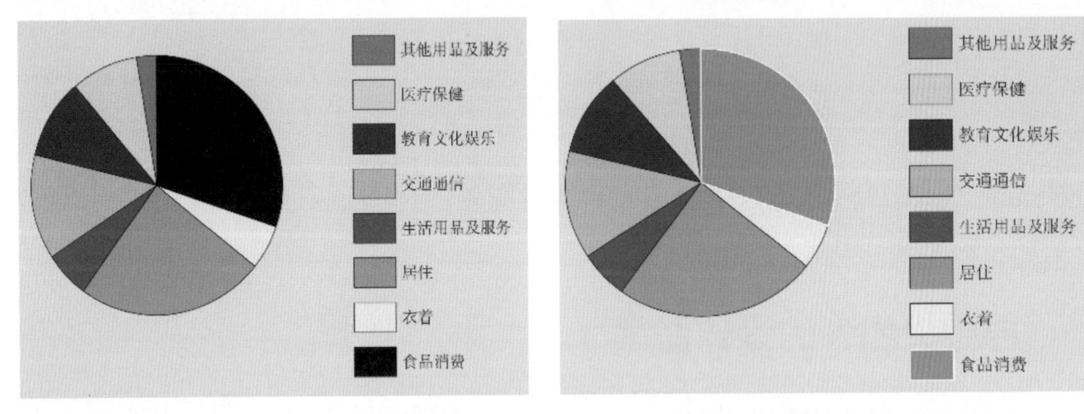

图7-34　　图7-35

（6）按照上述方法，设置饼图图表其他区域的填充颜色和描边颜色，效果如图7-36所示。

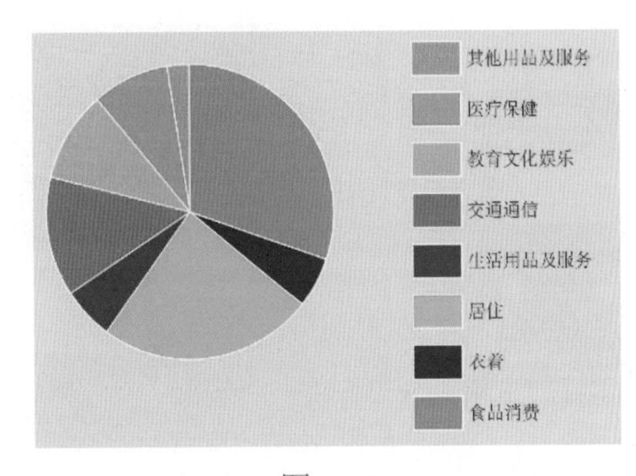

图7-36

（7）选中饼图图表并右击，在弹出的快捷菜单中选择“类型”命令，在弹出的“图表类型”对话框的“选项”选区的“图例”列表框中，选择“无图例”选项，单击“确定”按钮。

（8）选择“钢笔”工具，在“属性”控制面板中将描边颜色设置为黑色，描边粗细设置为1pt，填充颜色设置为无，在对应的区域边上绘制线段，效果如图7-37所示。

（9）选择“文字”工具，在对应区域的各线段旁边输入文字内容，并设置文字的字号和字色，效果如图7-38所示。

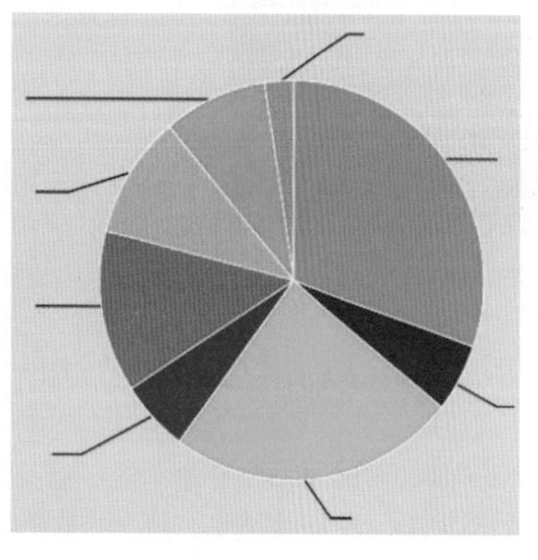

图 7-37

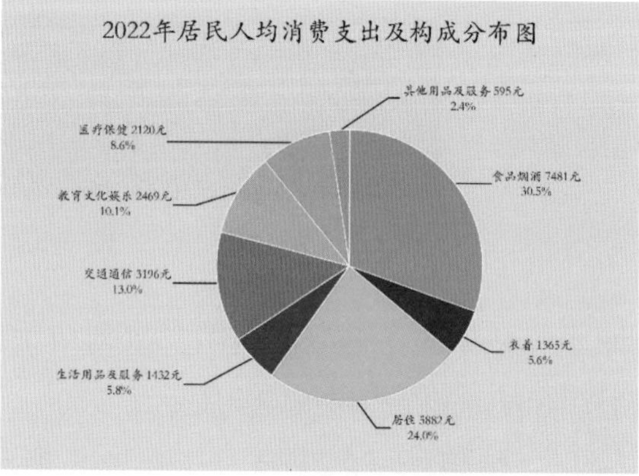

图 7-38

项目三　自定义图表

Illustrator CC 2022除了可以创建图表和编辑图表，还可以通过自定义图案来修饰图表，让图表更加生动形象并具有个性。

一、自定义图表的设计图案

用来自定义图表的图案可以是现成的，也可以是自行绘制的。选中图形对象（见图7-39），选择“对象→图表→设计”命令，弹出“图表设计”对话框，如图7-40所示。

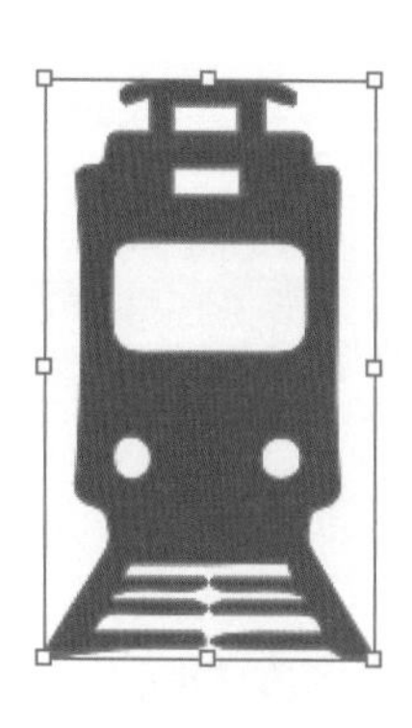

图 7-39

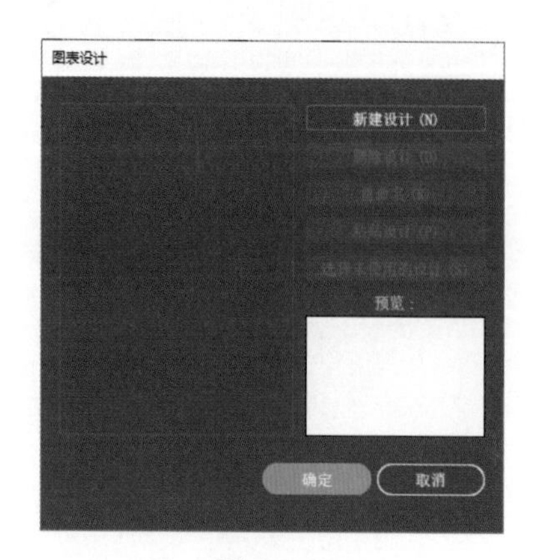

图 7-40

在“图表设计”对话框中，单击“新建设计”按钮，该对话框的预览框中会显示选中的图形对象（见图 7-41），单击“重命名”按钮，弹出“图表设计”对话框（图表设计名称的对话框），在“名称”文本框中输入自定义图案的名称（见图 7-42），单击“确定”按钮，完成重命名。

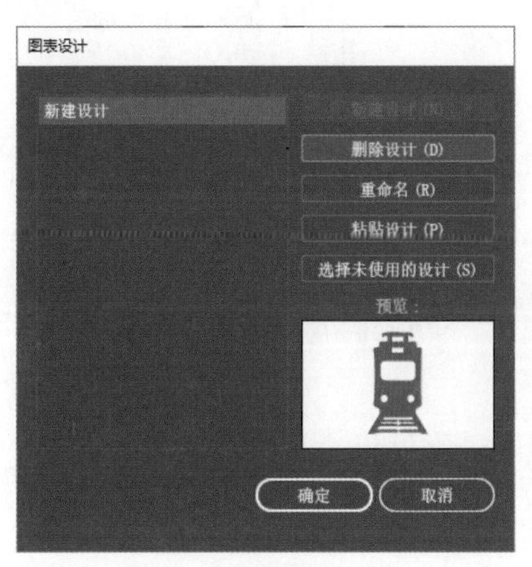

图 7-41

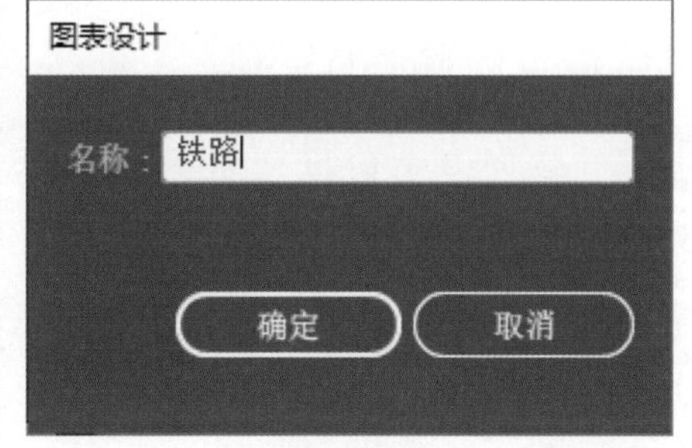

图 7-42

“删除设计”按钮：删除选中的图形对象。

“粘贴设计”按钮：将选中的图形对象粘贴到页面中。我们可以对粘贴到页面中的图形对象进行编辑及重新定义。

二、将设计图案应用到图表中

定义好图案后，可以将其应用到图表中。选择“编组选择”工具，双击图表上方的“铁路新线里程”图例，即可选中图表中该图例的所有元素（见图 7-43）；选择“对象→图表→柱形图”命令，弹出“图表列”对话框，选择“选取列设计”选区中的“铁路”选项（见图 7-44），设置完各项参数后单击“确定”按钮，即可将自定义图案应用到所选的数据列中，如图 7-45 所示。

按照上述方法，完成“新建高速铁路里程”数据列图形的修改，最终效果如图 7-46 所示。

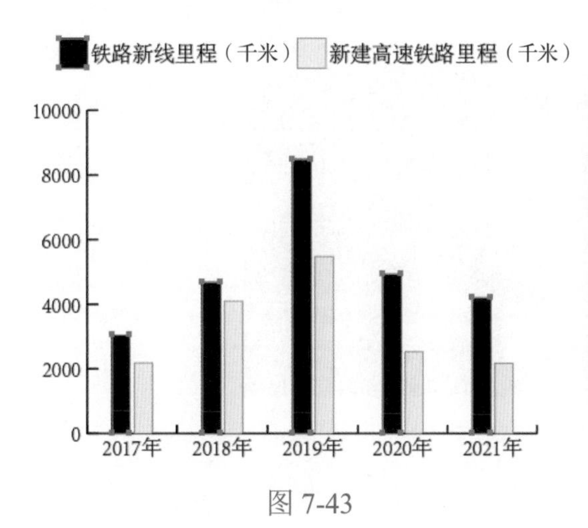

图 7-43

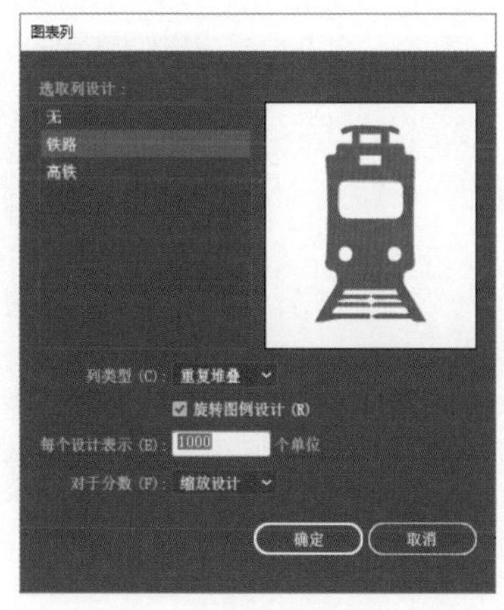

图 7-44

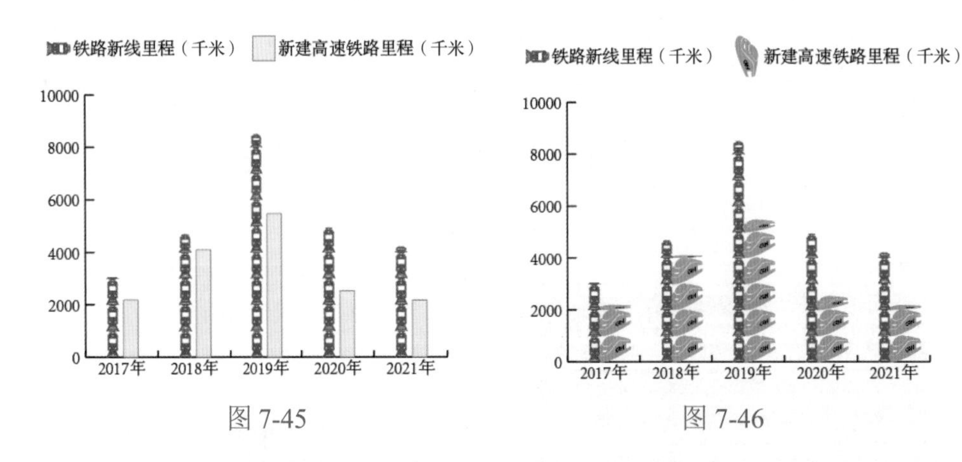

图 7-45　　　　图 7-46

“列类型”下拉列表中包括“垂直缩放”、“一致缩放”、“重复堆叠”和“局部缩放”4 个选项。

- “垂直缩放”选项：根据数据的大小，对自定义图案进行垂直方向的放大，水平方向的尺寸保持不变。
- “一致缩放”选项：对自定义图案在水平和垂直方向上进行等比缩放。
- “重复堆叠”选项：在垂直方向上重叠堆放多个自定义图案。
- “局部缩放”选项：将自定义图案的一部分进行拉伸。

“对于分数”下拉列表中包含“截断设计”和“缩放设计”两个选项。

- “截断设计”选项：当不足一个图案时，使用自定义图案的一部分来表示。
- “缩放设计”选项：当不足一个图案时，由自定义图案按比例压缩来表示。

随学随练

中国汽车工业协会于 2021 年和 2022 年发布的数据显示，2021 年，我国全年汽车销售完成了 2627.5 万辆，同比增长为 3.8%，新能源汽车销售完成了 352.1 万辆，同比增长 157.5%。2022 年，我国全年汽车销售完成了汽车销量 2686.4 万辆，同比增长 2.1%，新能源汽车销售完成了 688.7 万辆，同比增长 93.4%。根据上述数据，绘制 2021 年和 2022 年汽车、新能源汽车销售量数据对比图表，效果如图 7-47 所示。

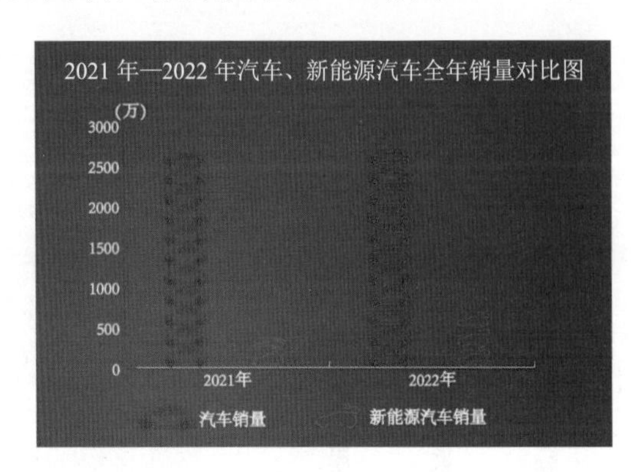

图 7-47

知识要点：“矩形”工具、“渐变”工具、“图表”工具、“编组选择”工具、“文字”

工具、“钢笔”工具。

操作步骤

（1）启动 Illustrator CC 2022，新建一个宽为 220mm、高为 150mm 的文件。

（2）选择“矩形”工具，绘制一个矩形；选中矩形，在“渐变”控制面板中单击“填色”按钮，将“类型”设置为“径向渐变”，将渐变颜色设置为 R：39、G：103、B：178 和 R：26、G：43、B：125；选择“渐变”工具，调整径向渐变的位置和大小，并取消描边；单击“对齐”控制面板中的“水平居中对齐”和“垂直居中对齐”按钮，使矩形在页面中居中对齐，并按快捷键 Ctrl+2 进行锁定。

（3）选择“柱形图工具”，按住鼠标左键并拖曳鼠标，在页面中绘制一个适当大小的图表区域，松开鼠标左键，弹出输入图表数据对话框，在该对话框中输入相应数据，如图 7-48 所示。

（4）输入完数据后，单击输入图表数据对话框右上角的“应用”按钮，关闭该对话框，从而建立柱形图表，效果如图 7-49 所示。

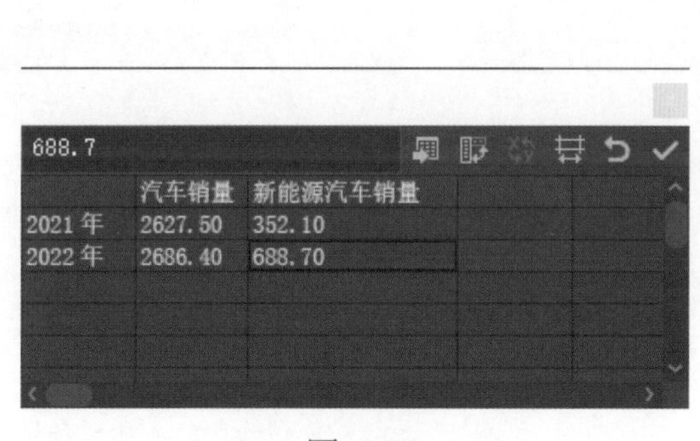

688.7

	汽车销量	新能源汽车销量
2021 年	2627.50	352.10
2022 年	2686.40	688.70

图 7-48

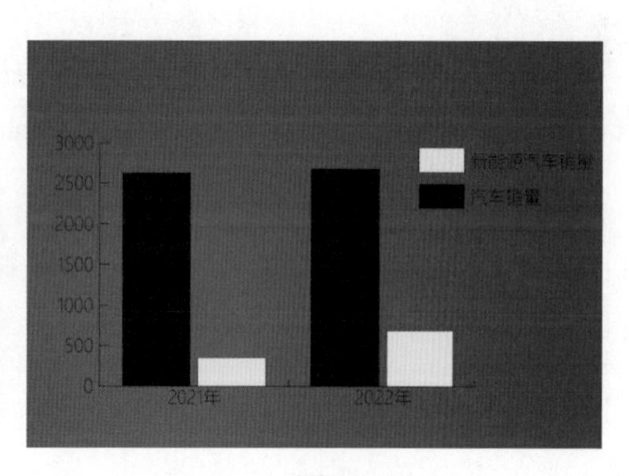

图 7-49

（5）使用“钢笔”工具和“椭圆”工具，在页面中绘制汽车图形，并将描边粗细设置为 1.5pt，描边颜色设置为 R：200、G：67、B：37；选中所有汽车图形，按快捷键 Ctrl+G 进行编组，如图 7-50 所示。

（6）使用“钢笔”工具和“矩形”工具，在页面中绘制新能源汽车图形，并将描边粗细设置为 1.5pt，描边颜色设置为 R：50、G：173、B：55；选中所有新能源汽车图形，按快捷键 Ctrl+G 进行编组，如图 7-51 所示。

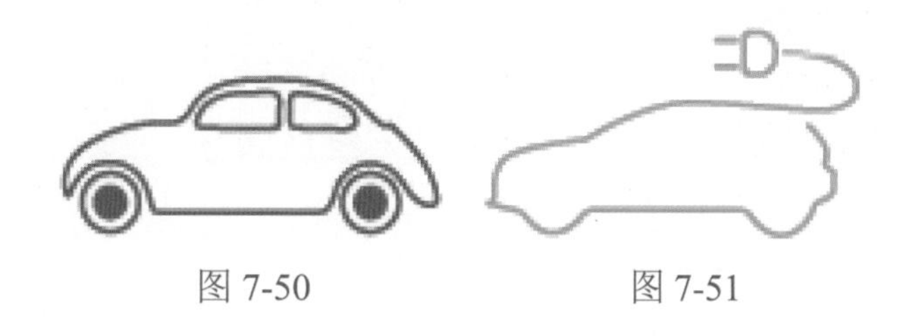

图 7-50　　　　图 7-51

（7）选中汽车图形，选择“对象→图表→设计”命令，在弹出的“图表设计”对话框中单击“新建设计”按钮（见图 7-52），单击“重命名”按钮，弹出图表设计的名称对话框，在“名称”文本框中输入“汽车”，单击“确定”按钮，完成重命名，单击“确定”

按钮，完成图表图案的定义。

（8）按照上述方法，将新能源汽车图形定义为图表图案。

（9）选择“编组选择”工具，双击“汽车销量”图例，以选中该图例的所有元素，选择“对象→图表→柱形图”命令，弹出“图表列”对话框，选择“选取列设计”选区中的“汽车”选项，并设置各参数（见图 7-53），设置完成后单击“确定”按钮，即可将定义的“汽车”图案应用到所选择的数据列中，如图 7-54 所示。

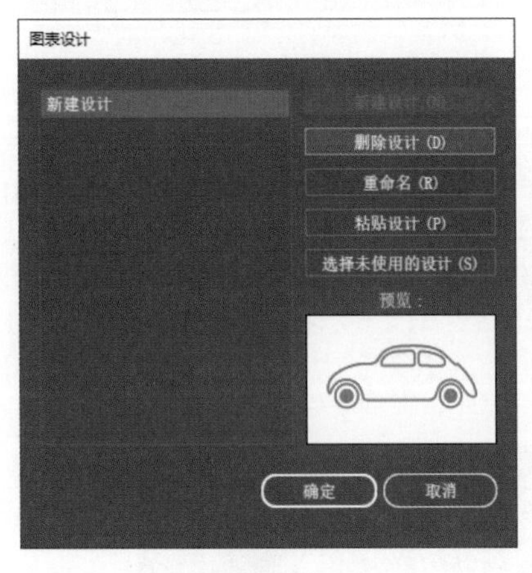

图 7-52

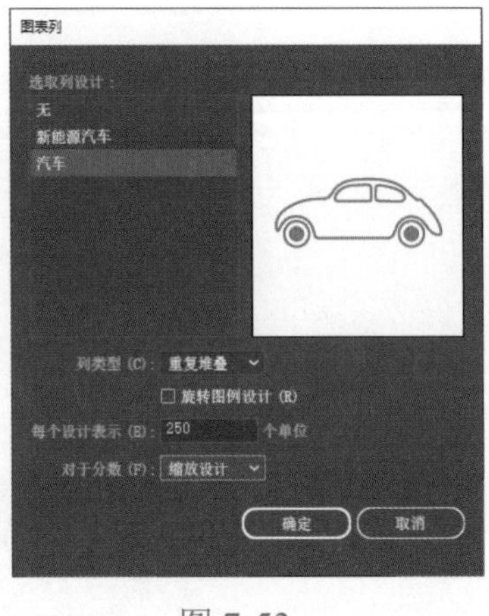

图 7-53

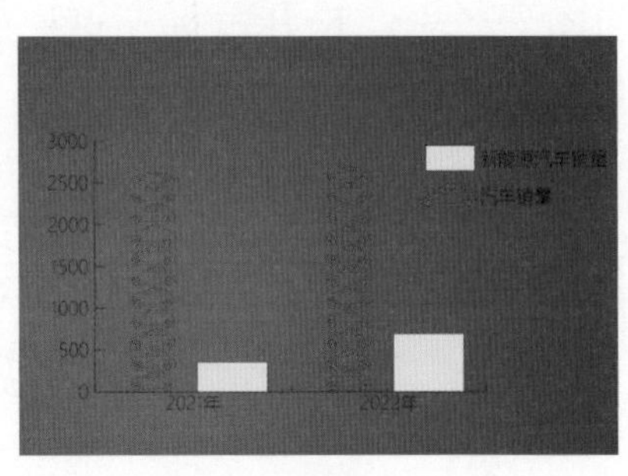
图 7-54

（10）按照上述方法，将定义的“新能源汽车”图案应用到新能源汽车销量数据列中，最终效果如图 7-55 所示。

（11）选择“选择”工具，选中图表，将图表中文字的字体设置为微软雅黑，字号设置为 18pt，文色设置为白色；选择“编组选择”工具，分别选择图例对象，以设置图例位置，效果如图 7-56 所示。

（12）选择“文字”工具，输入文字“2021 年—2022 年汽车、新能源汽车全年销量对比图”，设置文字的格式，并调整好位置，效果如图 7-57 所示。

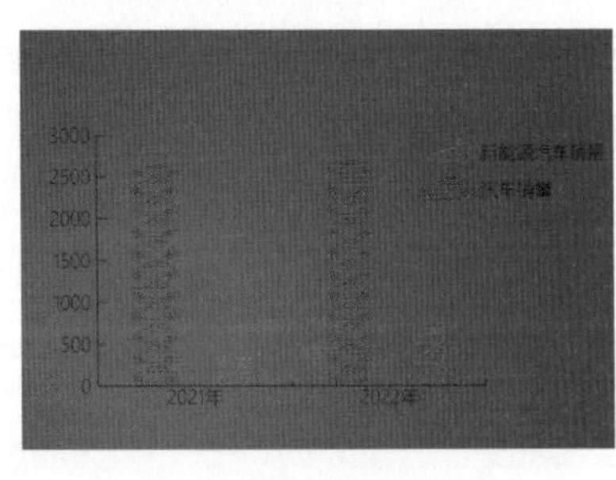
图 7-55

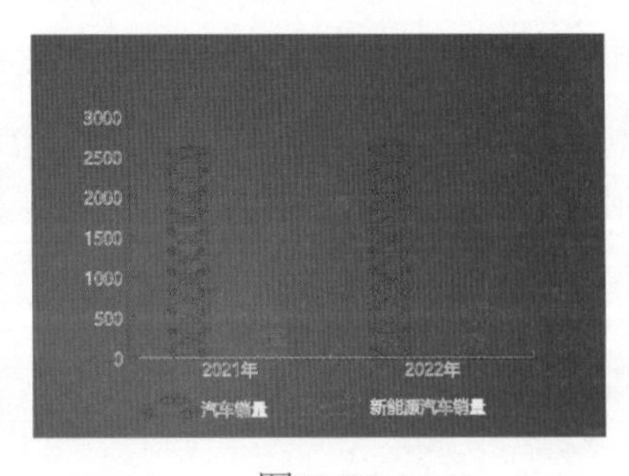

图 7-56

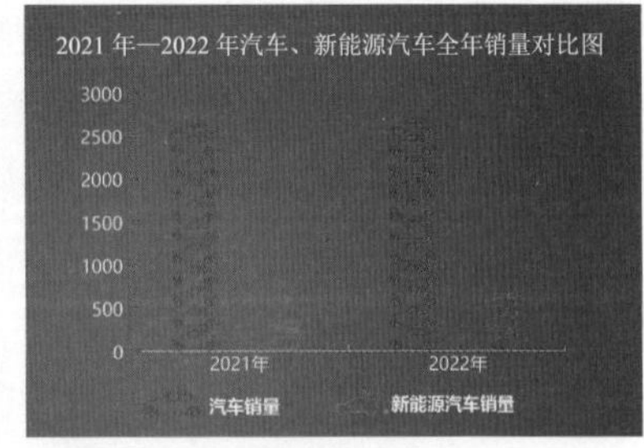

图 7-57

实训案例

阅读下列材料，根据数据制作图表，效果如图 7-58 所示。

国家统计局于 2023 年 1 月 17 日发布的《2022 年居民收入和消费支出情况》显示，2022 年，全国居民人均可支配收入 36883 元，比上年名义增长 5.0%，扣除价格因素，实际增长 2.9%。分城乡看，城镇居民人均可支配收入 49283 元，增长（以下如无特别说明，均为同比名义增长）3.9%，扣除价格因素，实际增长 1.9%；农村居民人均可支配收入 20133 元，增长 6.3%，扣除价格因素，实际增长 4.2%。

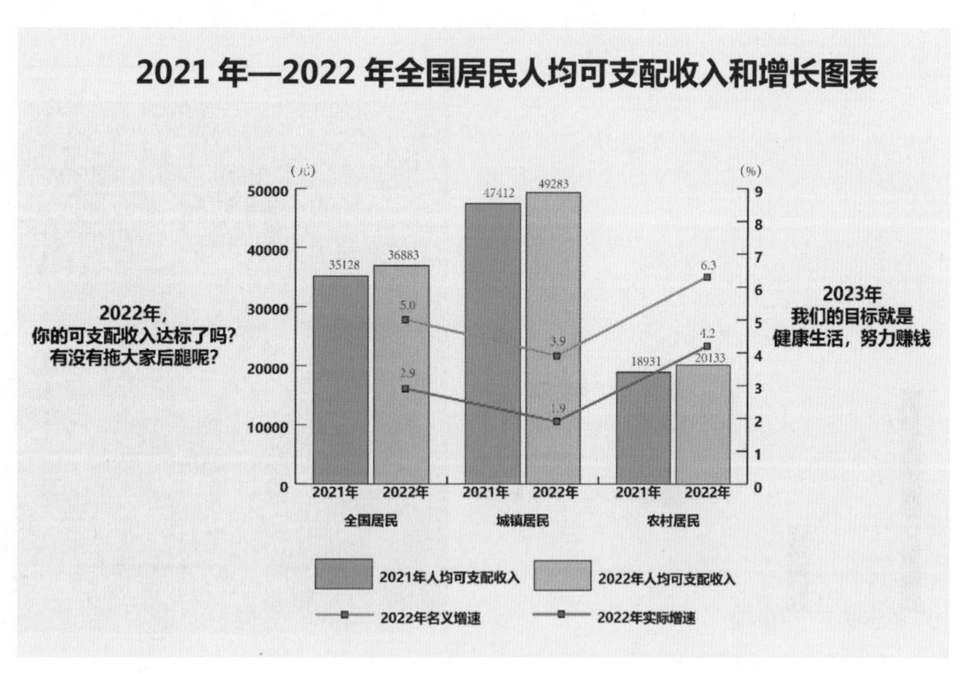

图 7-58

知识要点：“矩形”工具、“图表”工具、“文字”工具。

操作步骤

（1）启动 Illustrator CC 2022，新建一个宽为 297mm、高为 210mm 的文件。

（2）选择“矩形”工具，绘制一个与页面大小相等的矩形；在“属性”控制面板中将矩形的填充颜色设置为 R：239、G：239、B：239，并取消描边；单击“对齐”控制面板中的“水平居中对齐”和“垂直居中对齐”按钮，使矩形在页面中居中对齐，并按快捷键 Ctrl+2 进行锁定。

（3）选择“柱形图工具”，按住鼠标左键并拖曳鼠标，在页面中绘制一个适当大小的图表区域，松开鼠标左键，弹出输入图表数据对话框，在该对话框中输入相应数据，如图 7-59 所示。

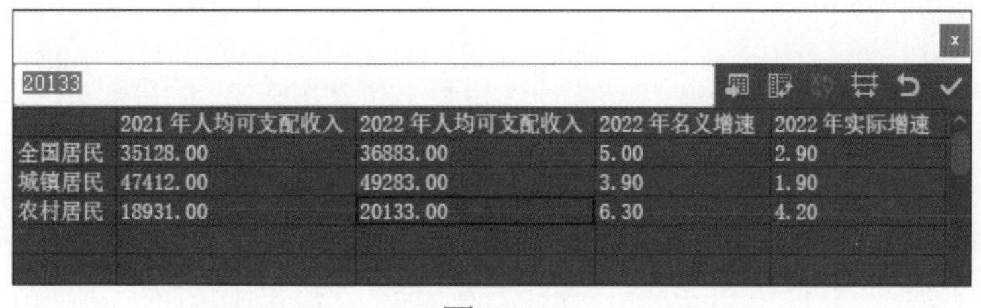

20133

	2021 年人均可支配收入	2022 年人均可支配收入	2022 年名义增速	2022 年实际增速
全国居民	35128.00	36883.00	5.00	2.90
城镇居民	47412.00	49283.00	3.90	1.90
农村居民	18931.00	20133.00	6.30	4.20

图 7-59

（4）输入完数据后，单击输入图表数据对话框右上角的“应用”按钮，关闭该对话框，从而建立柱形图表，效果如图 7-60 所示。

（5）选择“选择”工具，选中图表并右击，在弹出的快捷菜单中选择“类型”命令，弹出“图表类型”对话框，在该对话框中将“数值轴”设置为“位于两侧”，单击“图表选项”下拉按钮，在弹出的下拉列表中选择“右轴”选项，勾选“忽略计算出的值”复选框，将“最小值”设置为 0，“最大值”设置为 9，“刻度”设置为 9，如图 7-61 所示。

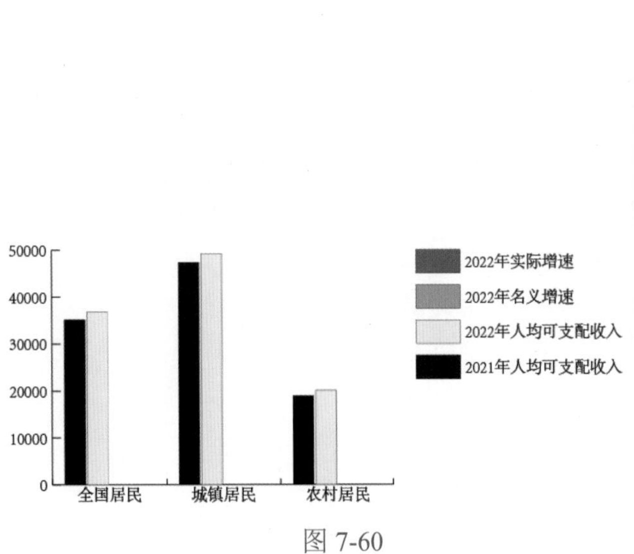

图 7-60

图 7-61

（6）设置完成后单击“确定”按钮，即可增加数值轴，效果如图 7-62 所示。

（7）选择“编组选择”工具，双击“2022 年实际增速”图例，以选中“2022 年实际增速”图例的所有元素；选择“对象→图表→类型”命令，弹出“图表类型”对话框，单击“类型”选项中的“折线图”按钮，将“数值轴”设置为“位于右侧”，设置完成后单击“确定”按钮，即可将“2022 年实际增速”柱形图表更改为折线图表，如图 7-63 所示。

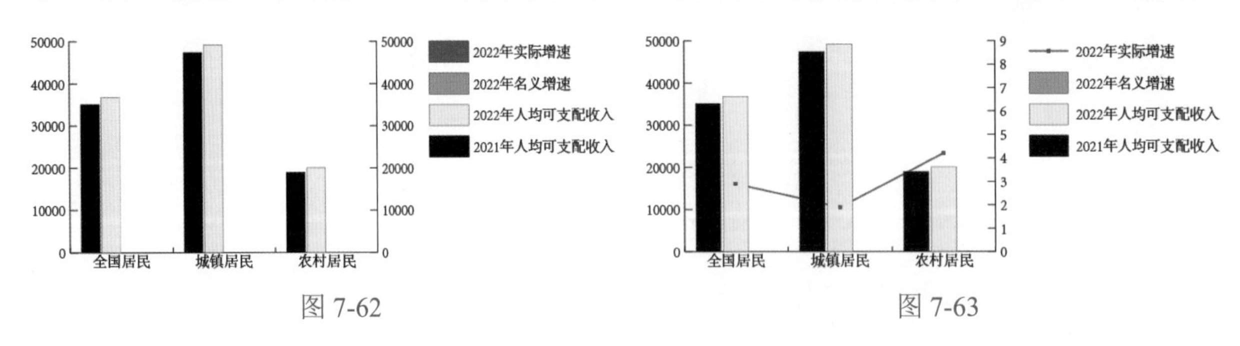

图 7-62　　图 7-63

（8）按照上述方法，将“2022 年名义增速”柱形图表更改为折线图表，效果如图 7-64 所示。

（9）选择“选择”工具，选中图表，将图表中文字的字体设置为宋体，字号设置为 12pt；选择“编组选择”工具，分别选中对应的图例，并调整好位置，效果如图 7-65 所示。

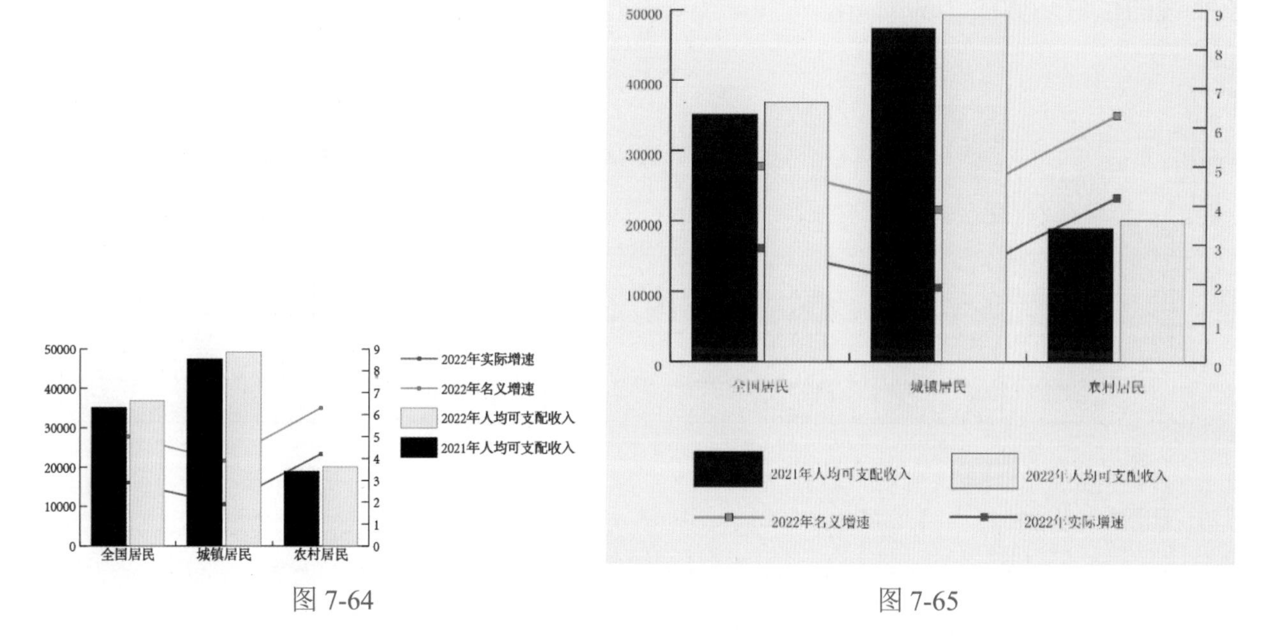

图 7-64　　　　图 7-65

（10）选择“编组选择”工具，双击“2021 年人均可支配收入”图例，以选中所有“2021 年人均可支配收入”图例的所有元素，在“属性”控制面板中将填充颜色设置为青色、描边颜色设置为黑色，描边粗细设置为 1pt，效果如图 7-66 所示。

（11）按照上述方法，设置其他元素的颜色，效果如图 7-67 所示。

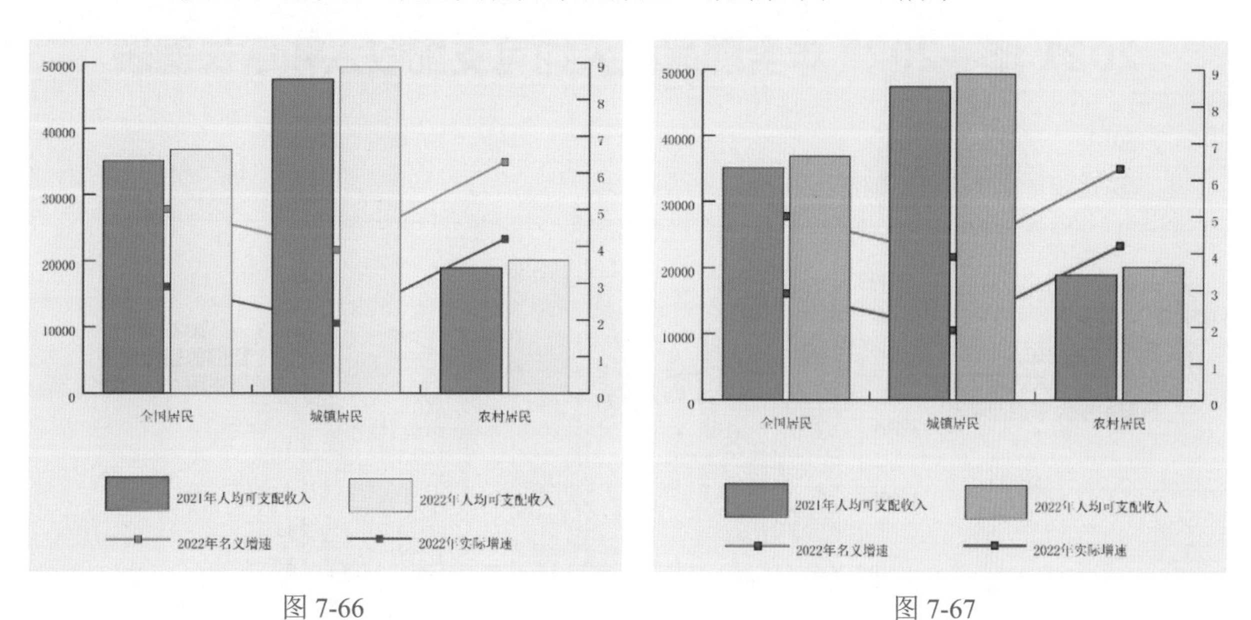

图 7-66　　　　图 7-67

（12）选择“编组选择”工具，双击“2022 年名义增速”图例中的线段，以选中“2022 年名义增速”的折线，右击该折线，在弹出的快捷菜单中选择“排列→置于顶层”命令，即可将图形置于顶层。使用同样的方法，将“2022 年实际增速”的折线置于顶层，效果如图 7-68 所示。

（13）选择“编组选择”工具，按住 Shift 键并依次单击图表中的折线线段和点，调整折线的位置，如图 7-69 所示。

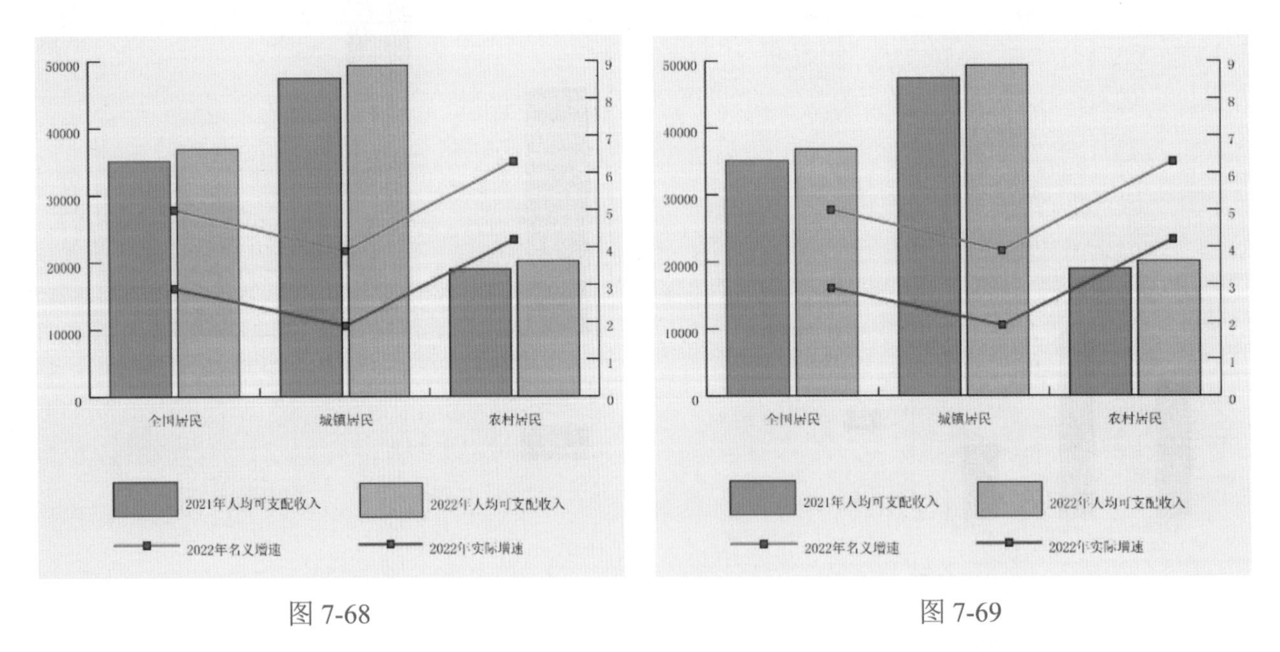

图 7-68　　　　图 7-69

（14）选择“文字”工具，在相应位置输入文字内容，并设置字体的格式，效果如图 7-70 所示。

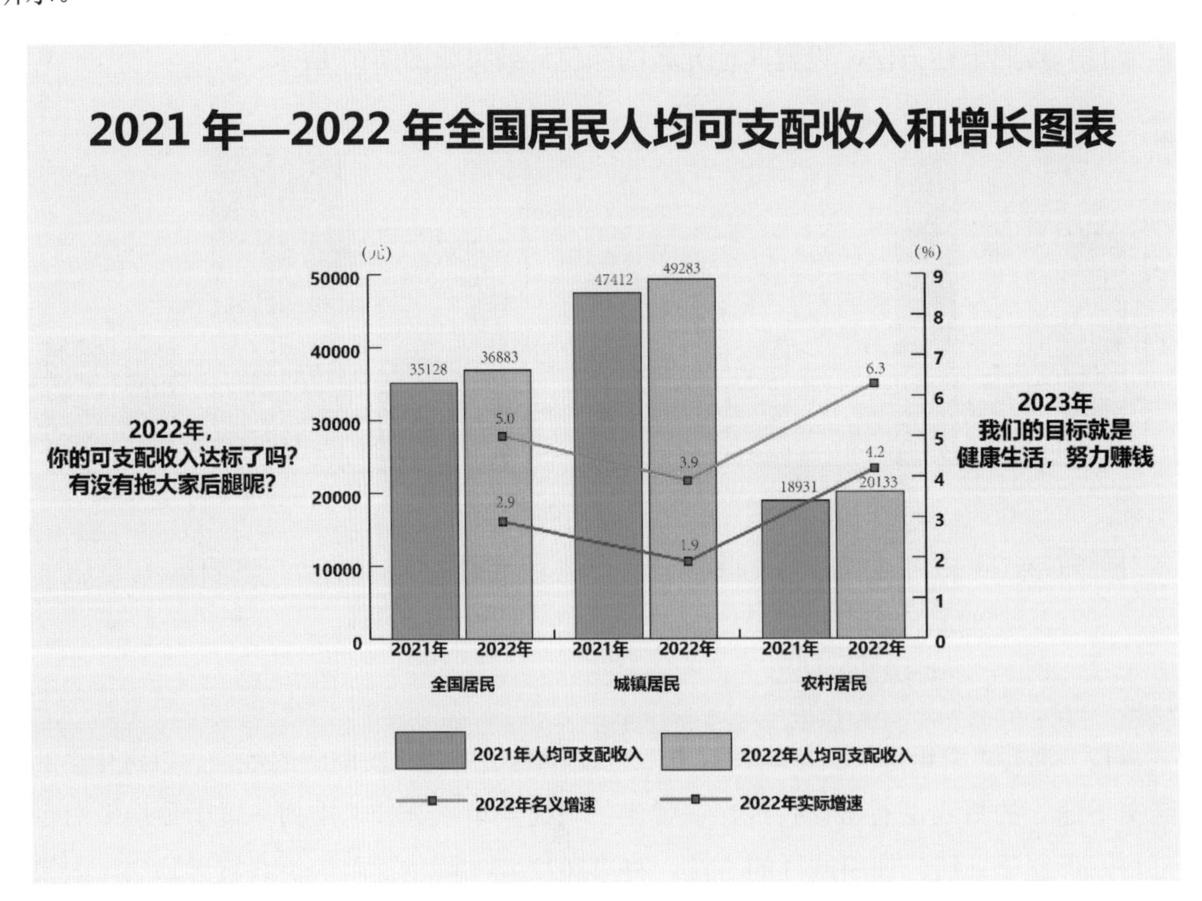

图 7-70

课后提升

一、知识回顾

在 Illustrator CC 2022 中创建图表后，所有元素都是自动成组的，若需要改变图表的单个元素，则可以使用 ________________ 和 ___________________ 选择元素。

二、操作实践

阅读下列材料（部分），设计 2022 年全国规模以上企业各岗位就业人员平均工资图表，效果如图 7-71 所示。

国家统计局于 2023 年 5 月 9 日发布的《2022 年规模以上企业就业人员年平均工资情况》显示，2022 年全国规模以上企业就业人员年平均工资为 92492 元，比上年名义增长 5.0%。其中，中层及以上管理人员 189076 元，增长 4.7%；专业技术人员 133264 元，增长 6.6%；办事人员和有关人员 85881 元，增长 4.1%；社会生产服务和生活服务人员 70234 元，增长 3.3%；生产制造及有关人员 71147 元，增长 3.9%。

2022 年全国规模以上企业各岗位就业人员年平均工资图表

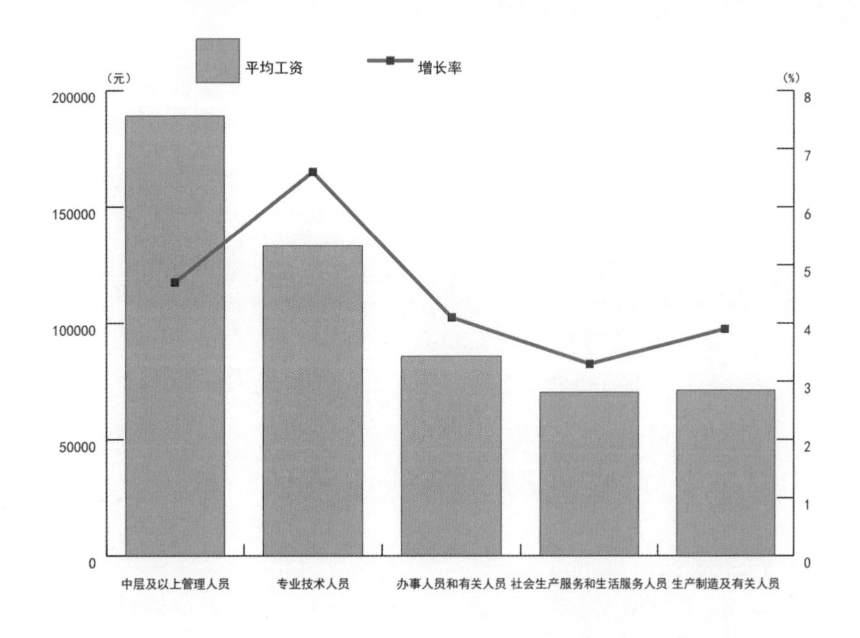

图 7-71

模块八　使用特效

模块概述

本模块主要介绍 Illustrator CC 2022 中“图形样式”控制面板、“外观”控制面板和效果命令的使用方法。通过对对象进行简单的设置，可以实现特定的效果。“图形样式”控制面板可以快速更改对象的外观属性；“外观”控制面板可以显示已应用于对象的填充颜色、描边、图形样式及效果；效果命令可以为图形添加各种特殊效果。

学习目标

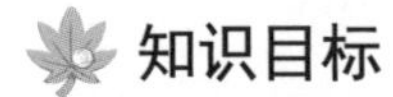

知识目标

掌握“图形样式”控制面板的使用方法。

掌握“3D 和材料”控制面板的使用方法。

掌握扭曲和变换及风格化效果的使用方法。

掌握其他效果和效果组的使用方法。

能力目标

能够绘制爱心早餐图标。

能够制作毛绒玩具。

能够实现粉笔字效果。

素养目标

提升学生的实践创新能力。

培养学生制作立体图形的兴趣。

培养学生对特殊效果的运用能力。

思政目标

培养学生设计的使命感、责任感，以及开拓进取的精神。
培养学生爱岗敬业、协作共进、精益求精的工匠精神及职业素养。

思维导图

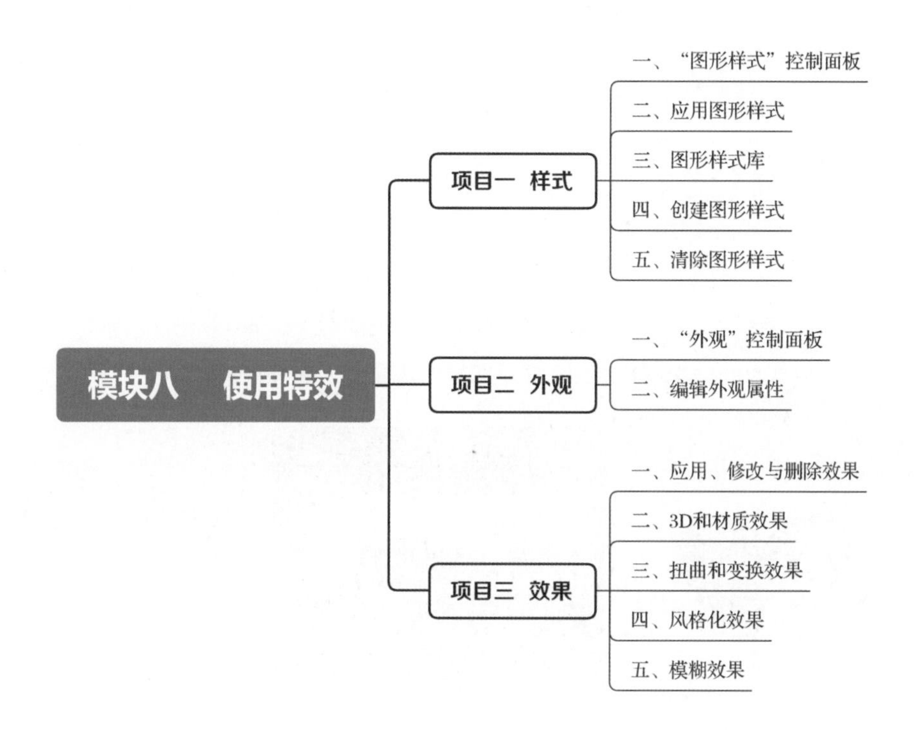

知识链接

项目一　样式

图形样式是一组可以反复使用的外观属性。利用“图形样式”控制面板可以保存各种图形的外观属性，并将其应用到其他对象上，从而减轻工作量。样式具有链接功能，如果样式发生了变化，则应用该样式的对象的外观也会发生变化。

一、“图形样式”控制面板

选择“窗口→图形样式”命令（快捷键为Shift+F5），打开“图形样式”控制面板（见图 8-1），在该面板中可以创建、命名和应用样式。

“图形样式”控制面板中各按钮的含义如下。

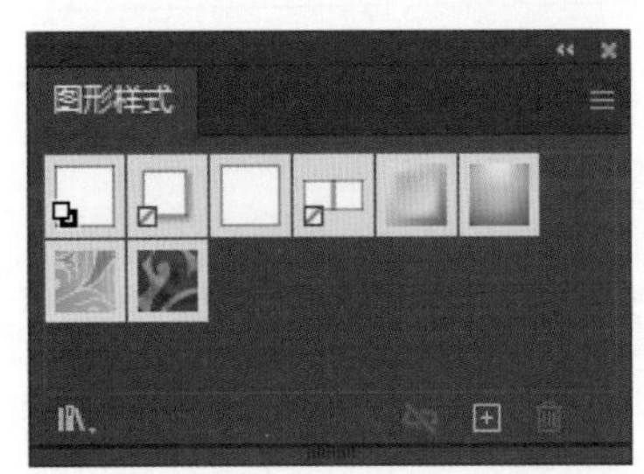

图 8-1

“图形样式库菜单”按钮：单击该按钮可以打开图形样式库，选择预设的图形样式。

“断开图形样式链接”按钮：断开对象应用的图形样式与“图形样式”控制面板中对应的图形样式的链接，从而可以对其进行编辑。

“新建图形样式”按钮：将当前编辑的内容以新图形样式的方式保存到“图形样式”控制面板中。

“删除图形样式”按钮：删除在“图形样式”控制面板中选定的图形样式。

二、应用图形样式

选择需要添加样式的图形对象（见图 8-2），在“图形样式”控制面板中选择想要添加的样式（见图 8-3（a）），即可为该图形对象添加样式，效果如图 8-3（b）所示。当选择的图形对象添加样式后，该图形对象原有的样式或外观属性都会被替换。

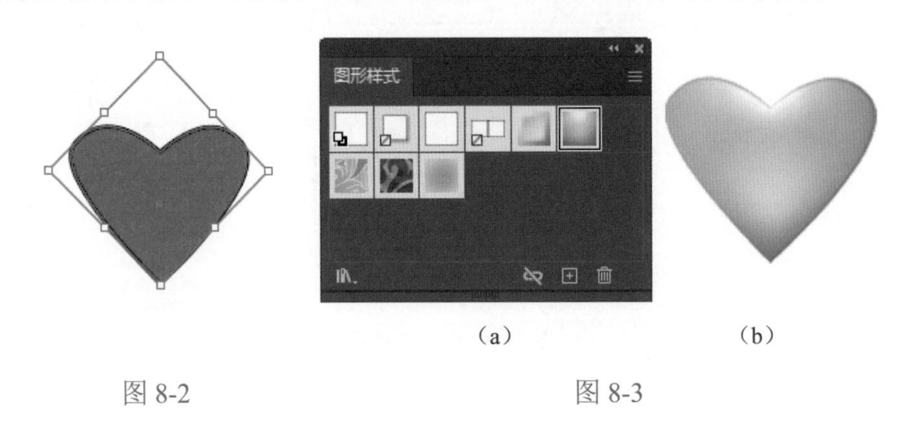

（a）　（b）

图 8-2　图 8-3

当图形对象添加样式后，Illustrator CC 2022 会在图形对象和添加的样式之间建立一种链接关系，如“图形样式”控制面板中的样式发生了变化，对应被添加该样式的图形对象会随着变化。应用样式后，单击“图形样式”控制面板中的“断开图形样式链接”按钮，即可断开两者之间的链接关系。

三、图形样式库

Illustrator CC 2022 中预设了多个图形样式库，设计者可以调用这些图形样式库对图形进行编辑。打开图形样式库的方法有以下两种。

第一种方法是选择“窗口→图形样式库”命令，在弹出的下拉列表中选择需要的图形样式库选项。

第二种方法是单击“图形样式”控制面板中的“图形样式库菜单”按钮，在弹出的下

拉列表中选择需要的图形样式库命令，如图 8-4 所示。

选择相应的图形样式库命令，即可打开相应控制面板（见图 8-5），面板中将显示该样式库中所有图形样式，单击相应图形样式即可为选择的图形对象添加样式。

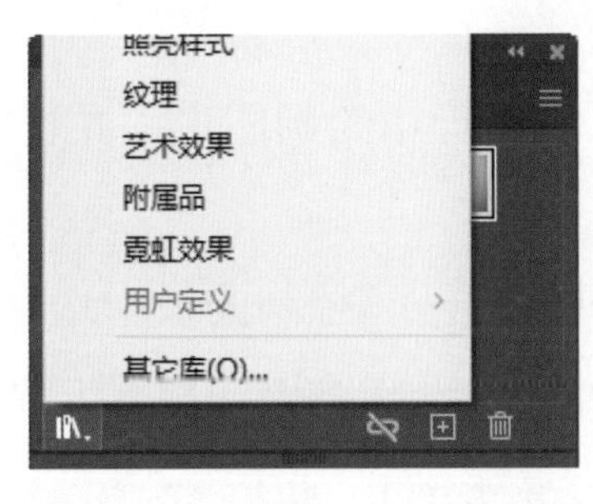

图 8-4

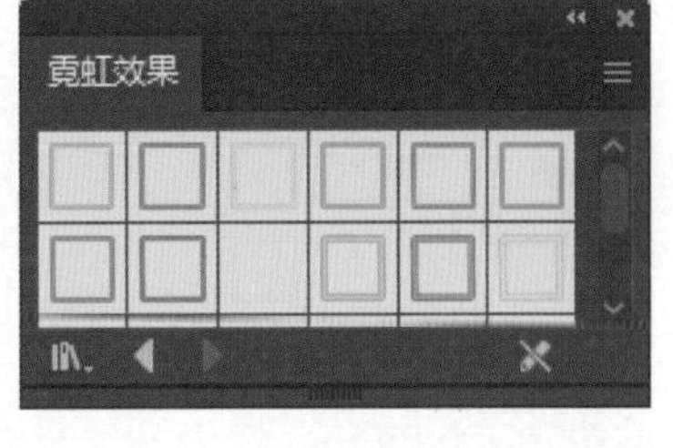

图 8-5

四、创建图形样式

在 Illustrator CC 2022 中，可以将定义的外观属性保存到“图形样式”控制面板中，方便后续使用。选中需要保存外观属性的图形对象，在“图形样式”控制面板中单击“新建图形样式”按钮，即可将样式保存到“图形样式”控制面板中，如图 8-6 所示。

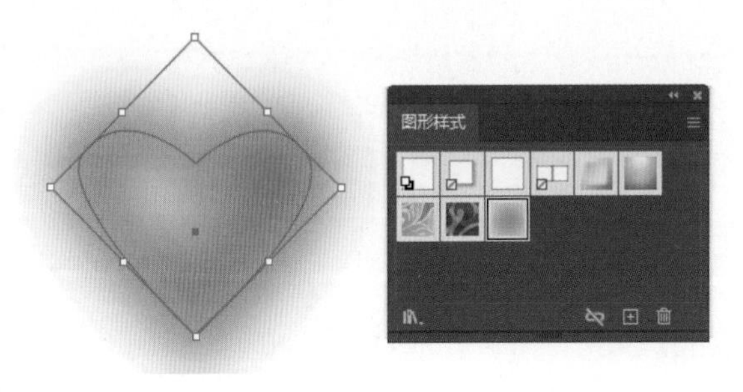

图 8-6

五、清除图形样式

选中图形对象，在“外观”控制面板中单击右上角的≡按钮，在弹出的下拉列表中选择“清除外观”命令，即可清除图形对象的样式。

随学随练

运用图形样式绘制绚丽多彩的背景，效果如图 8-7 所示。

知识要点：“椭圆”工具、“星形”工具、“图形样式”控制面板。

图 8-7

操作步骤

（1）启动 Illustrator CC 2022，新建一个宽为 180mm、高为 135mm 的文件。

（2）选择“矩形”工具，绘制一个与页面大小相等的矩形，将填充颜色设置为 R：230、G：46、B：139，并取消描边；在“图形样式”控制面板中单击“图形样式库菜单”按钮，在弹出的下拉列表中选择“Vonster 图案样式”命令，在打开的“Vonster 图案样式”控制面板中选择“溅泼 3”样式，效果如图 8-8 所示。

（3）使用“椭圆”工具、“星形”工具，在页面中绘制图形，并调整好位置和大小，效果如图 8-9 所示。

（4）分别选中在步骤3中绘制的图形，在“图形样式”控制面板中选择相应的样式库（如霓虹效果、涂抹效果），在对应的样式库控制面板中选择需要的样式，效果如图 8-10 所示。

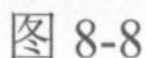

图 8-8

图 8-9

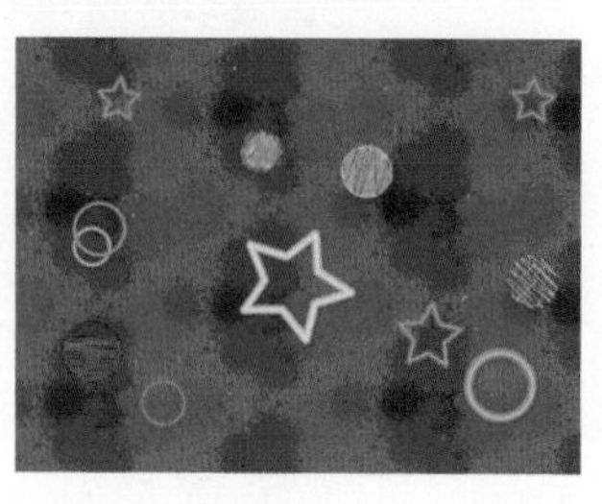

图 8-10

项目二　外观

在 Illustrator CC 2022 的“外观”控制面板中，可以查看或编辑当前图形对象的外观属性，如填充颜色、描边、不透明度等。

一、“外观”控制面板

选择“窗口→外观”命令（快捷键为 Shift+F6），打开“外观”控制面板，如图 8-11 所示。选中图形对象，“外观”控制面板中将显示该对象的全部外观属性。“外观”控制面板分为两部分，上面部分显示所选对象、当前路径或图层的缩览图，下面部分显示所选对象的全部外观属性。

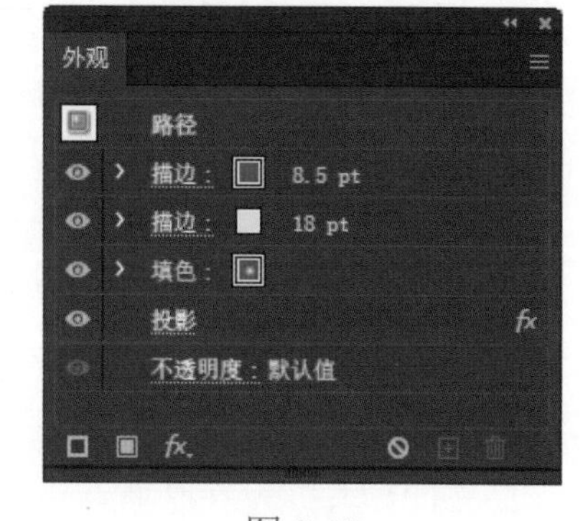

图 8-11

“外观”控制面板中各按钮的含义如下。

“眼睛”按钮：隐藏或显示效果。

“添加新描边”按钮：为对象增加一个描边属性。

“添加新填充颜色”按钮：为对象增加一个填充颜色属性。

“添加新效果”按钮：为对象增加一个效果属性。

“清除外观”按钮：清除所选对象的外观属性。

“复制所选项目”按钮：复制所选的外观属性。

“删除所选项目”按钮：删除所选的外观属性。

二、编辑外观属性

在 Illustrator CC 2022 中，若对图形对象的外观属性不满意，则可以通过“外观”控制面板进行修改。

1. 调整外观属性的顺序

在“外观”控制面板中调整对象的属性层次会影响对象的显示效果。选中图形对象（见图 8-12），在“外观”控制面板中选中需要调整的外观属性，按住鼠标左键并向上或向下拖曳该属性，拖曳过程中会出现一条位置指示线，表示移至的位置（见图 8-13）；将外观属性调整到合适位置后，松开鼠标左键，即可调整外观属性的层次，同时更改对象的显示效果，如图 8-14 所示。

图 8-12

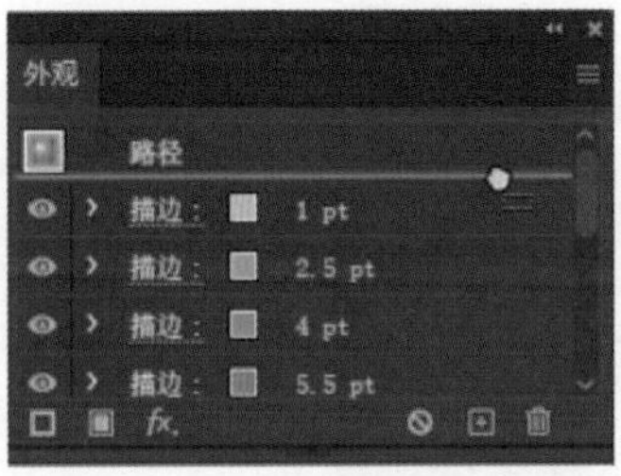

图 8-13

图 8-14

2. 编辑外观属性的方法

若对图形对象的效果不满意，则可以通过“外观”控制面板进行修改。选中需要修改属性的图形对象（见图 8-15），在“外观”控制面板中选择需要修改的属性，如“描边”属性（见图 8-16），单击“描边”描边：按钮，弹出“描边”对话框，在该对话框中设置描边的粗细、类型等；单击“颜色”按钮，在弹出的颜色列表中选择颜色；单击“粗细”18 pt选项组中的数值调节按钮，调整描边粗细，或者单击下拉按钮，在弹出的下拉列表中选择描边粗细数值，或者在文本框中直接输入数值；调整相应参数，效果如图 8-17 所示。

图 8-15

图 8-16

图 8-17

3. 添加外观属性

在 Illustrator CC 2022 中，通过“外观”控制面板可以为图形对象添加描边和效果。

1）添加描边

选择图形对象，在“外观”控制面板中单击“添加新描边”按钮，添加一个描边属性；根据需要设置该属性的相应参数，调整属性的层次，以及编辑描边属性，如图 8-18 所示。

2）添加效果

选择图形对象，在“外观”控制面板中选择需要添加效果的填充颜色或描边属性，单击“添加新效果”按钮，在弹出的下拉列表中选择某个效果；在弹出的相应效果对话框中设置相应参数，单击“确定”按钮，即可为所选对象的属性添加效果。为描边添加高斯模糊的效果如图 8-19 所示。

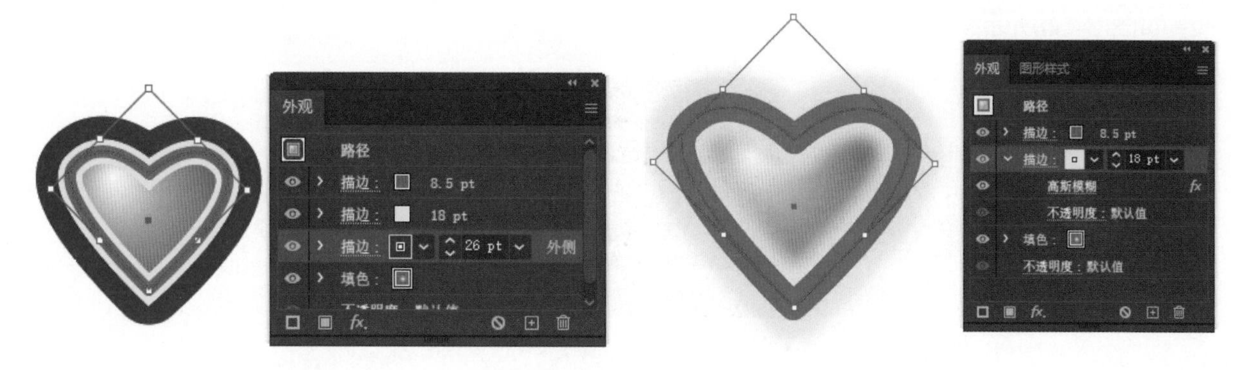

图 8-18　　　　图 8-19

4. 复制外观属性

复制外观属性可以将一个图形对象的外观属性复制应用到另一个图形对象上。选中需要复制属性的图形对象（见图 8-20），在“外观”控制面板中将所选对象的缩览图拖曳到另一个对象上（见图 8-21），即可把所选对象的外观属性复制到目标对象上，如图 8-22 所示。

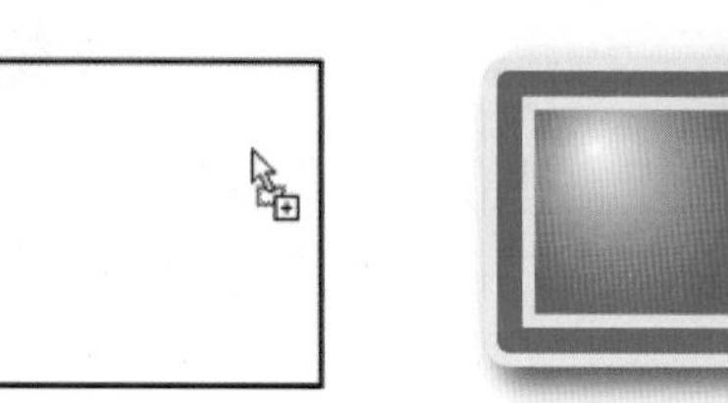

图 8-20　　　　图 8-21　　　　图 8-22

随学随练

制作多重描边文字效果，如图 8-23 所示。

知识要点：“矩形”工具、“文字”工具、“外观”控制面板。

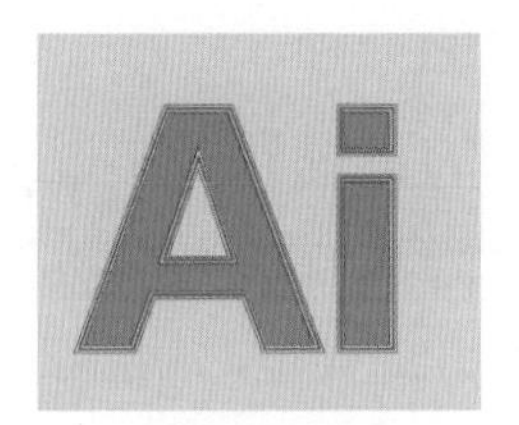

图 8-23

操作步骤

（1）启动 Illustrator CC 2022，新建一个宽为 120mm、高为 100mm 的文件。

（2）选择“矩形”工具，绘制一个与页面大小相等的矩形，将填充颜色设置为 R：253、G：203、B：0，并取消描边；选择“文字”工具，输入文字“Ai”，在“属性”控制面板中设置字体、字号等；将文色设置为 R：234、G：85、B：20，描边颜色设置为 R：3、G：110、B：184，描边粗细设置为 6pt，效果如图 8-24 所示。

（3）在“外观”控制面板中单击“添加新描边”按钮，添加一个描边属性（见图 8-25），并设置描边的颜色和粗细，效果如图 8-26 所示。

（4）在“外观”控制面板中单击“添加新描边”按钮，添加一个描边属性，并设置描边颜色和描边粗细，效果如图 8-27 所示。

图 8-24

图 8-25

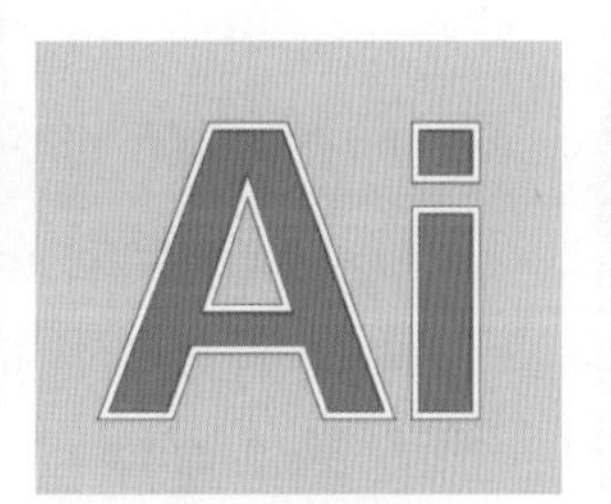

图 8-26

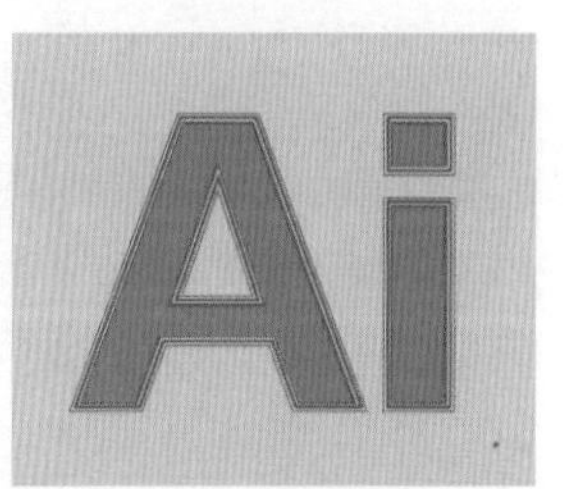

图 8-27

项目三　效果

Illustrator CC 2022 中有很多效果，使用效果命令可以方便、快捷地处理图形，使图形对象形成特殊的效果。

一、应用、修改与删除效果

效果的应用是实时的，主要用于修改图形对象的外观属性，可以直接应用于对象。

1. 应用效果

选中图形对象，执行下列操作中的一种。

- 选择“效果”选项卡，在弹出的下拉列表中根据需要选择一种效果。
- 在“外观”控制面板中单击“添加新效果”按钮，根据需要选择一种效果。

2. 修改与删除效果

当向图形对象应用效果后，该效果会出现在“外观”控制面板中。通过“外观”控制面板可以随时修改或删除效果。

选择添加效果的图形对象后，可以执行下列操作。

- 修改效果：在“外观”控制面板中单击需要修改效果的名称，在弹出的效果对话框中修改相应参数，完成后单击“确定”按钮。
- 删除效果：在“外观”控制面板中选择需要删除的效果，单击“删除”按钮。

二、3D 和材质效果

利用 3D 和材质效果可以将 2D 图形对象转换为 3D 图形对象，并通过添加材质和光照效果，使 3D 图形对象更加真实。

1. “3D 和材质”控制面板

选择“窗口→ 3D 和材质”命令，弹出“3D 和材质”控制面板（见图 8-28），或者选中图形对象，选择“效果→ 3D 和材质”命令，在弹出的下拉列表中选择相应的效果。

图 8-28

- “对象”选项卡：创建 3D 图形的模型，可以设置图形对象的 3D 类型（平面、凸出、旋转、膨胀）、斜角、旋转等属性。
- “材质”选项卡：可以为图形对象添加材质 / 图形，并调整相关属性。
- “光照”选项卡：设置光源的位置、角度、强度、投影等属性。

2. “对象”选项卡

选中图形对象，在“3D 和材质”控制面板的“对象”选项卡中，单击“3D 类型”选区中相应的按钮。

注意：当对多个图形对象同时使用效果时，必须全选并进行编组（快捷键为 Ctrl+G）操作。

1）平面（旋转）

“平面”按钮可以模拟图形对象在 3D 空间旋转产生的效果，主要参数可以设置对象的位置和透视，如图 8-29 所示。

“旋转”选区：设置图形对象在 3D 空间的旋转角度。

“预设”下拉按钮：选择预设的旋转角度。

“指定绕 X 轴旋转”选项：设置图形对象沿 *X* 轴旋转的角度。

“指定绕 Y 轴旋转”选项：设置图形对象沿 *Y* 轴旋转的角度。

“指定绕 Z 轴旋转”选项：设置图形对象沿 *Z* 轴旋转的角度。

“透视”选项：设置图形对象的透视效果。

“展开为线框”按钮：设置使用线框显示 3D 图形对象的结构。

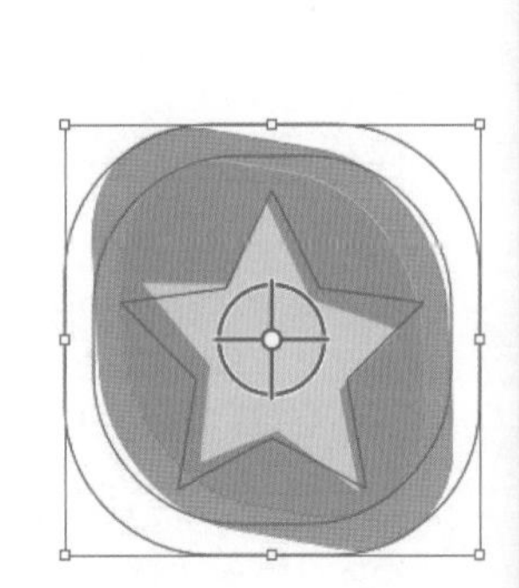

图 8-29

2）凸出（凸出和斜角）

凸出和斜角可以通过对平面图形对象进行挤压，产生一定的厚度，从而创建立体效果（见图 8-30），主要参数包括“深度”、“端点”和“斜角”等。

“深度”选项：设置挤压图形对象的厚度。

“端点”选项：设置立体对象显示为实心还是空心。

“斜角”选区：设置图形对象的斜角样式。单击“将斜角添加到凸出”按钮，可以展开斜角参数选项，同时该按钮变为“从凸出删除斜角”。

“斜角形状”下拉按钮：设置斜角的样式。

“宽度”选项：设置斜角的程度。

“高度”选项：设置斜角的高度。

“重复”选项：设置斜角重复的次数。

“空格”选项：设置斜角之间的间距。

“内部斜角”复选框：设置在图形对象内部产生斜角。

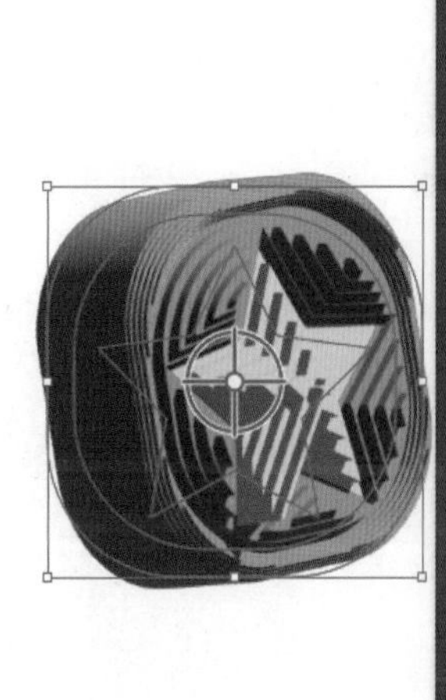

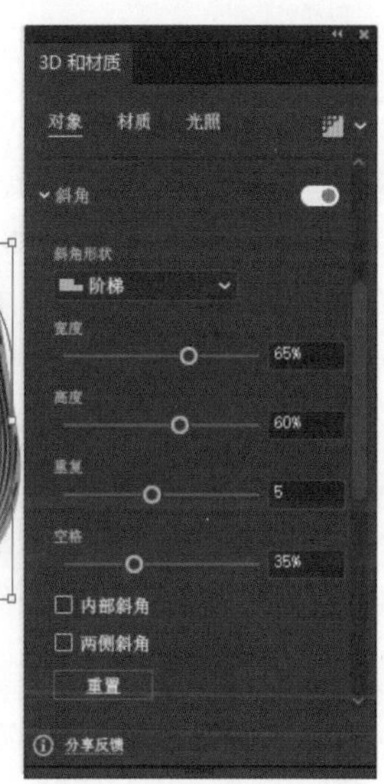

图 8-30

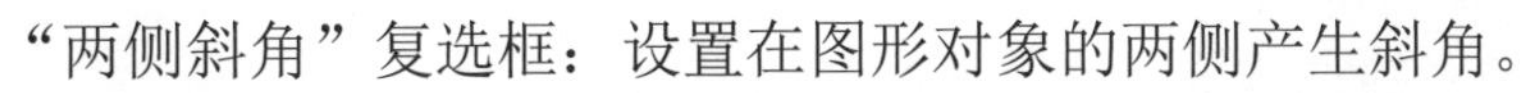

“两侧斜角”复选框：设置在图形对象的两侧产生斜角。

3）绕转

“绕转”按钮是围绕轴以一定的度数旋转平面图形对象，以产生 3D 图形效果，主要参数包括“绕转角度”、“位移”和“偏移方向相对于”等，如图 8-31 所示。

“绕转角度”选项：设置图形对象绕转的角度，默认角度为 360°，即绕转一周。

“位移”选项：设置绕转图形对象与中心轴的距离。

“偏移方向相对于”下拉按钮：设置图形对象旋转的方向。

4）膨胀

“膨胀”按钮可以使图形对象产生膨胀效果，主要参数包括“深度”、“音量”（“体积”）和“两侧膨胀”等，效果如图 8-32 所示。

图 8-31　　　　图 8-32

“深度”选项：设置图形对象膨胀的厚度。

“音量”（“体积”）选项：设置图形对象膨胀的程度。

“两侧膨胀”复选框：在图形对象的两侧都产生膨胀效果。

3. “材质”选项卡

“材质”选项卡可以为图形对象设置材质和贴图，设计逼真的 3D 图形。选中图形对象，选择“3D 和材质”控制面板的“材质”选项卡，或者选择“效果→ 3D 和材质→材质”命令。

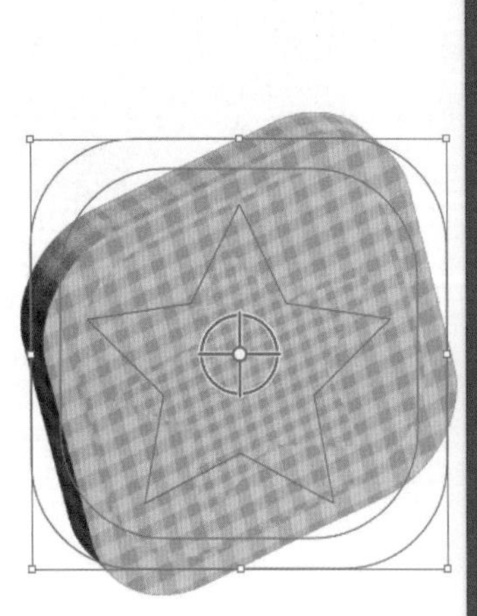

图 8-33

1）材质

“材质”选项包括基本材质和 Adobe Substance 材质，可以选择应用相应的材质，并在“属性”选区中对材质的参数进行设置，效果如图 8-33 所示。

“基本材质”选项：默认材质。

“Adobe Substance 材质”选项：系统预设的材质。

“属性”选区：设置预设材质的各项参数。不同的材质对应的材质属性不同。

2）图形

“图形”选项可以对 3D 图形对象进行贴

图操作，将不同的图形添加到不同的面。3D 图形对象的表面应用的贴图可以是现有符号或添加的新图形。

添加图形：选中图形，选择“3D 和材质”控制面板中的“材质”选项卡，选择“图形”选项，单击“添加材质和图形”⊞按钮，在弹出的下拉列表中选择“添加为单个图形”命令，即可将图形添加到图形库中，如图 8-34 所示。

应用图形：选中需要贴图的 3D 图形对象，选择“3D 和材质”控制面板中的“材质”选项卡，选择“图形”选项，在图形库中单击需要应用贴图的图形，即可将图形添加到 3D 图形对象中，同时该图形会在“属性”选区中显示，可以多次单击图形以应用多个贴图，如图 8-35 所示。

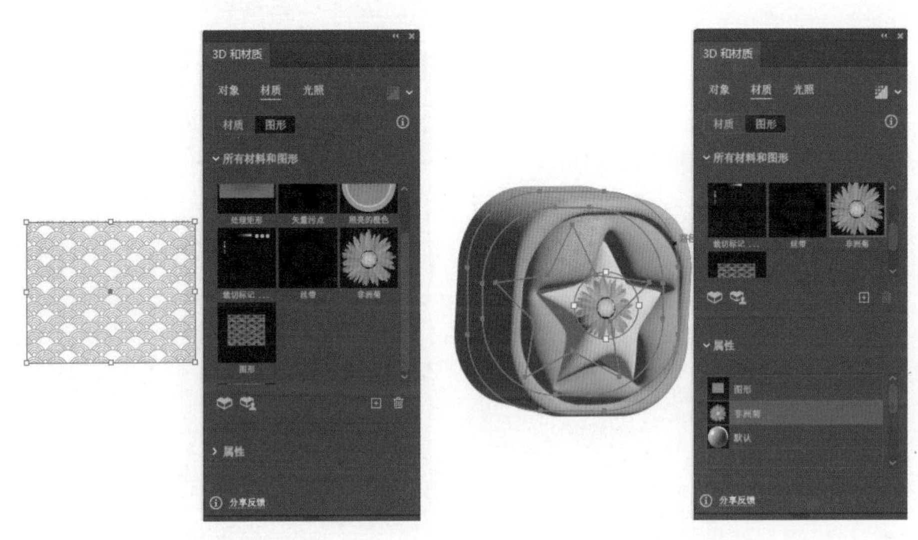

图 8-34　　　　图 8-35

调整图形：选中 3D 图形对象，在“材质”选项卡的“图形”选项的“属性”选区中选择添加的图形对象，使用鼠标在 3D 图形对象中拖曳图形即可调整图形对象的位置，或者改变图形对象贴图的表面（见图 8-36）。设置图形的“缩放”和“旋转”参数可以调整图形。若勾选“三维模型不可见”复选框，则隐藏 3D 图形对象，只显示贴图，效果如图 8-37 所示。

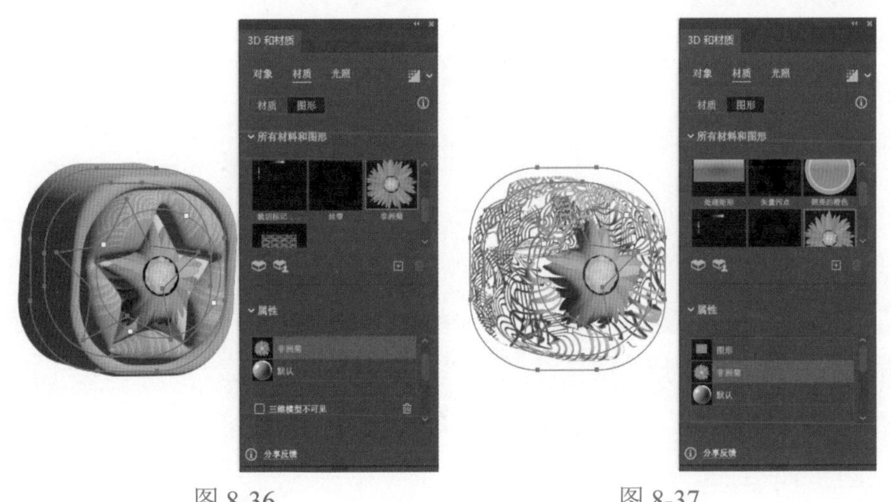

图 8-36　　　　图 8-37

删除图形：选中3D图形对象，在“材质”选项卡的“图形”选项的“属性”选区中选择需要删除的图形，单击“删除”按钮，即可删除3D图形对象中的贴图。

4.“光照”选项卡

在Illustrator CC 2022中，可以给3D图形对象打灯光，模拟出对象在光照下的效果，创造出逼真的3D图形对象。选中3D图形对象，选择“3D和材质”控制面板的“光照”选项卡，在该选项卡中设置相应参数，效果如图8-38所示。为了能观察到真实的3D效果，可以单击“光照”选项卡右上角的“使用光线追踪进行渲染”按钮。

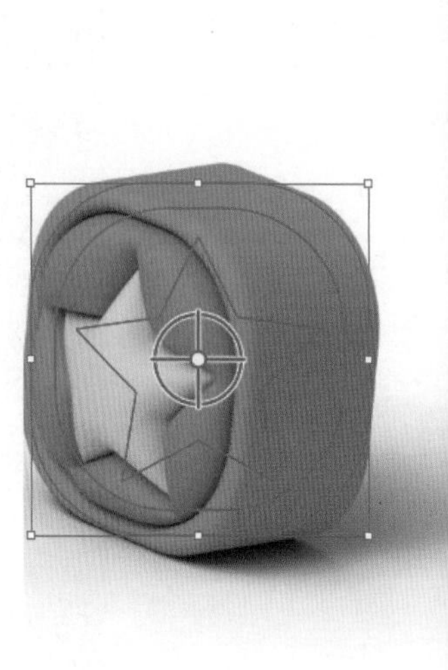

图8-38

“预设”选项：设置灯光的预设类型，包括标准、扩展、左上、右4种。

“颜色”选项：设置灯光的颜色。

“强度”选项：设置灯光的强度。

“旋转”选项：设置灯光的角度。

“高度”选项：设置灯光的高度。

“软化度”选项：设置灯光的柔和程度。

环境光强度选区：勾选“环境光”复选框，可以设置环境光的强度。

“暗调”选区：单击“添加阴影”按钮，可以为对象添加阴影，并展开阴影参数选项，同时该按钮变为“删除阴影”按钮。

“位置”下拉按钮：设置阴影的位置。单击该下拉按钮，在弹出的下拉列表中可以选择“对象背面”或“对象下方”选项。

“到对象的距离”选项：设置对象阴影与对象之间的距离。

“阴影边界”选项：设置阴影的范围。

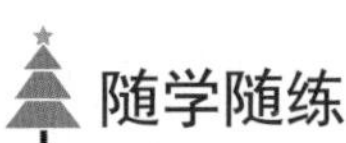

绘制爱心早餐图标，效果如图 8-39 所示。

知识要点：“椭圆”工具、“星形”工具、“矩形”工具、“钢笔”工具、凸出和斜角效果、膨胀效果、绕转效果。

图 8-39

操作步骤

（1）启动 Illustrator CC 2022，新建一个宽为 300mm、高为 300mm 的文件。

（2）选择“椭圆”工具，绘制一个正圆形，将填充颜色设置为 R：238、G：173、B：58，并取消描边；选择“效果→ 3D 和材质→凸出和斜角”命令，在打开的“3D 和材质”控制面板中选择“对象”选项卡，单击“凸出”按钮，并设置相应参数；将“旋转”选区的“预设”设置为“等角 - 上方”，“深度”设置为 5mm，单击“将斜角添加到凸出”按钮，将“斜角形状”设置为“经典轮廓”，“宽度”设置为 5%，“高度”设置为 40%，“重复”设置为 1，效果如图 8-40 所示。

（3）选择“星形”工具，绘制一个正五角形，将填充颜色设置为白色，并取消描边；选择“直接选择”工具，拖曳正五角形的边角构件以调整圆角大小，效果如图 8-41 所示；选择“矩形”工具，绘制一个正方形，将描边颜色设置为红色，并取消填充颜色，将正方形旋转 45°；选择“直接选择”工具，选中最上方的锚点，按 Delete 键将其删除。将描边的属性“端点”设置为“圆头端点”，描边粗细设置为 96pt，形成心形图形，效果如图 8-42 所示。

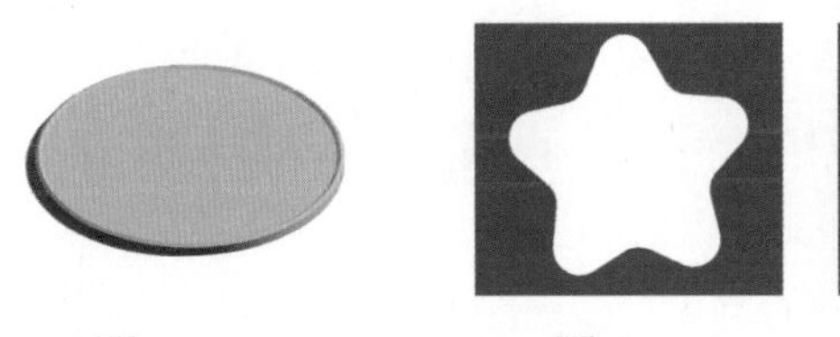

图 8-40　　图 8-41　　图 8-42

（4）选中两个图形，按快捷键 Ctrl+G 进行编组。选择“效果→ 3D 和材质→膨胀”命令，在打开的“3D 和材质”控制面板中选择“对象”选项卡，单击“膨胀”按钮，并设置相应参数；将“旋转”选区的“预设”设置为“等角 - 上方”，“深度”设置为 5mm，“音量”

设置为 100%，如图 8-43 所示；选择“光照”选项，单击“添加阴影”按钮，并设置阴影、光照等参数，如图 8-44 所示；单击“使用光线追踪进行渲染”按钮，启用实时渲染以观察效果，如图 8-45 所示。

图 8-43

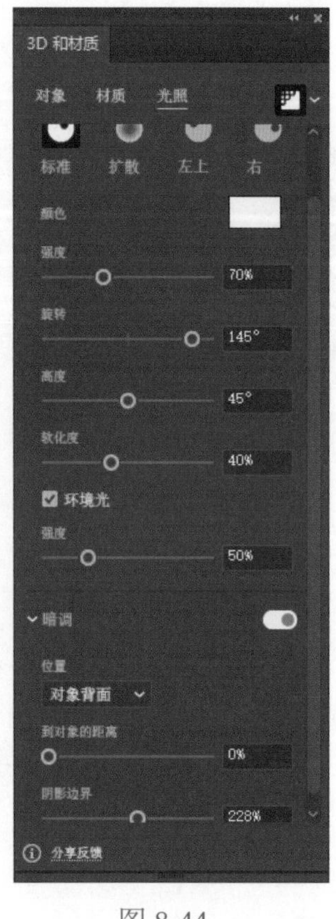

图 8-44

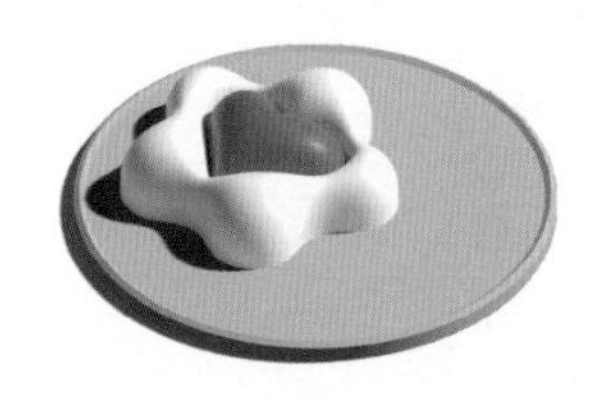

图 8-45

（5）使用“矩形”和“椭圆”工具，绘制图形，并填充相应的颜色（见图 8-46），按快捷键 Ctrl+G 进行编组；选择“效果→ 3D 和材质→膨胀”命令，在打开的“3D 和材质”控制面板中选择“对象”选项卡，单击“膨胀”按钮并设置相应参数，单击“光照”选项并设置相应参数，效果如图 8-47 所示。

（6）选择“钢笔”工具，勾画杯子的剖面轮廓，并运用“直接选择”工具对路径进行修改，选中所有路径，按快捷键 Ctrl+G 进行编组，如图 8-48 所示；选择“效果→ 3D 和材质→绕转”命令，在打开的“3D 和材质”控制面板中选择“对象”选项卡，在“绕转”选区中设置相应参数；将“旋转”选区的“预设”设置为“离轴 - 前方”，效果如图 8-49 所示。

图 8-46

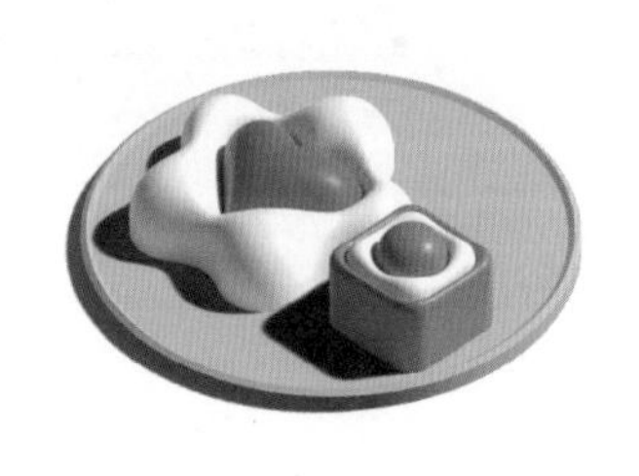

图 8-47

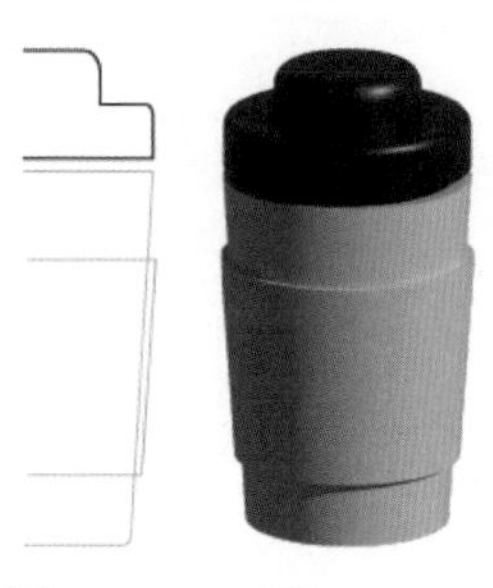

图 8-48　图 8-49

（7）选择所有图形，并调整好位置和大小，最终效果如图 8-50 所示。

图 8-50

三、扭曲和变换效果

扭曲和变换效果可以改变图形对象的形状、方向和位置等，产生扭曲、旋转、收缩和膨胀、波纹和粗糙等效果，还可以对对象进行自由扭曲操作。若对扭曲和变换效果不满意，则可以随时在“外观”控制面板中修改或删除所应用的效果。

1. 变换效果

变换效果可以对图形对象进行缩放、移动、旋转、镜像和复制等变换。选中图形对象，选择“效果→扭曲和变换→变换”命令，弹出“变换效果”对话框，在该对话框中设置对象的水平或垂直缩放、水平或垂直移动、旋转的角度、变换的选项和副本等参数，勾选“预览”复选框，以便随时查看效果，设置完成后单击“确定”按钮，如图 8-51 所示。

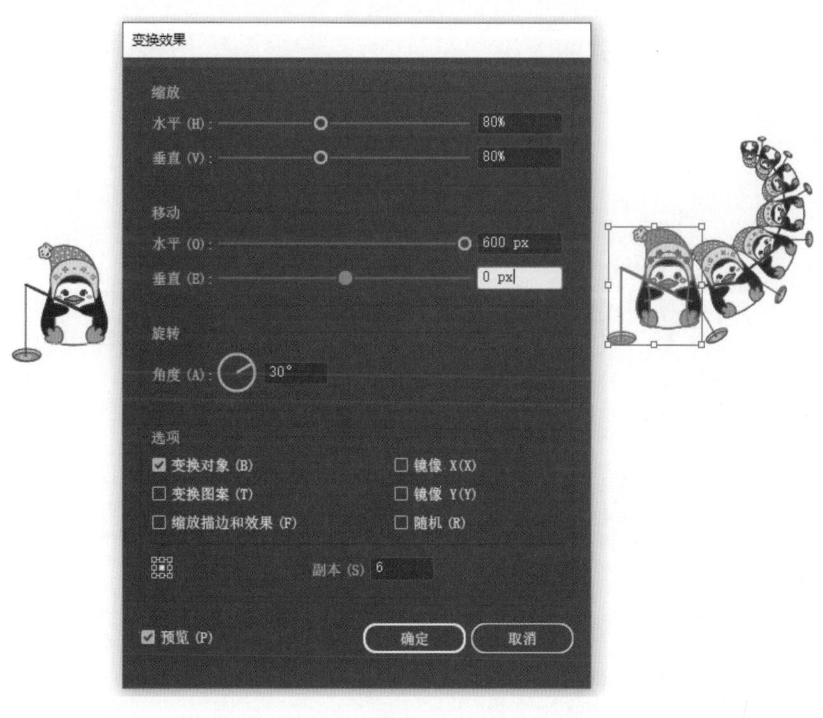

图 8-51

“缩放”选区：设置图形对象在水平和垂直方向缩放的数值。

“移动”选区：设置图形对象在水平和垂直方向移动的数值。

“角度”选项：设置图形对象旋转的角度，可以在文本框中输入相应数值，或者拖曳控制柄进行旋转。

“变换对象”复选框：勾选该复选框，表示对选中的图形对象按参数进行变换。

“变换图案”复选框：勾选该复选框，表示图形对象中的图案随着图形对象的变换而一起变换。

“缩放描边和效果”复选框：勾选该复选框，表示图形对象的描边和效果随着图形对象的变换而一起变换。

“镜像 X”或“镜像 Y”复选框：勾选复选框，图形对象将以 X 轴或 Y 轴为对称轴做镜像处理。

“随机”复选框：勾选该复选框，将对调整的参数进行随机变换，并且每个图形对象的随机数值都不相同。

“定位器”按钮：设置图形对象中心点的位置。单击该按钮对应位置可以改变图形对象的中心点。

“副本”文本框：设置复制对象的数量。在该文本框中输入相应的数值，即可复制相应数量图形对象。

“预览”复选框：勾选该复选框，以便随时查看图形对象的变换效果。

2. 扭拧效果

扭拧效果可以使图形对象向内或向外弯曲或扭曲。选中图形对象，选择“效果→扭曲和变换→扭拧”命令，弹出“扭拧”对话框，在该对话框中设置相应参数，勾选“预览”复选框，以便随时查看效果，设置完成后单击“确定”按钮，如图 8-52 所示。

图 8-52

“数量”选区：设置产生扭拧的数量。

“水平”选项：设置图形对象在水平方向扭拧的数量（幅度）。

“垂直”选项：设置图形对象在垂直方向扭拧的数量（幅度）。

“相对”单选按钮：设置扭拧的数量（幅度）为原水平的百分比。

“绝对”单选按钮：精确设置扭拧的数值（幅度）。

“锚点”复选框：勾选该复选框，表示变形时可以移动锚点。

“‘导入’控制点”复选框：勾选该复选框，控制锚点将向路径内部移动。

“‘导出’控制点”复选框：勾选该复选框，控制锚点将向路径外部移动。

3. 扭转效果

扭转效果可以使图形对象产生旋转效果。选中图形对象，选择“效果→扭曲和变换→扭转”命令，弹出“扭转”对话框，在该对话框中设置相应参数，勾选“预览”复选框，以便随时查看效果，设置完成后单击“确定”按钮，如图 8-53 所示。

图 8-53

“角度”选项：设置图形对象旋转的角度。正数表示顺时针旋转图形对象，负数表示逆时针旋转图形对象。

注意：若对一个圆形运用“扭转”效果，则其外观不会发生变化。

4. 收缩和膨胀效果

收缩和膨胀效果可以以图形对象的中心点为基点，对图形对象进行收缩和膨胀变形。选中图形对象，选择“效果→扭曲和变换→收缩和膨胀”命令，弹出“收缩和膨胀”对话框，在该对话框中可以设置收缩和膨胀的百分比。当数值为负值时，表示“收缩”状态；当数值为正值时，表示“膨胀”状态。在“收缩和膨胀”对话框中设置相应参数，勾选“预览”复选框，以便随时查看效果，设置完成后单击“确定”按钮。不同的形状，使用收缩和膨胀效果后得到的效果不同，如图 8-54 所示。

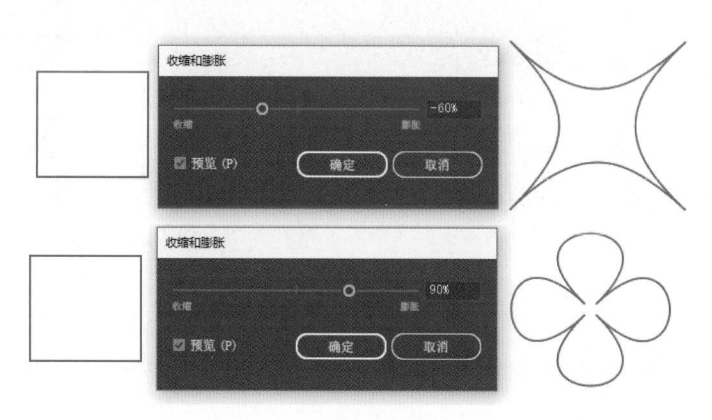

图 8-54

5. 波纹效果

波纹效果可以使图形对象边缘产生锯齿或波浪。选中图形对象，选择“效果→扭曲和变换→波纹效果”命令，弹出“波纹效果”对话框，在该对话框中设置相应参数，勾选“预览”复选框，以便随时查看效果，设置完成后单击“确定”按钮，如图 8-55 所示。

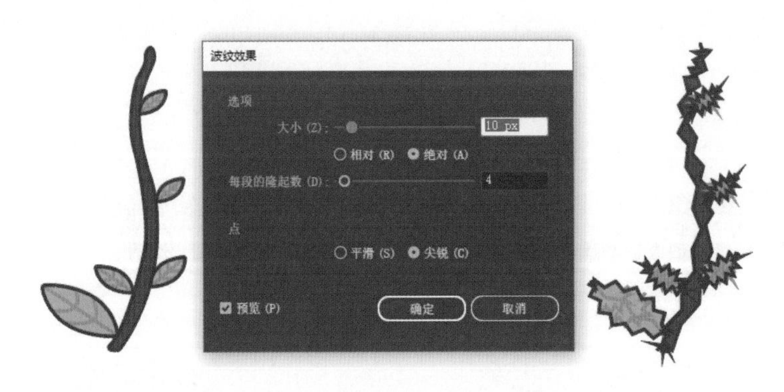

图 8-55

“大小”选项：设置波纹凸起的幅度。

“相对”单选按钮：设置波纹凸起的高度为原水平的百分比。

“绝对”单选按钮：精确设置波纹凸起的高度。

“每段的隆起数”选项：设置波纹凸起的数量。

“平滑”单选按钮：波纹效果平滑圆润。

“尖锐”单选按钮：波纹效果比较尖锐。

6. 粗糙化效果

粗糙化效果可以使图形对象产生粗糙变形效果。选中图形对象，选择“效果→扭曲和变换→粗糙化”命令，弹出“粗糙化”对话框，在该对话框中设置相应参数，勾选“预览”复选框，以便随时查看效果，设置完成后单击“确定”按钮，如图 8-56 所示。

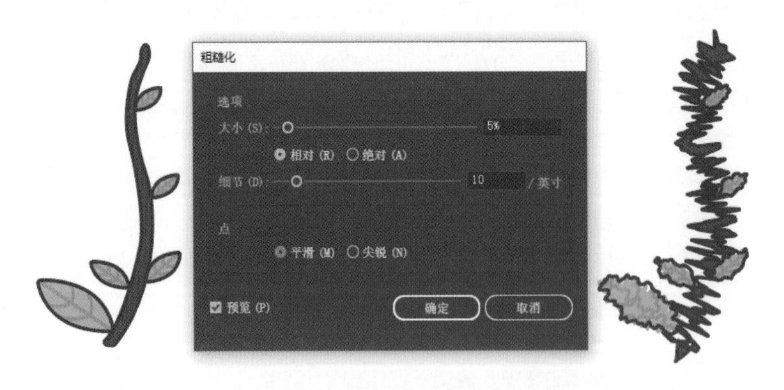

图 8-56

“大小”选项：设置边缘处粗糙化效果的尺寸。该数值越大，粗糙程度越强。

“相对”单选按钮：设置粗糙化效果的尺寸为原水平的百分比。

“绝对”单选按钮：精确设置粗糙化效果的尺寸。

“细节”选项：设置粗糙化细节每英寸出现的数量。该数值越大，细节越丰富。

“平滑”单选按钮：粗糙化效果比较平滑。

“尖锐”单选按钮：粗糙化效果比较尖锐。

7. 自由扭曲效果

自由扭曲效果通过为图形对象添加一个虚拟的方形控制框，调整控制框中控制点的位置，来改变图形对象的形状。选中图形对象，选择“效果→扭曲和变换→自由扭曲”命令，弹出“自由扭曲”对话框，在该对话框中根据缩览图拖曳控制点来调整对象的形状（若对效果不满意，则可以单击“重置”按钮进行还原），设置完成后单击“确定”按钮，如图 8-57 所示。

图 8-57

随学随练

制作毛绒玩具图形，效果如图 8-58 所示。

图 8-58

知识要点：“矩形”工具、“椭圆”工具、“渐变”工具、“星形”工具、“混合”工具、收缩和膨胀效果、粗糙化效果。

操作步骤

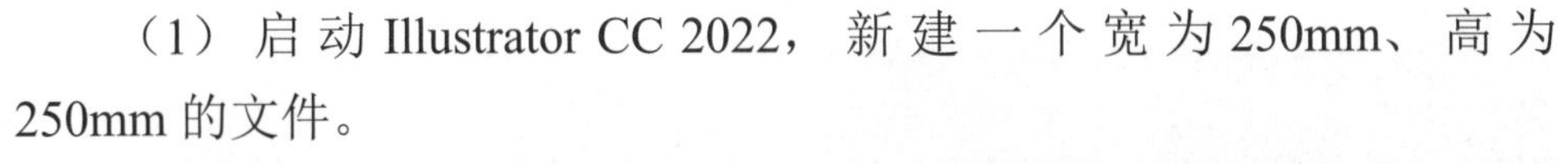

（1）启动 Illustrator CC 2022，新建一个宽为 250mm、高为 250mm 的文件。

（2）选择“矩形”工具，绘制一个与页面大小相等的矩形；单击“对齐”控制面板中的“水平居中对齐”和“垂直居中对齐”按钮，使矩形在页面中居中对齐；在“渐变”控制面板中单击“填色”按钮，将“类型”设置为“径向渐变”，渐变颜色设置为白色和 R：245、G：172、B：32；单击“描边”按钮，将描边设置为无，效果如图 8-59 所示；按快捷键 Ctrl+2 键锁定图形。

（3）选择“星形”工具，在页面中单击，在弹出的“星形”对话框中设置角点数（见图 8-60），单击“确定”按钮。适当调整星形的大小，选择“直接选择”工具，拖曳星形的边角构件，适当调整圆角的大小，效果如图 8-61 所示。

（4）选中星形，在“渐变”控制面板中单击“填色”按钮，将“类型”设置为“径向渐变”，将渐变点的颜色设置为 R：33、G：94、B：172（位置为 60%）和白色，并取消描边，如图 8-62 所示。

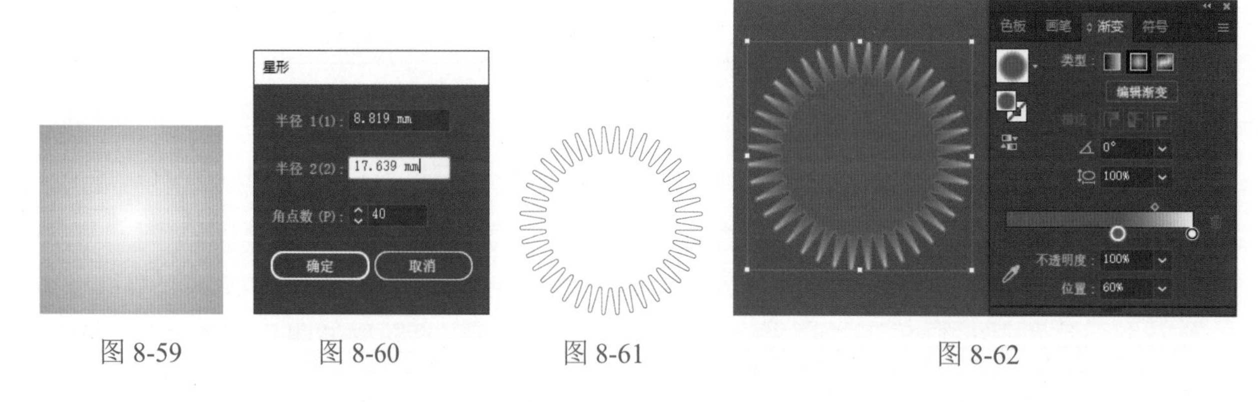

图 8-59　图 8-60　图 8-61　图 8-62

（5）选中星形，按快捷键 Ctrl+C 进行复制，按快捷键 Ctrl+F 原位在前粘贴星形，按快捷键 Shift+Alt，同时按住鼠标左键，并拖曳鼠标以缩小图形，效果如图 8-63 所示；选中两个图形，双击“混合”工具，在弹出的“混合选项”对话框中设置相应参数（见图 8-64），设置完成后单击“确定”按钮；按快捷键 Ctrl+Alt+B 创建混合效果，如图 8-65 所示。

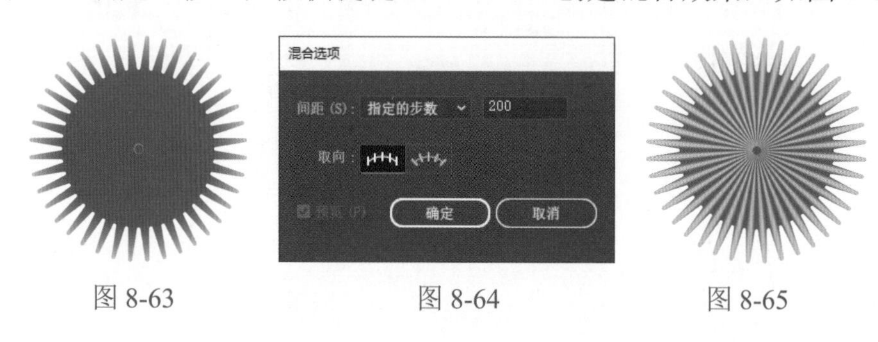

图 8-63　图 8-64　图 8-65

（6）选中混合对象，选择“效果→扭曲和变换→收缩和膨胀”命令，在弹出的“收缩和膨胀”对话框中设置相应参数（见图 8-66），设置完成后单击“确定”按钮，效果如图 8-67 所示。

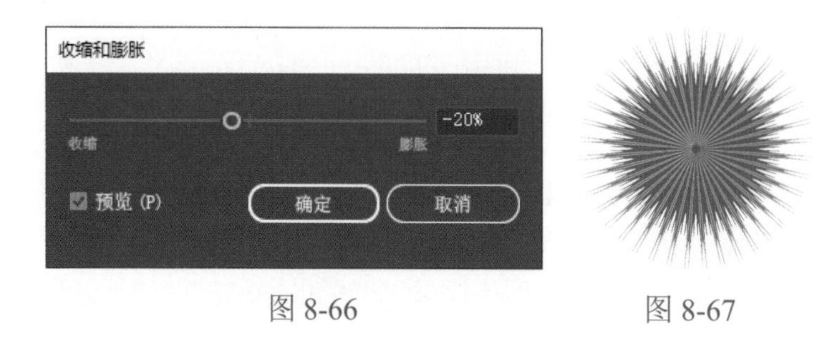

图 8-66　图 8-67

（7）选择“效果→扭曲和变换→粗糙化”命令，在弹出的“粗糙化”对话框中设置相应参数（见图 8-68），设置完成后单击“确定”按钮，效果如图 8-69 所示。

（8）双击混合对象，进入混合对象隔离模式，选中中间小的图形，按住 Shift 键，同时按住鼠标左键并向上拖曳鼠标，将图形移至合适位置，双击页面空白处，退出混合对象隔离模式，效果如图 8-70 所示。

（9）选择“椭圆”工具，绘制毛绒玩具的眼睛和鼻子部分，并设置相应的颜色，最终效果如图 8-71 所示。

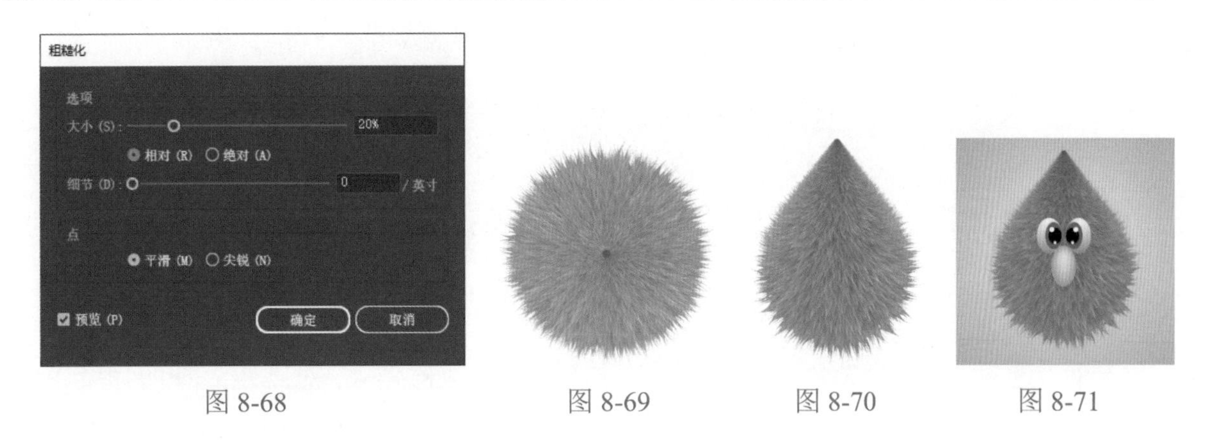

图 8-68　　图 8-69　　图 8-70　　图 8-71

四、风格化效果

风格化效果可以为图形对象添加对应的效果，从而产生风格特殊的效果。

1. 内发光效果

内发光效果可以在图形对象的内部添加发光效果。选中图形对象，选择“效果→风格化→内发光”命令，弹出“内发光”对话框，在该对话框中设置相应参数，勾选“预览”复选框，以便随时查看效果；单击颜色色块，在弹出的“拾色器”对话框中选择内发光的颜色；设置完成后单击“确定”按钮，如图 8-72 所示。

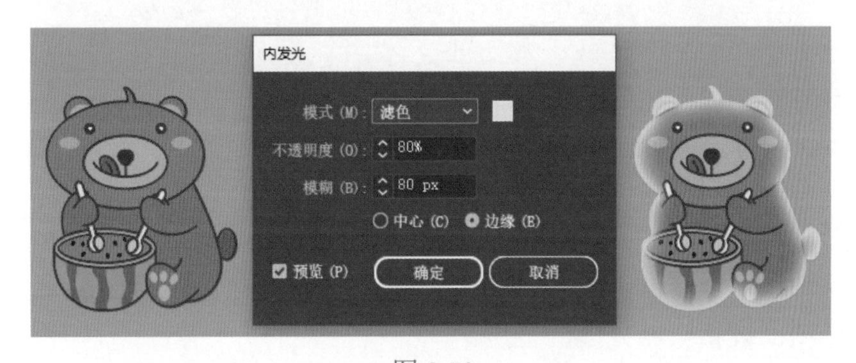

图 8-72

“模式”选项：设置发光的混合模式。

“不透明度”选项：设置发光效果的不透明度百分比。

“模糊”选项：设置模糊处理的范围。

“中心”单选按钮：使光晕从图形对象中心向外发散。

“边缘”单选按钮：从图形对象边缘向内产生发光效果。

2. 圆角效果

圆角效果可以将路径上尖角的点转换为平滑的点，使图形对象呈现圆角效果。选择图形对象，选择“效果→风格化→圆角”命令，弹出“圆角”对话框，在该对话框中设置相应参数，设置完成后单击“确定”按钮，如图 8-73 所示。

图 8-73

“半径”选项：设置对尖角进行圆角处理的尺寸。该数值越大，对圆角处理的程度越强。

3. 外发光效果

外发光效果可以在图形对象的外侧产生的发光效果。选中图形对象，选择“效果→风格化→外发光”命令，弹出“外发光”对话框，在该对话框中设置相应参数，勾选“预览”复选框，以便随时查看效果；单击颜色色块，在弹出的“拾色器”对话框中设置外发光的颜色，设置完成后单击“确定”按钮，如图 8-74 所示。

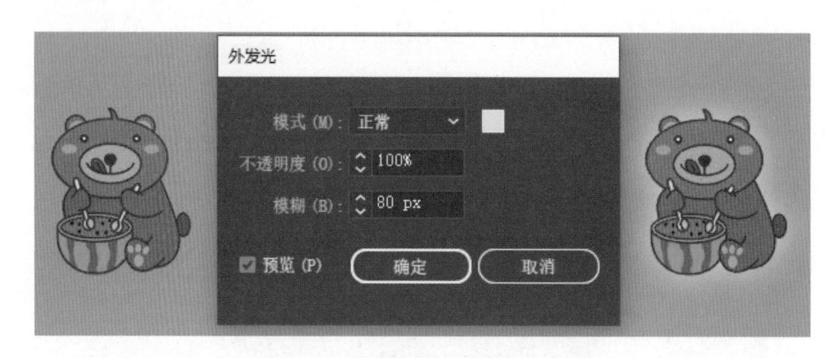

图 8-74

“模式”选项：设置发光的混合模式。

“不透明度”选项：设置发光效果的不透明度百分比。

“模糊”选项：设置模糊处理的范围。

4. 投影效果

投影效果可以为图形对象添加阴影效果。选中图形对象，选择“效果→风格化→投影”命令，弹出“投影”对话框，在该对话框中设置相应参数，勾选“预览”复选框，以便随时查看效果，设置完成后单击“确定”按钮，如图 8-75 所示。

“模式”下拉按钮：设置投影的混合模式。

“不透明度”选项：设置投影的不透明度百分比。

“X 位移”和“Y 位移”选项：设置投影在 *X* 和 *Y* 方向与图形对象的距离。

“模糊”选项：设置投影模糊的程度。

“颜色”单选按钮：设置阴影的颜色。

“暗度”单选按钮：为投影添加的黑色深度百分比。

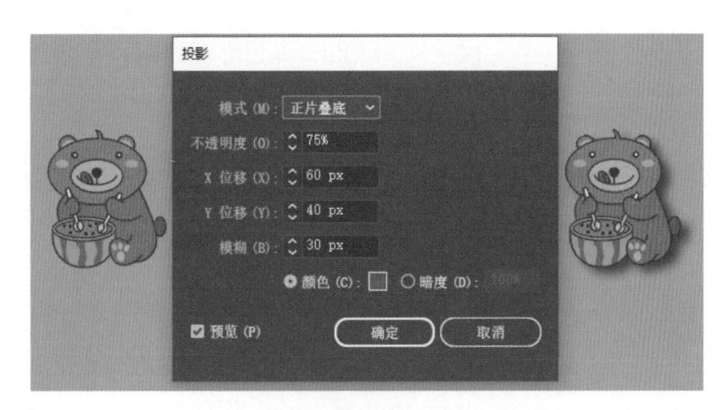

图 8-75

5. 涂抹效果

涂抹效果能够在保持图形的颜色和基本形状的前提下，在图形表面添加画笔涂抹的效果。选中图形对象，选择菜“效果→风格化→涂抹”命令，弹出“涂抹选项”对话框，在该对话框中设置相应参数，勾选“预览”复选框，以便随时查看效果，设置完成后单击“确定”按钮，如图 8-76 所示。

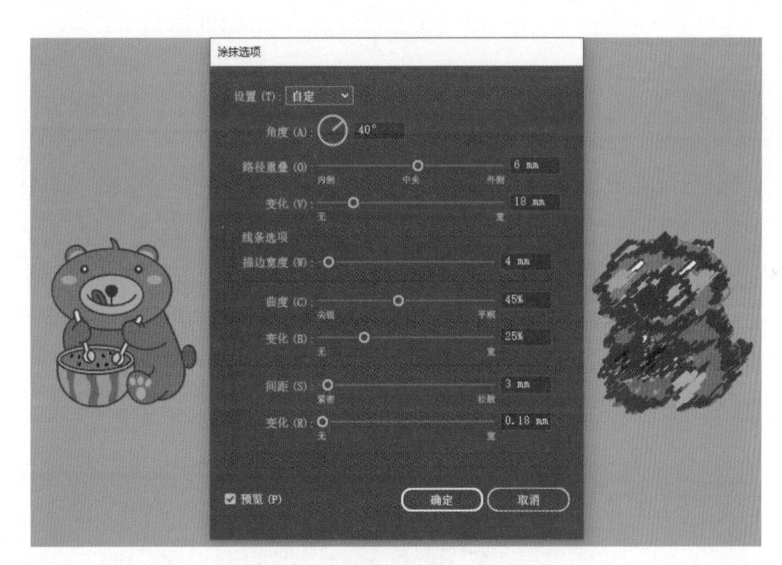

图 8-76

“设置”下拉按钮：设置预设的涂抹效果。

“角度”选项：设置涂抹笔触的旋转角度。

“路径重叠”选项：设置涂抹线条与图形对象边界的距离。负数表示涂抹线条控制在路径边界内部；正数表示涂抹线条延伸至路径边界外部。

“变化”选项（适用于路径重叠）：设置涂抹线条之间的长短差异。该数值越大，线条的长短差异越大。

“描边宽度”选项：设置涂抹线条的宽度。

“曲度”选项：设置涂抹曲线在改变方向之前的弯曲度。

“变化”选项（适用于曲度）：设置涂抹曲线之间的相对弯曲度差异。

“间距”选项：设置涂抹线条之间的折叠间距量。

“变化”选项（适用于间距）：设置涂抹线条之间的折叠间距差异量。

6. 羽化效果

羽化效果可以使图形对象边缘产生羽化的不透明度渐隐效果。选中图形对象，选择“效果→风格化→羽化”命令，弹出“羽化”对话框，在该对话框中设置相应参数，勾选“预览”复选框，以便随时查看效果，设置完成后单击“确定”按钮，如图 8-77 所示。

图 8-77

“半径”选项：设置羽化的强度。该数值越大，羽化的强度越强。

五、模糊效果

模糊效果可以为图形对象应用模糊滤镜，使图形内容变得柔和，淡化边缘的颜色。

1. 径向模糊效果

径向模糊效果是指以指定的中心点为起点创建旋转或缩放的柔和模糊效果。选中图形对象，选择“效果→模糊→径向模糊”命令，弹出“径向模糊”对话框，在该对话框中设置相应的参数，设置完成后单击“确定”按钮，如图 8-78 所示。

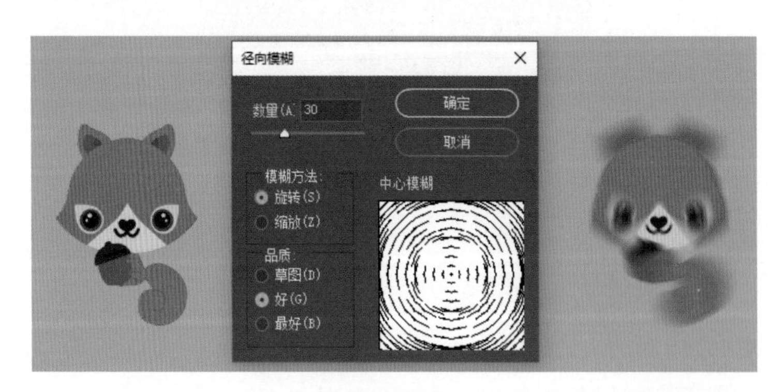

图 8-78

“数量”文本框：设置旋转或缩放的数值，控制模糊的程度。

“旋转”单选按钮：以图形对象的中心点进行旋转。

“缩放”单选按钮：以图形对象的中心点进行扩散。

“品质”选区：设置模糊的质量。

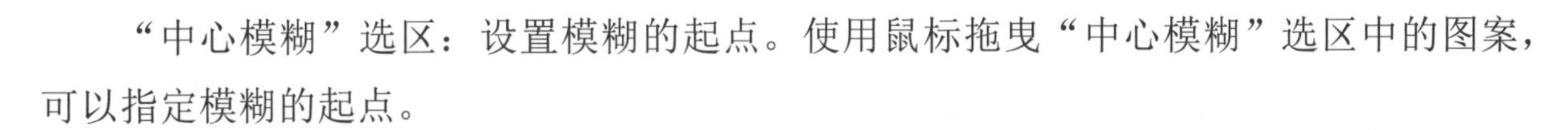

“中心模糊”选区：设置模糊的起点。使用鼠标拖曳“中心模糊”选区中的图案，可以指定模糊的起点。

2. 高斯模糊效果

高斯模糊效果可以均匀、柔和地模糊图形对象，使图形内容呈现朦胧感。选中图形对象，选择“效果→模糊→高斯模糊”命令，弹出“高斯模糊”对话框，在该对话框中设置相应参数，勾选“预览”复选框，以便随时查看效果，设置完成后单击“确定”按钮，如图8-79所示。

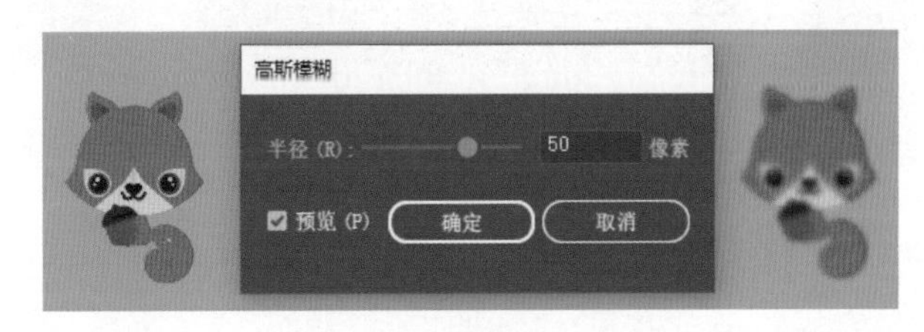

图8-79

“半径”选项：设置模糊的程度。

随学随练

制作粉笔字效果，如图8-80所示。

图8-80

知识要点：“矩形”工具、“文字”工具、“自由变换”工具、涂抹效果。

操作步骤

（1）启动Illustrator CC 2022，新建一个宽为180mm、高为120mm的文件。

（2）选择“矩形”工具，绘制一个与页面大小相等的矩形；单击“对齐”控制面板中的“水平居中对齐”和“垂直居中对齐”按钮，使矩形在页面中居中对齐；将填充颜色设置为R：0、G：44、B：22，描边颜色设置为R：149、G：97、B：52，描边粗细设置为12pt，效果如图8-81所示；按快捷键Ctrl+2锁定图形。

（3）选择“文字”工具，在页面中输入文字“好好学习 天天向上”，设置字体、字号和字色，并调整好位置，如图8-82所示；选中文字，按住Alt键，使用鼠标拖曳该文字，以复制一份文字，将复制的文字放在画板外侧。

（4）选中原文字，选择“效果→风格化→涂抹”命令，在弹出的“涂抹选项”对话框中设置相应参数，设置完成后单击“确定”按钮，涂抹效果如图 8-83 所示。

图 8-81

图 8-82

图 8-83

（5）选择复制的文字，在“属性”控制面板中将文字的填充颜色设置为无，描边颜色设置为黄色，描边粗细设置为1.5pt，并移动到原文字上作为文字的轮廓，效果如图 8-84 所示。

（6）选择“矩形”工具，绘制一个矩形，拖曳矩形的边角构件适当调整圆角大小，并设置填充颜色；选择“矩形”工具，绘制一个矩形，单击“自由变换”工具的下拉按钮，在打开的工具属性栏中选择“透视扭曲”工具，调整矩形以产生透视效果；调整各个对象的大小和位置，并设置各个对象的颜色，最终效果如图 8-85 所示。

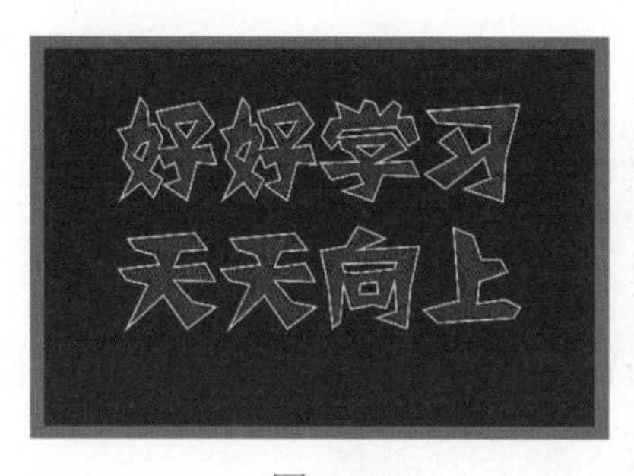

图 8-84

图 8-85

实训案例

制作“UP 加油”海报，激励学生积极向上，为了自己的梦想努力加油，效果如图 8-86 所示。

图 8-86

知识要点：“矩形”工具、“渐变”工具、“椭圆”工具、“直线段”工具、“文字”工具、“符号”控制面板、凸出和斜角效果、扩展命令。

操作步骤

（1）启动 Illustrator CC 2022，新建一个宽为 297mm、高为 210mm 的文件。

（2）选择“矩形”工具，绘制一个与页面大小相等的矩形；单击“对齐”控制面板中的“水平居中对齐”和“垂直居中对齐”按钮，使矩形在页面中居中对齐；在“渐变”控制面板中单击“填色”按钮，将“类型”设置为“线性渐变”，渐变颜色设置为 R：24、G：127、B：196（不透明度为 50%），R：24、G：127、B：196（不透明度为 100%）；选择“渐变”工具，按住鼠标左键并拖曳鼠标，调整渐变颜色的角度，并取消描边，效果如图 8-87 所示；按快捷键 Ctrl+2 键锁定图形。

（3）选择“矩形”工具，绘制一个矩形，将填充颜色设置为白色，并取消描边；按快捷键 Shift+Alt，同时按住鼠标左键，向下拖曳鼠标以复制一个矩形；复制完成后，按 4 次快捷键 Ctrl+D，以复制 4 个矩形，效果如图 8-88 所示；选中 6 个矩形，将其拖曳至“符号”控制面板中，弹出“符号选项”对话框（见图 8-89），单击“确认”按钮。

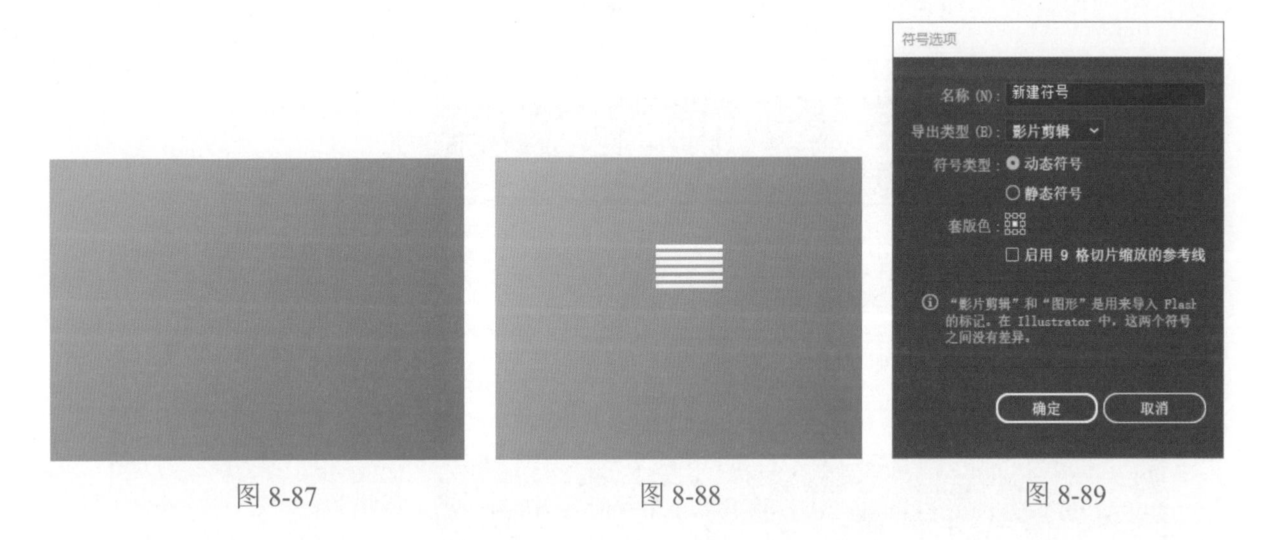

图 8-87　　图 8-88　　图 8-89

（4）选择“矩形”工具，绘制一个矩形，将描边颜色设置为红色，并取消填充；使用鼠标拖曳矩形的边角构件，形成圆角，如图 8-90 所示；选择“直接选择”工具，选中矩形最上方的锚点，按 Delete 键删除上方的弧线，形成“U”的形状，如图 8-91 所示。

（5）选择“直线段”工具，绘制一条垂直线段；选择“矩形”工具，绘制一个矩形，并使用鼠标拖曳矩形的边角构件，形成圆角；选择“直接选择”工具，选中矩形最左侧的锚点，按 Delete 键删除左侧的弧线；选择矩形，使其与垂直线段对齐，形成“P”的形状，并按快捷键 Ctrl+G 进行编组，效果如图 8-92 所示。

（6）选中“U”图形，选择“效果→ 3D 和材质→ 3D（经典）→凸出和斜角（经典）”命令，弹出“3D 凸出和斜角选项（经典）”对话框（见图 8-93），在该对话框中设置相应参数，勾选“预览”复选框，以便随时查看效果。

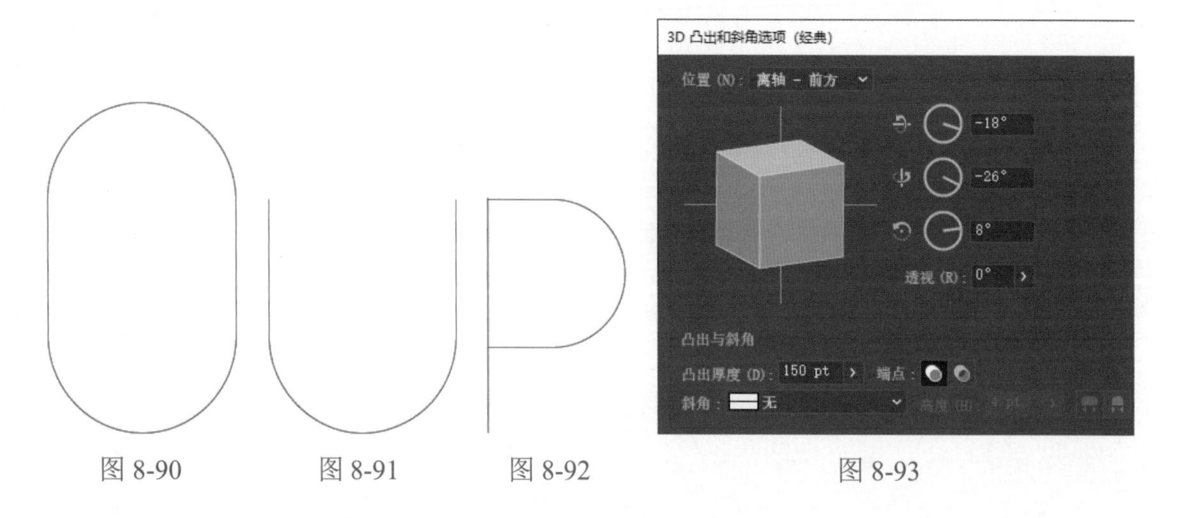

图 8-90　　图 8-91　　图 8-92　　图 8-93

（7）单击“贴图”按钮，弹出“贴图”对话框，在该对话框中勾选“三维模型不可见”复选框，以隐藏模型；单击“表面”箭头，找到需要贴图的表面；单击“符号”下拉按钮，在弹出的下拉列表中选择需要的符号；单击“缩放以适合”按钮，如图 8-94 所示。重复上述操作，对其他表面进行贴图，效果如图 8-95 所示。

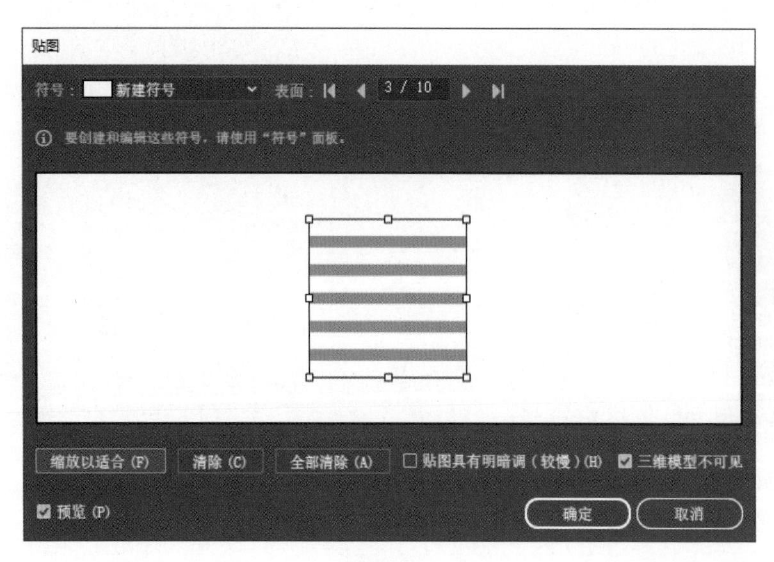

图 8-94

图 8-95

（8）按照上述方法，为“P”图形进行贴图，效果如图 8-96 所示。

（9）选中“U”和“P”图形，选择“对象→扩展”或“对象→扩展外观”命令，使路径变成图形对象；分别选中所有对象，调整其位置和大小，效果如图 8-97 所示。

（10）选择“椭圆”工具，绘制一个正圆形，并将填充颜色设置为黑色，取消描边，将不透明度设置为 30%。按快捷键 Shift+Alt，同时按住鼠标左键并水平拖曳正圆形，以复制正圆形；多次按快捷键 Ctrl+D，以复制多个正圆形；选中所有正圆形，按快捷键 Shift+Alt，同时按住鼠标左键并垂直向下拖曳鼠标，以复制正圆形；多次按快捷键

Ctrl+D，以复制多行正圆形。依次选中需要删除的正圆形，按Delete键，效果如图8-98所示。

图 8-96

图 8-97

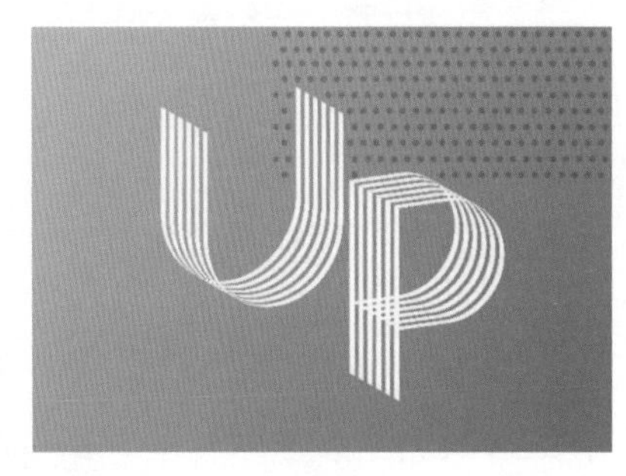

图 8-98

（11）按照上述方法，绘制其他区域的圆形装饰，并将填充颜色设置为白色，不透明度设置为50%或20%，效果如图8-99所示。

（12）选择“直线段”工具，在对应的位置绘制直线，将描边颜色设置为白色，描边粗细设置为6pt；选择“文字”工具，在对应位置输入文字内容，并设置字体、字号、字色等，调整好位置，效果如图8-100所示。

图 8-99

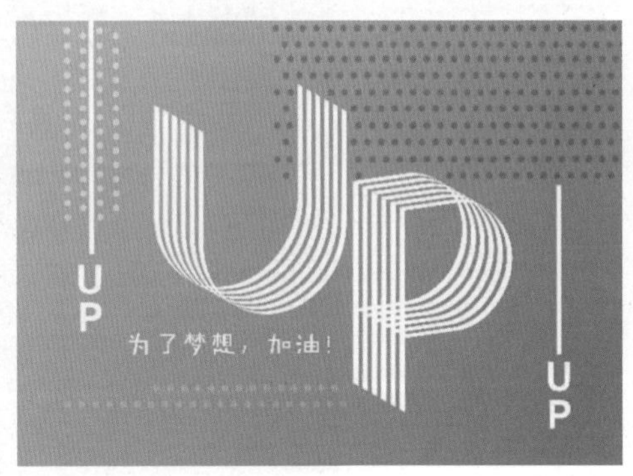

图 8-100

课后提升

一、知识回顾

1. 要想快速调出“外观”控制面板，可以使用快捷键 ___________。

2. “效果”选项卡中的 __________ 命令可以使2D图形对象转变为3D图形对象，具有立体效果。

3.__________ 效果可以使图形对象产生大小、移动、复制、旋转等的变化，从而实现特殊效果。

4. 当给一个图形对象添加效果后，若对其不满意，则可以在 __________ 控制面板中进行修改。

5. __________ 效果可以使图形对象边缘虚化，从而产生过渡效果；__________ 效果可以使图形对象变得柔和，淡化边缘的颜色。

二、操作实践

设计一款创意在线的 AI 学习海报，效果如图 8-101 所示。

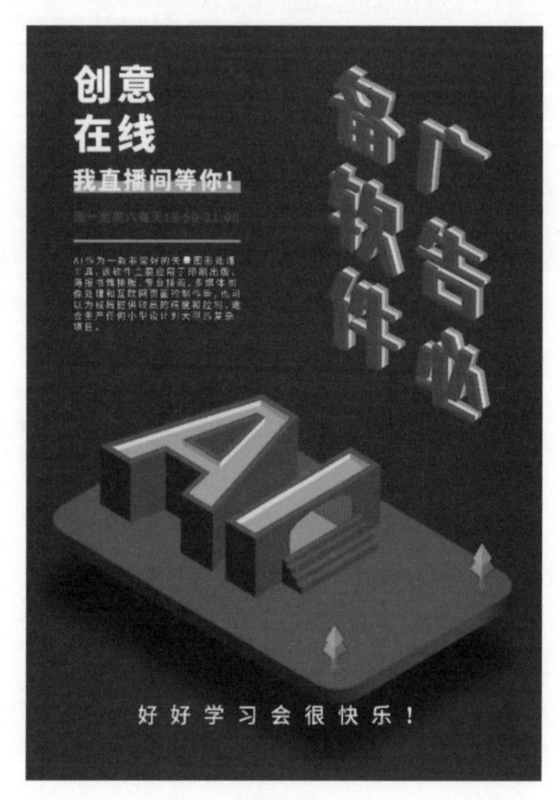

图 8-101